# 校园植物图鉴

顾　问：邱士明

主　编：杨照渠

副主编：潘丽芹　张　浩

编　委：（按姓氏笔画排序）

　　　　韦海忠　张　浩　杨照渠　罗春萍　潘丽芹

U0234735

北京理工大学出版社
BEIJING INSTITUTE OF TECHNOLOGY PRESS

版权专有　侵权必究

## 图书在版编目（CIP）数据

校园植物图鉴／杨照渠主编 . —北京：北京理工大学出版社，2019.11
ISBN 978 – 7 – 5682 – 7839 – 3

Ⅰ . ①校…　Ⅱ . ①杨…　Ⅲ . ①校园 – 园林植物 – 图谱　Ⅳ . ①S68 – 64

中国版本图书馆 CIP 数据核字（2019）第 253388 号

---

出版发行／北京理工大学出版社有限责任公司
社　　址／北京市海淀区中关村南大街 5 号
邮　　编／100081
电　　话／（010）68914775（总编室）
　　　　　（010）82562903（教材售后服务热线）
　　　　　（010）68948351（其他图书服务热线）
网　　址／http：//www.bitpress.com.cn
经　　销／全国各地新华书店
印　　刷／北京地大彩印有限公司
开　　本／787 毫米 × 1092 毫米　1/16
印　　张／17.75
字　　数／414 千字
版　　次／2019 年 11 月第 1 版　2019 年 11 月第 1 次印刷
定　　价／108.00 元

责任编辑／申玉琴
文案编辑／申玉琴
责任校对／周瑞红
责任印制／施胜娟

图书出现印装质量问题，请拨打售后服务热线，本社负责调换

台州科技职业学院有着近百年的发展历史，校园环境优美，植被繁茂。2009年搬入新校区后，从老校区陆续移栽了很多珍贵的古树，它们承载着悠悠的校园发展史，见证了从台州农校、黄岩师范学校到台州科技职业学院的发展足迹，也见证了一代又一代"台科人"的成长。每棵树都有着动人的故事，一草一木早已与悠久而独特的校园文化融为一体，成为新校园文化建设中必不可少的一部分。

新校区建成十多年来，植物种类不断丰富，校园环境不断改善。目前，校园植物计有612种（含亚种和变种，下同），隶属123科、400属，其中蕨类植物12种，隶属11科、11属；裸子植物22种，隶属8科、17属；被子植物578种，隶属104科、372属。本书编撰期间，又陆续引进了57种珍稀濒危植物及其他10余种植物种质资源。至2020年，计划再引进近100种珍稀濒危植物。2019年，台州科技职业学院被浙江省生态文化协会和浙江省林业厅认定为"浙江省生态文化基地"；同年，被台州市林业局认定为"台州市珍稀树种保护示范单位"。为此，编写一部能全面反映校园植物现状的专著十分必要，它不仅有助于提高师生的植物识别能力与植物鉴赏水平，而且有助于增强植物资源保护意识，促进校园生态文化建设。

作为台州科技职业学院校园文化建设的重要组成部分，《校园植物图鉴》的编写被校第一届第七次党代会列为2019年的重点项目之一。在校党政的大力支持下，农业与生物工程学院于2018年春成立了《校园植物图鉴》编委会，按照植物生长习性及应用进行植物分类，明确编写分工。杨照渠负责编写"植物分类基础知识""乔木类""杂草类"和附件1～附件3，潘丽芹负责编写"小乔木类""灌木类""木质藤本类"，张浩负责编写"草本观赏类""室内观赏类"和附件4，罗春萍负责编写附件5，韦海忠负责编写附件6。全书由杨照渠统稿。2019年5月，编委会召开专家论证会，邀请了台州市植物学专家对本书的初稿进行审核。在综合各位专家意见的基础上，编委会按照植物学系统分类法重新编排图鉴内容。蕨类植物采用秦仁昌系统，裸子植物采用郑万钧系统，被子植物采用恩格勒系统。

　　本书的编写工作，自始至终得到了学校各级领导的大力支持，也得到了学院师生的通力协作，赵雪莲等老师提出了宝贵的修改意见，原台州农校老师翁迈东、张洛青、徐奕苗等提供了植物来源的重要信息，在此特表诚挚的感谢！本书编写过程中，还得到了台州学院金则新教授、浙江省森林资源监测中心副主任陈征海教授级高级工程师、台州市农业农村局副局长王冬米高级工程师、黄岩区农业农村局戴云喜高级工程师、台州市鼎远园林建设工程有限公司谢哲金工程师、黄岩园艺服务部鲍海英工程师等行业专家的关心、支持和帮助，在此一并谨致谢意！

　　本书因编写时间仓促，加上编者水平有限，存在不足和错误之处，敬请读者批评指正！

编　者

# CONTENTS 目 录

# 一、植物分类基础知识

## （一）植物界的基本类群

18世纪，瑞典生物学家林奈将生物分为动物界与植物界，这个理论一直沿用至今。按照两界系统分类理论，植物界包括藻类植物、菌类植物、地衣植物、苔藓植物、蕨类植物、裸子植物与被子植物。根据植物体结构与机能的分化及进化的顺序，又分为低等植物与高等植物两大类。其中低等植物包括藻类植物、菌类植物与地衣植物3类，这3类植物在生殖过程中，不产生胚，又被称为无胚植物；高等植物则包括苔藓植物、蕨类植物、裸子植物和被子植物，这些植物在生殖过程中能产生胚，故又被称为有胚植物。藻类、菌类、地衣、苔藓、蕨类植物不能开花结果，故被称为隐花植物；它们依靠孢子繁殖后代，故称孢子植物。裸子植物与被子植物能开花，依靠种子繁殖后代，故称为显花植物或种子植物。藻类、菌类、地衣与苔藓植物体内无维管束，称为非维管束植物；而蕨类植物、裸子植物与被子植物具有维管束，称为维管束植物。苔藓、蕨类植物的雌性生殖器官为颈卵器，裸子植物中也有退化的颈卵器，三者合称为颈卵器植物。植物界的基本类群如表1所示。

表1　植物界的基本类群

| 植物界 | 低等植物 | 藻类植物 | 非维管束植物 | | 孢子植物 |
| --- | --- | --- | --- | --- | --- |
| | | 菌类植物 | | | |
| | | 地衣植物 | | | |
| | 高等植物 | 苔藓植物 | | 颈卵器植物 | |
| | | 蕨类植物 | 维管束植物 | | |
| | | 裸子植物 | | | 种子植物 |
| | | 被子植物 | | | |

## （二）植物的自然分类

植物的自然分类是以植物进化过程中亲缘关系的远近作为分类标准的分类方法。自然分类遵循拉马克的二歧分类法。在自然分类系统中，有7个分类主等级，由大到小依次是：界、门、纲、目、科、属、种；有时因实际需要，常在主等级下再划分若干辅助等级，如亚门、亚纲、亚目、亚科、族、亚族、亚属、组、亚种等。

种是分类的基本单位，同种植物的所有个体之间有着极其相似的形态特征，个体间可以自然交配产生正常后代，具有相对稳定的遗传特性，在自然界占有一定的分布区域。物种之间界限明显，不仅有显著的形态差异，还存在着生殖隔离现象。

种以下还可以设亚种（subspecies）、变种（variety）和变型（forma）等。

亚种是某种植物分布在不同地区的群体，由于受到所在地区生活环境的影响，它们在形态构造或生理机能上发生某些可遗传的变化，这个群体就称为某种植物的一个亚种。

变种是指在同一个生态环境的同一个种群内，如果某个个体或由某些个体组成的小种群，在形态、分布、生态或季节上，发生了一些细微的变异，并有了稳定的遗传特性，这个个体或小种群，即称为原来种（又称模式种）的变种。

变型是指有小的形态变异，但看不出有一定的分布区，仅是零星分布的个体。

为避免"同物异名"和"同名异物"造成的混乱，国际上对每一植物种都给定一个统一的科学名称，即学名。学名的命定采用双名法，即物种的名称由两个拉丁单词组成，第一个单词是属名，属名斜体书写，其首字母大写；后一个单词是种加词，种加词的字母一律小写、斜体；学名的末尾须附有命名人的姓氏（或姓氏缩写），在缩写后要加一个"."。如银杏的学名：*Ginkgo biloba* L.

### （三）园艺园林植物的实用分类

园艺园林植物的实用分类是指在园艺园林领域，为了实际工作的需要，根据植物的用途或形态、习性等方面的某些性状及典型特点来分门别类。园艺上一般分为果树、蔬菜、观赏植物和杂草等大类，园林上常根据生长习性、生态习性、观赏特性及园林用途等进行分类。下面就果树、蔬菜、花卉与观赏树木的人为分类法，分别列举两种。

**1.果树分类**

（1）按生态适应性分类

①温带果树：这类果树多适宜于温带至寒带栽培，休眠期需要一定的低温。又可分为耐寒温带果树与一般温带果树，前者多分布于高寒地带，耐寒性极强，如秋子梨在休眠期，能忍受−52℃低温；后者广泛分布于温带地区，耐寒性较前者为弱，如苹果、白梨等。

②亚热带果树：这类果树分布于从南亚热带至北亚热带之间的广大地区，包括亚热带常绿果树（如柑橘、荔枝等）和亚热带落叶果树（如桃、李等）。

③热带果树：这类果树主要分布于热带地区，包括一般热带果树（如香蕉、菠萝等）和真正热带果树（如榴莲、腰果等）。

（2）果树栽培学综合分类

这种分类是综合了果树的树性、果实结构及某些栽培特性而进行的分类。

①木本落叶果树：这类果树的叶片在秋后全部脱落，至翌春重新形成叶幕，其年周期中具有自然休眠阶段。习惯上，又分为仁果类（如梨、苹果等）、核果类（如桃、李等）、浆果类（如葡萄、猕猴桃等）、坚果类（如核桃、板栗等）和柿枣类（如柿、枣等）。

②木本常绿果树：这类果树的叶片寿命常在一年以上，冬季树体叶幕完整，树冠终年常

绿，其年周期中往往没有明显的自然休眠现象。通常又分为柑橘类（如宽皮橘、甜橙等）、荔枝类（如荔枝、龙眼等）、浆果类（如番木瓜、莲雾等）、坚果类（如香榧、椰子等）、核果类（如杨梅、杧果等）、聚复果类（如树菠萝、番荔枝等）等。

③多年生草本果树：指生命周期为多年生，果实能供人食用的草本植物，如香蕉、菠萝、草莓等。

**2.蔬菜分类**

（1）按食用器官分类

①根菜类：以肥大的根部为主要食用部位的蔬菜，包括肉质直根类（如萝卜、胡萝卜等）与块根类（如豆薯、山药等）。

②茎菜类：以肥大的茎部为主要食用部位的蔬菜，包括地上茎类（如莴苣笋、榨菜、茭白等）与地下茎类（如马铃薯、芋艿、藕等）。

③叶菜类：以叶为主要食用部位的蔬菜，包括普通叶菜类（如青菜、菠菜、芹菜等）、结球叶菜类（如大白菜、结球甘蓝等）和辛香叶菜类（如韭菜、香葱、芫荽等）。

④花菜类：以花及花序为主要食用部位的蔬菜，如黄花菜、花椰菜等。

⑤果菜类：以果实为主要食用部位的蔬菜，包括茄果类（如番茄、茄子、辣椒等）、荚果类（如豌豆、豇豆、蚕豆等）和瓠果类（如冬瓜、南瓜、丝瓜等）。

（2）按农业生物学特性分类

将蔬菜的生物学特性与栽培特点结合起来进行分类，在蔬菜生产上经常采用。

①白菜类：这类蔬菜都是十字花科的植物，包括大白菜、小白菜、叶用芥菜、结球甘蓝、花椰菜等，多为二年生植物。

②直根类：这类蔬菜以肥大的肉质直根为食用产品，包括萝卜、胡萝卜、芜菁和根用甜菜等，多为二年生植物。

③茄果类：这类蔬菜都是茄科植物，包括茄子、番茄和辣椒等，多为一年生植物。

④瓜类：这类蔬菜都是葫芦科植物，其果实类型均为瓠果，主要有黄瓜、冬瓜、南瓜、丝瓜、苦瓜、瓠瓜、葫芦等。

⑤豆类：豆科植物的蔬菜，以嫩荚或籽粒为食用产品，主要有菜豆、豇豆、豌豆、蚕豆、毛豆、扁豆和刀豆等。

⑥葱蒜类：这类蔬菜都是百合科葱属植物，主要有大葱、洋葱、大蒜和韭菜等，常用无性繁殖，也可种子繁殖。

⑦绿叶菜类：这类蔬菜以幼嫩叶片、叶柄和嫩茎为产品，如芹菜、茼蒿、莴苣、苋菜、落葵和冬寒菜等。

⑧薯芋类：这是一类富含淀粉的块茎和块根类蔬菜，如马铃薯、芋艿和山药等。

⑨水生蔬菜：这类蔬菜喜水湿，常在水生环境中栽培，如藕、茭白、慈姑、荸荠、菱角

和芡实等。

⑩多年生蔬菜：这类蔬菜的产品器官可以连续收获多年，如黄花菜、芦笋、竹笋、百合和香椿等。

⑪食用菌类：这类蔬菜均为大型真菌，包括平菇、香菇、木耳等。

⑫芽菜类。这一类是用蔬菜种子或粮食作物种子发芽作蔬菜产品，如豌豆芽、荞麦芽、苜蓿芽和萝卜芽等。此外，也有把香椿和枸杞嫩梢列为芽菜的。

⑬野生蔬菜：野生蔬菜种类很多，常见的有荠菜、马兰、蕺菜、马齿苋等。

### 3.花卉分类

（1）根据观赏部位分类

①观花类：以花或花序为主要观赏部位的花卉，如菊花、荷花、百合、蝴蝶兰等。

②观叶类：以叶为主要观赏部位的花卉，如龟背竹、日本血草、斑叶芒等。

③观果类：以果实为主要观赏部位的花卉，如冬珊瑚、乳茄、五彩椒等。

④观茎类：以茎为主要观赏部位的花卉，如仙人球、酒瓶兰、火殃勒等。

⑤其他观赏类：如观芽的银芽柳，观根的锦屏藤等。

（2）根据花卉栽培应用分类

①露地花卉：是指在当地自然条件下，不加特殊保护设施，在露地条件下就能正常生长的花卉。包括露地栽培的一二年生花卉（如凤仙花、孔雀草、紫罗兰、二月兰等）、多年生常绿花卉（如春兰、吉祥草等）、落叶性宿根花卉（如菊花、萱草等）、球根花卉（如鳞茎类的百合、球茎类的香雪兰、根茎类的美人蕉、块茎类的马蹄莲和块根类的大丽菊等）、水生花卉（如荷花、睡莲等）与岩生花卉（如垂盆草、虎耳草等）。

②温室花卉：指原产于热带及南方温暖地带，在北方寒冷地区需要在温室内越冬的花卉，如蝴蝶兰、雪铁芋等。

③鲜切花：是指为用于插花等花卉装饰而进行批量生产的植物材料，包括切花（如菊花、百合等）、切叶（如肾蕨、旱伞草等）和切枝（如银芽柳等）。

④草坪与地被植物：是指生长得比较低矮，常组成群体覆盖地面的一类植物，如狗牙根、白花三叶草、小叶栀子等。

### 4.观赏树木分类

（1）按生长习性分类

①乔木类：主干明显（6m以上）、树体高大，包括伟乔（高31m以上）、大乔（21～30m）、中乔（11～20m）和小乔（6～10m）四个等级。

②灌木类：无主干或主干低矮、树体矮小（通常在6m以内）。其中无明显主干、自地面开始即发生多数长势相似分枝的也称为丛木类。

③藤木类：利用特化的攀援器官，或依靠茎先端缠绕而攀附他物生长的木本植物。如金

银花、葡萄、爬山虎等。

④匍地类：茎部匍匐生长的木本植物，如铺地柏、匍地龙柏等。

（2）按园林绿化用途分类

①独赏树类：独赏树又称孤植树、标本树、赏形树。园林中常单株配置，独立成景，突出表现树木的个体美。一般以形体魁伟、姿态优美或花繁果丰的乔木类树种为主；那些老干虬枝、苍劲古朴的古树名木常成独赏树的上佳之选。

②庭荫树类：庭荫树是指以遮阴为主要目的的树木，又称庇荫树、绿荫树。一般以枝叶繁茂、冠大荫浓的阔叶乔木类树种为主。常用的庭荫树有香樟、银杏、枫香、榕树等。

③行道树类：是指种植在道路两旁及分车带，起到遮阴、分隔车道并构成街景的树木，常用的有香樟、鹅掌楸、银杏、无患子等。

④防护树类：以保护生态为主要目的而配置的树种，具有保持水土、防风固沙、涵养水源等作用，如海滨防风林常用的有木麻黄、黑松等。

⑤林丛类：林丛类包括群丛与片林。前者是指数株至十几株乔、灌木丛植或群植组合而成的植物群体，有些大型的群丛乔、灌木数量可达20多株；后者是指在城市或风景区较大范围内，成片大量栽植乔灌木而形成森林景观的植物群体。

⑥花木类：以观花为主的树木，如碧桃、樱花、蜡梅、玉兰等。

⑦藤木类：藤木是指茎细长，必须通过缠绕或攀援于其他物体才能伸展于空间的木本植物，如葡萄、紫藤、凌霄等。

⑧绿篱及绿雕塑类：绿篱又称植篱或树篱，是条带状密植形成的树木篱笆，在园林中起到分隔空间等作用。常用的树种有红叶石楠、珊瑚树等。绿雕塑是指通过各种造型手段，或利用事先制作的模型架构，将树木培育成各种规则的几何体、建筑物模型或各类自然物（如动物）的形象，常用的树种有龙柏、红花檵木、金银花、薜荔等。

⑨地被类：主要是一些低矮的灌木及匍地生长的藤木，如杜鹃花、小叶栀子、铺地柏、常春藤等。某些耐修剪、干基易发萌蘖的乔木类树种也可使用，如龙柏等。

⑩屋基种植类：是指用于房屋等建筑物下方的树木。在建筑物的向阳面等光线较充足处配植时，宜选种较喜光或耐半阴的树种，如龟背冬青、黄杨等。在背阴面、狭小院落等处，宜选用耐阴性较强的树种，如八角金盘、洒金东瀛珊瑚等。

⑪桩景造型类：桩景就是树木盆景，桩景造型类是指盆景树及形态类似盆景树的地栽树木。常用的桩景造型树种有五针松、罗汉松、榔榆、雀梅等。

⑫室内绿化装饰类：是指用于室内布置的观赏树木，大多为耐阴性较强的常绿树种，常用的有马拉巴栗（发财树）、菜豆树（幸福树）等。

## 二、台州科技职业学院植物图鉴

### （一）蕨类植物门

蕨类植物具有明显的世代交替现象，孢子体世代占优势，配子体世代退化，但能够独立生活。孢子体常多年生，具有根、茎、叶的分化，出现了比较原始的维管束，其木质部输导组织一般只有管胞而没有导管，韧皮部输导组织则仅由筛胞组成。配子体形态上多呈现为小型的叶状体，即原叶体，原叶体呈绿色，有背腹分化，精子器与颈卵器多着生于腹面。

蕨类植物繁殖时，多数种类在叶背产生孢子囊（群），孢子囊中产生孢子母细胞，经减数分裂产生孢子。孢子成熟后，在适宜的条件下萌发形成原叶体（配子体）。生殖时，配子体腹面（少数种在背面）产生精子器与颈卵器。精子大多有鞭毛，受精作用必须在有水的条件下完成。受精卵在颈卵器中发育成胚，再进一步发育成具有根、茎、叶的孢子体。

台州科技职业学院蕨类植物共计11科、11属、12种。

## 翠云草　学名：*Selaginella uncinata*（Desv.）Spring

● 别名：蓝地柏、绿绒草、龙须

● 科属：卷柏科、卷柏属

● 形态特征：伏地蔓生的草本。主茎纤细，侧枝疏生，多回分叉，分枝处常生不定根。主茎上叶一型，2列，疏生，卵形或卵状椭圆形；分枝上叶二型，背腹各2列。腹叶长卵形，渐尖；背叶矩圆形，短渐尖。孢子囊穗四棱形，孢子囊卵形。

● 同属植物：

　卷柏（*S. tamariscina*（Beauv.）Spring）：茎和宿存分枝聚合成短干，枝密生顶端，呈莲座状。

● 产地与分布：原产我国中部、南部以及西南部各省区。

● 生态习性：常生于林下湿石山、石洞内。性喜温暖、湿润、半阴的环境，忌强光直射。

● 繁殖方式：栽培时常用分株繁殖。

● 用途：翠云草羽叶密似云纹，在正常情况下有蓝绿色荧光，清雅秀丽，适宜盆栽点缀案头、窗台。此外，翠云草还是一种理想的兰花盆面覆盖植物。

## 节节草　学名：*Hippochaete ramosissima*（Desf.）Boerner

● 别名：土木贼、土麻黄、草麻黄

● 科属：木贼科、木贼属

● 形态特征：多年生草本，株高30～60cm。根状茎横走，在节和根上疏生棕黄色长毛。气生茎多年生，一型，直径2～3mm，多于下部分枝。主枝有脊8～16条，沟中有气孔线1～4条。鞘筒狭长，鞘齿呈三角形，边缘膜质；侧枝有脊5～6条。孢子叶穗着生于枝顶端，椭圆形。

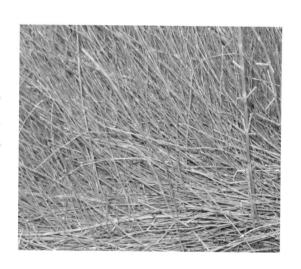

● 产地与分布：温带地区广泛分布。

● 繁殖方式：孢子繁殖。

● 用途：①全草入药，有祛风清热、止咳平喘等功效。②株形奇特，具观赏价值。

## 瓶尔小草　学名：*Ophioglossum vulgatum* L.

- **科属**：瓶尔小草科、瓶尔小草属
- **形态特征**：陆生小型草本，植株高9～14cm。根状茎短而直立，自根茎丛生肉质粗根。叶二型，不育叶与能育叶具同一总柄。不育叶无柄，狭卵形或卵形，顶端钝圆或锐尖，全缘，基部长楔形而下延；能育叶从不育叶基部生出，有柄。孢子囊穗线形，先端具突尖，远长于营养叶。
- **产地与分布**：产于长江中下游及以南地区，吉林、陕西、甘肃、西藏、台湾也有分布。
- **繁殖方式**：孢子繁殖。
- **用途**：①全草入药，有清热解毒、消肿止痛等功效。②株形奇特，小巧玲珑，具观赏价值。
- **危害**：生于灌丛下或灌草丛中，校园内散见于草地中，危害轻微。

## 海金沙　学名：*Lygodium japonicum*（Thunb.）Sw.

- **科属**：海金沙科、海金沙属
- **形态特征**：多年生草质藤本，长可达数米，枝顶有被黄色茸毛的休眠芽。叶三回羽状，羽片多数，二型，对生于叶轴的短枝上。不育叶尖三角形，长、宽几相等，二回羽状；能育叶卵状三角形，长、宽近相等，小羽片下面边缘生流苏状的孢子囊穗。
- **产地与分布**：产于秦岭南麓及其以南地区。日本、朝鲜、越南、澳大利亚也有。
- **繁殖方式**：孢子繁殖。
- **用途**：①全草入药，有清热利胆等功效。②可用于垂直绿化。
- **危害**：①缠绕其他植物生长，导致被缠绕植物生长不良。②常发生于绿篱、乔灌木上，影响景观。

## 井栏边草 　学名：*Pteris multifida* Poir.

- **别名**：凤尾草
- **科属**：凤尾蕨科、凤尾蕨属
- **形态特征**：多年生草本，高30～45cm，或更高。根状茎短而直立，先端被栗褐色鳞片。叶簇生，二型；叶柄禾秆色，光滑；叶片卵状长圆形，一回羽状；不育叶有侧生羽片2～4对，无柄；能育叶有较长的柄，侧生羽片4～6对。叶脉明显，侧脉单一或分叉。孢子囊群线形。
- **产地与分布**：产于河北、山东、安徽、江苏、浙江、湖南、湖北、江西、福建、台湾、广东、广西、贵州和四川等省区。越南、日本、菲律宾也有。
- **繁殖方式**：孢子繁殖。
- **用途**：①株形紧凑，姿态飘逸，耐阴性好，可用于装饰假山、墙垣，也可用于室内观赏。②全草可入药，有清热利尿等功效。

## 肾蕨 　学名：*Nephrolepis auriculata*（L.）Trimen

- **别名**：蜈蚣草、篦子草、圆羊齿
- **科属**：肾蕨科、肾蕨属
- **形态特征**：多年生草本蕨类，附生或土生。根状茎直立，有些根茎生有圆形块茎。叶丛生，一回羽状复叶深裂，好似条条蜈蚣。羽叶紧密相接，鲜绿色。孢子囊群生于每组侧脉的上侧小脉顶端，囊群盖肾形，褐棕色。
- **产地与分布**：原产于我国热带以及亚热带地区。
- **生态习性**：生于林下溪边。性喜温暖、湿润、半阴的环境。
- **繁殖方式**：生产上常用分株繁殖。
- **用途**：肾蕨叶片翠碧光润，四季常青，可以长在一些棕榈科植物的树干上，也可以长在墙上。适宜盆栽，作为室内绿化装饰。其叶片还可以作为切花瓶插的陪衬材料。

## 圆盖阴石蕨　学名：*Humata tyermanni* Moore

- 别名：白毛岩蚕、毛石蚕
- 科属：骨碎补科、阴石蕨属
- 形态特征：多年生匍匐草本蕨类，植株高达20cm。根状茎长而横走，密被绒状披针形鳞片，鳞片棕色至灰白色。叶远生，叶柄长1.5～12cm，仅基部有鳞片，上部光滑；叶三至四回羽状深裂，裂片达10对以上，有短柄。孢子囊群近叶缘着生于叶脉顶端，囊群盖圆形。
- 产地与分布：分布于华东、华南和西南。越南也有。
- 生态习性：喜温暖干燥，夏季需要半遮阴，对恶劣环境有较强的抵抗力，常见于香樟等树干上。
- 繁殖方式：分株、扦插繁殖。
- 用途：圆盖阴石蕨体态潇洒，叶形美丽，根茎粗壮，密被白毛，形似狼尾，是做垂吊盆栽和盆景的好材料，如绑扎成山鹿、小羊等动物形态，摆设案头、窗台，奇趣横生。

## 槲蕨　学名：*Drynaria fortunei*（Kunze.）J.Smith

- 科属：槲蕨科、槲蕨属
- 形态特征：附生草本植物，高20～40cm。根状茎肉质粗壮，长而横走，密被棕黄色、线状凿形鳞片。叶二型，营养叶厚革质，红褐色或灰褐色，卵形，无柄，长5～6.5cm，宽4～5.5cm，边缘羽状浅裂，很像槲树叶；孢子叶绿色，具短柄，柄有翅，叶片矩圆形，长20～37cm，宽8～18.5cm，羽状深裂。孢子囊群圆形，黄褐色，在中脉两侧各排列成2～4行。
- 产地与分布：产于长江以南各省区。
- 生态习性：性喜温暖、湿润、半阴的环境，常附生在树干上或者墙上。宜栽培于疏松、湿润的腐叶土、潮湿石岩或者泥炭上。
- 繁殖方式：生产上常用分株繁殖。
- 用途：槲蕨为著名的附生性观叶植物，常用以制作吊篮（盆），也可以栽种在树干上或岩石上，以增野趣。

## （二）裸子植物门

　　裸子植物是较原始的种子植物，在生活史上仍保留有颈卵器。孢子体发达，有形成层和次生结构，大多数种类的木质部只有管胞而没有导管，韧皮部只有筛胞而没有筛管和伴胞。多为高大乔木，枝条常有长短枝之分。配子体极度简化，寄生于孢子体上，不能独立生活。

　　裸子植物的孢子叶常聚生成孢子叶球，孢子叶球单性，同株或异株，小孢子叶发育成雄配子体，大孢子叶发育成雌配子体。裸子植物的生殖活动出现了花粉管，受精作用摆脱了水的限制，比蕨类植物更加适应陆地环境；种子的产生使得胚有了种皮的保护，胚的发育也有了充足而稳定的营养供给，增强了植物适应环境变化的能力。裸子植物无子房结构，胚珠裸露着生于大孢子叶上；裸露的胚珠发育成裸露的种子，不形成果实。

　　台州科技职业学院裸子植物共计8科、17属、22种。

## 苏铁　学名：*Cycas revoluta* Thunb.

- **别名**：铁树、辟火蕉、凤尾蕉
- **科属**：苏铁科、苏铁属
- **形态特征**：常绿小乔木，树干高约2m。羽状叶从茎的顶部生出，斜上伸展，厚革质，坚硬，向上斜展微成"V"字形，边缘显著地向下反卷。雄球花圆柱形，种子红褐色或橘红色，倒卵圆形或卵圆形，稍扁。花期6～8月，种子10月成熟。
- **产地与分布**：产于福建、台湾、广东，各地常有栽培。
- **生态习性**：喜暖热、湿润的环境，不耐寒冷。喜光，喜铁元素，稍耐半阴。喜肥沃、湿润和微酸性的土壤。
- **繁殖方式**：播种及分蘖繁殖、树干切移繁殖。
- **用途**：树形古雅，主干粗壮，坚硬如铁，羽叶洁滑光亮，四季常青，为珍贵观赏树种。多植于庭前阶旁及草坪内或作大型盆栽，布置庭院屋廊及厅室，殊为美观。

雌

雄

## 银杏　学名：*Ginkgo biloba* L.

- **别名**：白果、公孙树
- **科属**：银杏科、银杏属
- **形态特征**：落叶大乔木。树皮灰褐色，枝分长枝与短枝，短枝密被叶痕。叶在长枝上螺旋状散生，在短枝上簇生；叶片扇形，先端二叉裂，二叉状脉；叶柄细长。雌雄异株。种子常为椭圆形、卵圆形或近圆球形，外种皮肉质，中种皮骨质，内种皮膜质。花期4～5月，种子成熟期9～10月。

- **产地与分布**：产于长江流域以南各省。
- **生态习性**：阳性树种，不耐阴。喜温暖、湿润的气候，耐寒，耐热，耐干旱，但忌水涝。喜深厚肥沃、腐殖质丰富、排水良好的土壤，能在酸性土、中性土和石灰性土壤中正常生长，但不适于盐碱土。
- **繁殖方式**：园林上以播种为主，果树生产上以嫁接为主，也可用扦插、根蘖分株繁殖。
- **用途**：银杏是第四纪冰川运动后的孑遗植物，被誉为"植物界的大熊猫""活化石"。银杏植株高大挺拔，叶似绿色小扇。初秋，雌株枝头挂满"金果"（种子），在绿叶的映衬下，格外美丽；深秋，叶色转为金黄，赏心悦目。在园林中可孤植为独赏树、庭荫树，可列植为行道树，可林植为风景林，也可与其他色叶树种或常绿树种混植。抗风、抗烟尘、耐污染，宜作为防护林及厂矿区绿化树种。银杏是重要的干果，具有药用价值。

### 日本冷杉  学名：*Abies firma* Sieb. et Zucc.

- **科属**：松科、冷杉属
- **形态特征**：常绿乔木。树皮暗灰色，粗糙，呈鳞片状裂。大枝轮生，平展；小枝平滑，具凹槽。叶质硬，条形，幼树或徒长枝上叶尖常2裂，果枝上的叶先端钝或微凹；叶片上面亮绿色，下面有2条白色气孔带。球果圆筒形。

- **产地与分布**：原产于日本，20世纪20年代引入我国，北自大连，南至台湾均有栽培。浙江省德清最早引种。
- **生态习性**：幼树喜阴，成年树喜光，耐阴性较强。喜凉爽、湿润气候。不耐烟尘。
- **繁殖方式**：常用播种繁殖。
- **用途**：树姿雄伟，大枝横展，叶色浓绿，是优良的庭园观赏树种。因对烟尘的抗性很弱，较适于大气环境较好的自然风景区配植，在有烟尘污染的工矿厂区不甚适宜。

### 金钱松  学名：*Pseudolarix kaempferi*（Lindl.）Gord.

- **科属**：松科、金钱松属
- **形态特征**：落叶乔木。树干通直，树皮灰褐色，不规则鳞块状裂。大枝不规则轮生，平展。叶质柔软，条形，常略向内弯，在长枝上螺旋状着生，小枝上轮状簇生。球果卵形或倒卵形，当年成熟。

- **产地与分布**：产于安徽、江苏、浙江、江西、湖南、湖北、四川等省。
- **生态习性**：阳性树种，幼时稍耐阴。喜温凉、湿润气候，耐寒，不耐旱，不耐涝。抗风力强，适于排水良好的酸性至中性沙质壤土。
- **繁殖方式**：常用播种繁殖。
- **用途**：金钱松树体高大，树姿挺拔，具有良好的赏形价值；叶入秋呈金黄色，恰似枚枚金钱，可作秋色叶树种配植。

## 日本五针松　学名：*Pirus parviflora* Sieb.et Zucc.

- 别名：五针松、姬小松
- 科属：松科、松属
- 形态特征：常绿乔木。树皮灰褐色，老干有不规则鳞片状剥裂，内皮赤褐色。一年生小枝淡褐色，密生柔毛。叶五针一束，细而短，蓝绿色，腹面两侧有白色气孔线，钝头，边缘有细锯齿。花期4～5月，雌雄同株。球果椭圆形。
- 产地与分布：原产于日本，我国长江流域及青岛等地园林中有栽培。
- 生态习性：温带阳性树种，较耐阴。喜深厚、肥沃、排水良好的土壤。忌湿畏热，生长速度缓慢。
- 繁殖方式：我国常用黑松作砧木，进行嫁接繁殖。也可播种、扦插繁殖。
- 用途：树形紧凑，翠叶葱茏，枝干外观苍古，常用于门前对植，或配植于园路转角、建筑之旁、草坪一隅、花境之中，更宜与假山、点石相配合成景。

## 黑松　学名：*Pinus thunbergii* Parl.

- 别名：白芽松、日本黑松
- 科属：松科、松属
- 形态特征：常绿乔木。树皮灰黑色，裂成块状剥落。大枝粗而横生，小枝无毛；冬芽长圆形，银白色。叶二针一束，色深绿，质粗硬，长6～12cm。雌雄同株。球果圆锥状至卵圆形，栗褐色。
- 产地与分布：原产于日本及朝鲜，我国山东、辽宁、浙江等地有栽培。
- 生态习性：阳性树种，喜暖湿的海洋性气候。抗风、抗海雾能力强。喜排水良好的沙质壤土，耐干旱瘠薄，在荒山、荒地、河滩、海岸均能适应。
- 繁殖方式：常用播种繁殖。
- 用途：是著名的海岸、湖滨绿化树种，可用作防风、防潮、防沙林带及海滨浴场附近的风景林、行道树或庭荫树，亦可孤植于庭院、游园、广场角落，点缀园景。

### 池杉　学名：*Taxodium ascendens* Brongn.

- **别名**：池柏、沼杉
- **科属**：杉科、落羽杉属
- **形态特征**：落叶乔木。树干基部膨大，易发膝状呼吸根；树皮灰褐色，长条状纵裂。枝条向上伸展，树冠窄；当年生小枝绿色，细长；2年生小枝呈红褐色。叶锥形，螺旋状散生。球果球形或长圆状球形。

- **产地与分布**：原产于美国东南部，现我国长江流域及以南地区有栽培。
- **生态习性**：喜光，不耐阴。喜温暖、湿润气候及深厚疏松的酸性、微酸性土壤，极耐水湿，也耐干旱，不耐盐碱。抗风力强。
- **繁殖方式**：播种、扦插繁殖。
- **用途**：树干通直，树冠圆锥形，秋叶红褐色，观赏性强。园林中可作行道树、风景林应用。宜于滨水地带作带状种植，或在水库湖泊的浅水区林植，入秋形成独特的"红树林"景观。在平原水网地带，常用于农田防护林建设。

### 北美红杉　学名：*Sequoia sempervirens*（Lamb.）Endl.

- **别名**：长叶世界爷
- **科属**：杉科、北美红杉属
- **形态特征**：常绿大乔木。原产地高可达110m，胸径可达8m。树皮纵裂，厚达15～25cm。叶二型，主枝之叶卵状长圆形，螺旋状着生；侧枝之叶线形，基部扭转呈2列，无柄，上面深绿或亮绿色，下面有2条白色气孔带，中脉明显。

- **产地与分布**：原产于美国加州海岸，20世纪30年代，南京、上海曾引种。1972年2月，美国前总统尼克松访华时，赠送3株盆栽大苗，种植于杭州植物园。目前在国内很多植物园及公园均有栽培。
- **生态习性**：喜光，耐半阴。喜温暖湿润气候及排水良好的土壤，较耐湿，不耐夏季酷热与干旱。
- **繁殖方式**：扦插、根蘖分株和播种繁殖。
- **用途**：树形伟岸，大气磅礴，是世界著名树种之一，可作独赏树、行道树栽培。

**水杉　学名：** *Metasequoia glyptostroboides* Hu et Cheng

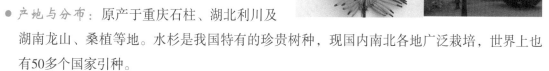

- **科属：** 杉科、水杉属
- **形态特征：** 落叶乔木，高达35m。树干基部常凹凸不平，树皮灰褐色或暗灰色。大枝近轮生，小枝对生；一年生小枝绿色，光滑无毛；二、三年生小枝浅褐灰色或褐灰色。叶条形，交互对生，在侧生小枝上扭转成羽状2列；冬季与无冬芽小枝一同脱落。球果近球形或四棱状球形，熟时深褐色。
- **产地与分布：** 原产于重庆石柱、湖北利川及湖南龙山、桑植等地。水杉是我国特有的珍贵树种，现国内南北各地广泛栽培，世界上也有50多个国家引种。
- **生态习性：** 喜光，喜温暖、湿润气候，不甚耐寒。适生于土层深厚、疏松肥沃、排水良好的酸性土壤，可耐短期轻度积水，但长期积水或排水不畅易导致生长不良。
- **繁殖方式：** 播种或扦插繁殖。
- **用途：** 树干挺拔，树姿壮伟，新叶翠绿，秋叶黄褐，观赏价值高。在园林中丛植、林植、列植或孤植均适合，可作风景林、行道树、园景树配植。

**柏木　学名：** *Cupressus funebris* Endl.

- **科属：** 柏科、柏木属
- **形态特征：** 常绿乔木。树冠狭圆锥形，树皮淡灰褐色，长条状剥离。大枝开展，小枝细长，下垂，排列成一平面，两面同形。鳞叶二型，偶有线形刺叶。球果球形。
- **产地与分布：** 产于长江流域及以南地区。
- **生态习性：** 喜光，稍耐阴。喜温暖、湿润气候，耐寒性较弱。稍耐水湿，耐干旱瘠薄。土壤适应性强，在微酸性、中性及石灰质土壤中均能生长，是亚热带钙质土指示植物。根系较浅，但侧根发达，能沿岩缝生长。
- **繁殖方式：** 播种繁殖。
- **用途：** 四季常绿，枝叶茂密，能耐侧阴，最宜群植成林或列植成甬道，形成庄严肃穆的气氛，在烈士陵园、自然风景区、公园、建筑前均适宜配植。

**侧柏** **学名：** *Platycladus orientalis*（L.）Franco

侧柏树形　　侧柏球果

- **科属：** 柏科、侧柏属
- **形态特征：** 常绿乔木，高达20m。幼树树冠尖塔形，老树广圆形；树皮浅灰褐色，薄片状剥离。大枝斜伸，生鳞叶小枝直展或斜伸，扁平，排成一平面，无白粉。叶全为鳞片状，长1～3mm，交互对生。球果卵形。花期3～4月，球果成熟期10～11月。
- **常见品种：**

  千头柏（*P. orientalis* cv. Sieboldii）：丛生灌木。无明显主干，树高3～5m。枝条密生，树冠紧凑，呈圆球形或卵球形；枝片扁平，排成一平面，向上伸展或斜展。叶全为鳞形，叶色鲜绿。雌雄同株，球果有白粉。

  洒金千头柏（*P. orientalis* cv. Aurea）：植株形态类似千头柏。叶淡黄绿色，顶端尤其色浅，入冬略转褐绿。

- **产地与分布：** 原产于华北、东北，全国都有栽培。
- **生态习性：** 喜光，幼时较耐阴。喜温暖、湿润气候，耐干旱，耐寒，但不耐涝。对土壤要求不严，喜钙，耐瘠薄，既适于酸性土、中性土生长，又耐盐碱。对二氧化硫、氯气、氯化氢等有毒气体抗性较强。

洒金千头柏

- **繁殖方式：** 播种繁殖。
- **用途：** 侧柏是我国特产树种，也是应用最广泛的园林树种之一。枝干苍劲，气势雄伟，自古以来就常用于寺庙、陵墓、庭园等处。可孤植，可列植；可作纯林种植，但与圆柏、臭椿等混交更利于生长。侧柏寿命极长，河南登封的"二将军柏"、陕西黄陵的"轩辕柏"等著名古柏寿命均达数千年。对有毒气体有一定的抗性，可用于矿区绿化。

  千头柏和洒金千头柏园林上多成片种植或作绿篱。洒金千头柏叶色微黄，树矮枝密，可作色叶地被植物。

## 圆柏　　学名：*Sabina chinensis*（L.）Ant.

- 别名：桧柏
- 科属：柏科、圆柏属
- 形态特征：常绿乔木。树皮灰褐色，长条状剥离。大枝常扭曲延伸，小枝直立或斜生。叶二型，通常幼树全为刺形叶，大树兼具刺形、鳞形叶，老树则全为鳞形；刺形叶3枚轮生或对生，鳞形叶交互对生。雌雄异株，球果球形。
- 常见品种：

　　龙柏（*S. chinensis* cv. Kaizuca）：常绿乔木。侧枝常呈螺旋状上升，成簇突出于树冠表面。叶全为鳞形，密生，先端圆钝，有时会有少量小枝长刺形叶。

　　塔柏（*S. chinensis* cv. Pyramidalis）：常绿乔木。树冠呈圆柱状尖塔形。叶几乎全为刺形。

　　金球桧（*S. chinensis* cv. Aureoglobosa）：常绿灌木或小乔木。叶两型，多为鳞形叶，间有刺形叶；枝叶多呈绿色，树冠中常杂有金黄色枝叶。

- 产地与分布：原产于我国东南部及华北。
- 生态习性：喜光，耐阴。对气候、土壤要求不严。对二氧化硫、氯气、氟化氢等有毒气体抗性较强，能吸收一定量的硫和汞，阻尘、隔音效果良好。
- 繁殖方式：播种或扦插。
- 用途：圆柏、龙柏和塔柏树形圆整端正，四季常青，是寺庙、陵墓、庭园等处常用树种。寿命长，枝条韧性好，适于造型，是盆景常用材料。耐修剪、耐阴性好，适于作绿篱栽培，也可修剪成球形及各种奇特的造型，应用于各类绿地。

　　金球桧又名金星桧，绿叶丛中零星点缀着金黄色枝片，观赏效果独特，可作独赏树，也可列植于道路两侧。

圆柏盆景

塔柏　　　　　龙柏 列植

龙柏 球状整形

圆柏 刺形叶与鳞形叶　　　龙柏 鳞形叶　　塔柏 刺形叶　　金球桧 杂有黄色枝叶

## 铺地柏　学名：*Sabina procumbens*（Endl.）Iwata et Kusaka

- **别名**：匍地柏、偃柏、铺地松
- **科属**：柏科、圆柏属
- **形态特征**：匍匐小灌木，贴近地面伏生。叶全为刺叶，3叶交叉轮生；叶上面有2条白色气孔线，下面基部有2白色斑点，叶基下延生长。球果球形。
- **产地与分布**：原产于日本，现我国各地有引种栽培。
- **生态习性**：喜光，稍耐阴。适生于滨海湿润气候，对土质要求不严，耐寒力、萌生力均较强。抗烟尘，抗二氧化硫、氯化氢等有害气体。
- **繁殖方式**：多用扦插、嫁接、压条繁殖。
- **用途**：铺地柏是城市绿化中常用的植物，丛植于窗下、门旁，极具点缀效果；与洒金柏配植于草坪、花坛、山石、林下，可增加绿化层次，丰富观赏美感。

## 刺柏　学名：*Juniperus formosana* Hayata

- **别名**：山刺柏
- **科属**：柏科、刺柏属
- **形态特征**：常绿乔木。树冠圆柱形或塔形。树皮褐色，纵裂成长条薄片脱落。小枝下垂，三棱形。叶片刺形，三叶轮生，叶基具关节，先端锐尖，上面微凹，绿色中脉隆起，两侧各有一条白色气孔带，在叶片先端汇合，下面具脊。
- **产地与分布**：分布很广，东起台湾，西至青海，北自陕甘，南达两广，均有栽培。
- **生态习性**：喜光，稍耐阴。耐寒性强，喜深厚肥沃、排水良好、有机质丰富的土壤，耐干旱、瘠薄。
- **繁殖方式**：播种、扦插或嫁接繁殖。
- **用途**：刺柏树干苍劲，小枝细垂，四季常青，是优良的园林绿化树种。宜孤植或丛植于草坪、庭前、花坛，也可配植于山石边、建筑旁。对空气污染的适应性较强，且具有良好的净化空气、改善城市小气候等作用。

## 罗汉松　　学名：*Podocarpus macrophyllus*（Thunb.）D.Don

● 别名：罗汉杉、土杉

● 科属：罗汉松科、罗汉松属

● 形态特征：常绿乔木。树皮灰色或灰褐色，浅纵裂；枝开展或斜展，较密。叶螺旋状着生，条状披针形，微弯，先端尖，基部楔形，中脉两面隆起。雄球花穗状、腋生；雌球花单生叶腋，有梗。种子卵形，熟时肉质假种皮紫黑色，有白粉，种托肉质，成熟时紫红色或紫黑色。花期4～5月，种子8～9月成熟。

● 常见变种：

　　短叶罗汉松（*P. macrophyllus* var. *maki*（Sieb.）Endl.）：小乔木或灌木状。枝条直伸，叶短而密，长2.5～6cm，宽3～7mm，先端钝圆。

● 产地与分布：产于华东、华南、西南各省区。日本也有。

● 生态习性：喜光，较耐阴。喜温暖、湿润气候，耐寒性较弱。喜排水良好而湿润的沙质壤土，耐潮湿，对盐碱性土壤也有较强的适应能力。抗病虫害能力较强，对多种有毒气体也有较强抗性。

● 繁殖方式：常用播种、扦插或嫁接繁殖。

● 用途：罗汉松树形优美，紫红色的种托与绿色的种子紧密结合，恰似罗汉打坐，观赏价值高。宜孤植作庭荫树、独赏树，也可对植或散植于厅堂之前。可在丘陵、山地作风景林配植，也适宜作海岸防护林。短叶罗汉松叶形小，节间短，树形紧凑，枝条柔韧，常用来制作桩景。

　　罗汉松材质致密，富含油脂，能耐水湿且不容易遭受虫害，是建筑和水利工程的优良用材。

　　种托风味微甜，可以食用。

## 珍珠罗汉松　学名：*Podocarpus brevifolius*

- 科属：罗汉松科、罗汉松属
- 形态特征：常绿小乔木。雌雄异株。叶螺旋状生，叶面浓绿色，革质有光泽；叶小，长1.5～2.5cm，宽0.6～1cm。
- 产地与分布：原产于广西北部海拔2 000m的原始林区。
- 生态习性：喜光、较耐阴。喜温暖、微润、排水良好、微酸性沙质或腐殖土。
- 繁殖方式：以播种、扦插繁殖为主。

- 用途：珍珠罗汉松萌发力强，四季常青，是我国园林名贵树种，可用于城市公园、住宅小区绿化。生长缓慢，寿命长，树形古朴，也是制作盆景理想的珍稀素材。

## 竹柏　学名：*Nageia nagi* Kuntze

- 科属：罗汉松科、竹柏属
- 形态特征：常绿乔木。树皮近于平滑，树冠广圆锥形。叶革质，长卵形或卵状披针形，有多数并行的细脉，无中脉，基部楔形或宽楔形，向下窄成柄状。雄球花单生叶腋，雌球花单生或成对腋生。种子圆球形，成熟时假种皮暗紫色，有白粉。
- 产地与分布：产于浙江、福建、江西、湖南、广东、广西等省区。
- 生态习性：耐阴树种，忌烈日曝晒。喜温热、湿润气候，抗寒性较弱。喜深厚、疏松、湿润、腐殖质层厚、呈酸性的沙壤土至轻黏土，不耐瘠薄，不耐积水。
- 繁殖方式：常用播种或扦插繁殖。
- 用途：枝叶青翠，树态端正，是园林中常用的庭荫树、行道树。适宜于有一定庇荫的地方绿化。

## 三尖杉　学名：*Cephalotaxus fortunei* Hook.f.

- 别名：石榧、血榧
- 科属：三尖杉科、三尖杉属
- 形态特征：常绿乔木。树皮红褐色，裂成片状脱落。枝条较细长，稍下垂。叶排成两列，条状披针形，通常微弯，先端有渐尖的长尖头，基部楔形或宽楔形，上面深绿色，中脉隆起，下面气孔带白色。假种皮成熟时紫色或红紫色。花期4月，种子8～10月成熟。
- 产地与分布：产于秦岭、大别山以南，川滇以东各省区。
- 生态习性：弱阳性树种，较适应林下环境。较喜温暖，喜有机质丰富土壤。
- 繁殖方式：播种繁殖。
- 用途：三尖杉树形优美，四季常绿，具有较高的观赏价值，宜丛植、小片植或与其他树种搭配，起点缀或陪衬之用。

## 枷罗木　学名：*Taxus cuspidata* cv. Nsana

- 别名：枷罗水、矮紫杉
- 科属：红豆杉科、红豆杉属
- 形态特征：株形矮小，半圆球形。枝平展或斜展，密生。叶短，质厚，密着。种子卵圆形，紫红色。花期5月，种子9月成熟。
- 产地与分布：原产于日本。
- 生态习性：喜光，也耐阴。忌烈日，耐严寒。适生于富含腐殖质、湿润、疏松的酸性土壤和空气湿度大的环境。不耐水涝，喜肥。
- 繁殖方式：扦插法繁殖，播种宜秋季随采随播。
- 用途：株形低矮，终年不凋，风姿潇洒，宜于庭院或草地周围丛植。叶小色浓，枝密节短，耐修剪蟠扎，是制作盆景的良好材料。耐阴性好，可盆栽或制作成盆景点缀于书房、客厅的几桌之上，成为室内观赏的佳品。

## 南方红豆杉　*学名*：*Taxus mairei*（Lemee et Levl.）S.Y. Hu ex Liu

- 别名：赤椎、美丽红豆杉
- 科属：红豆杉科、红豆杉属
- 形态特征：常绿乔木，高可达20m。树皮灰褐色或红褐色，裂成条片脱落。叶排列成两列，条状镰形，上面深绿色，有光泽，下面淡黄绿色，有两条气孔带，中脉带上有密生均匀而微小的圆形角质乳头状突起点。种子生于杯状红色肉质的假种皮中。花期3～4月，种子11月成熟。
- 产地与分布：产于长江流域以南各省。
- 繁殖方式：播种、扦插繁殖。
- 生态习性：耐阴，不耐强光直射。喜温暖、湿润的气候，较耐干旱瘠薄，不耐低洼积水。喜深厚肥沃、腐殖质丰富、排水良好的酸性土壤。病虫害少，寿命长。

- 繁殖方式：采用种子繁殖和扦插繁殖。
- 用途：南方红豆杉是国家一级重点保护野生植物。树形高大，古朴端庄，枝叶青翠，假种皮红艳秀丽，观赏价值高，可孤植、列植、群植于庭园、公园、自然风景区。

　　材质致密坚硬，耐腐朽而不变形，是优良的家具和细木用材。根、茎、叶、皮及种子均含有紫杉醇，可提取药用。

## （三） 被子植物门

被子植物是植物界适应陆生生活发展到最高阶段的类型，其最重要的特点是产生了构造完善的花。被子植物的胚珠外面有子房包被，受精后胚珠发育成种子，子房则发育成果实。种子包藏于果皮内，从而为胚的发育创造了比裸子植物更为稳定的环境条件，使得物种的繁衍有了更可靠的保证。被子植物的雌配子体极度简化，没有颈卵器，取而代之的是胚囊。被子植物具有特有的双受精现象，胚囊里的卵细胞受精形成合子，并进一步发育成胚；极核细胞受精发育成胚乳。双受精作用不仅使胚获得了父母本的遗传物质，而且提供胚发育营养的胚乳也具有父母本的遗传性，这使得后代具有更强的生活力。

被子植物的孢子体形态结构发达完善，机械组织与输导组织具有明显的分工。被子植物木质部中有导管和管胞，韧皮部中有筛管和伴胞，水分和营养在植物体内的输导更加快速而高效。

台州科技职业学院被子植物共计104科、372属、578种（含亚种、变种）。

**蕺菜** *学名：Houttuynia cordata* Thunb.

- 别名：鱼腥草
- 科属：三白草科、蕺菜属
- 形态特征：多年生草本，揉碎有浓烈腥味。茎下部伏地，节上生根，上部直立。叶薄纸质，有腺点，背面尤甚，心形或阔卵形，全缘；叶柄无毛；托叶膜质，下部与叶柄合生而成鞘状。穗状花序生于枝顶，或与叶对生；基部有4枚花瓣状的总苞片，白色。花期5～8月，果期7～8月。
- 产地与分布：产于我国中部、东南至西南部各省区，东起台湾，西南至云南、西藏，北达陕西、甘肃均有分布。日本、印度尼西亚爪哇岛等地也有。
- 繁殖方式：根状茎繁殖或种子繁殖。
- 用途：①全草入药，有清热解毒、利尿消痈肿等功效。②已在部分地区作为蔬菜开发利用。③叶片繁茂，总苞片状如白花，有较好的观赏性，可布置于阴湿的林下、沟边、墙隅。
- 危害：在潮湿地带生长茂盛，影响滨水、浅水区的花卉生长。

**豆瓣绿** *学名：Peperomia tetraphylla*（Forst. f.）Hook. et Arn.

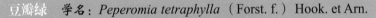

- 别名：豆瓣菜、豆瓣如意
- 科属：胡椒科、草胡椒属
- 形态特征：多年生肉质草本。植株矮小，无主茎，多分枝，高20～25cm。叶片丛生，近肉质，平滑无毛，倒卵形至卵形，先端尖，叶面灰绿色。穗状花序顶生或腋生；总花梗被疏毛或近无毛，花序轴密被毛。浆果近卵形。

- 产地与分布：原产于巴西，在我国台湾、福建等热带和亚热带地区广泛栽种。
- 生态习性：属于半阴性植物，喜欢温暖、湿润的环境。较喜水，不耐干旱。对肥水的要求不太高，宜疏松、肥沃、排水良好的土壤。
- 繁殖方式：扦插、分株繁殖。
- 用途：豆瓣绿叶形美丽，又具有一定的耐阴性，是良好的室内观叶植物。

## 加杨　学名：*Populus × canadensis* Moench

- 别名：加拿大杨
- 科属：杨柳科、杨属
- 形态特征：落叶乔木。树冠开展呈卵形。叶片三角形或三角状卵形，先端渐尖，基部截形或宽楔形，无或有1～2腺体，叶缘半透明，有钝圆锯齿；叶柄侧扁而长。雌雄异株。
- 产地与分布：原产于美洲，是美洲黑杨与黑杨的杂交种。我国19世纪中叶引入，现国内分布很广，以东北、华北及长江流域栽培为多。
- 生态习性：喜光，耐寒，亦适应湿热环境。喜湿润而排水良好的冲积土，对水涝、盐碱和瘠薄土地均有一定的适应能力。对二氧化硫抗性强，并有吸附能力。
- 繁殖方式：常用扦插繁殖。
- 用途：加杨树高冠大，绿荫浓密，环境适应性强，生长迅速，宜作行道树、庭荫树及防护林等，也适合工矿区绿化及"四旁"绿化。

## 垂柳　学名：*Salix babylonica* L.

- 别名：水柳、倒杨柳
- 科属：杨柳科、柳属
- 形态特征：落叶乔木。树冠开展，小枝细长下垂。叶片狭长披针形或线状披针形，先端长渐尖，基部楔形，叶缘有细锯齿；上面绿色，下面色较淡，两面微被伏贴柔毛或无毛。雌雄异株，葇荑花序直立。

雄花序　雌花序

- 产地与分布：主要分布于长江流域及其以南各省区的平原地带，华北、东北也有分布。
- 生态习性：喜光，喜温暖、湿润气候及潮湿深厚之酸性及中性土壤。较耐寒、耐旱，特耐水湿。
- 繁殖方式：常用扦插繁殖，种子繁殖亦可。
- 用途：垂柳树体高大，枝叶纤秀，是著名的园林观赏树木。可以作为城市园林中的庭荫树和行道树，尤适于水边配植，无论是孤植桥头，还是列植堤岸，或丛植池畔，均很适宜。

## 金丝柳　学名：*Salix × aureo-pendula*

- **别名**：金丝垂柳
- **科属**：杨柳科、柳属
- **形态特征**：落叶乔木，高可达10m以上。树冠长卵圆形或卵圆形，枝条细长下垂；幼枝呈黄绿色，落叶后小枝渐变为黄色或金黄色。叶片狭长披针形至椭圆状披针形，先端狭长渐尖，叶基楔形，叶缘有细锯齿。全为雄性株，无雌株，春季不飞絮。
- **产地与分布**：分布于沈阳以南大部分地区。
- **生态习性**：性喜光，耐寒，喜水湿，耐干旱。对土壤要求不严，以湿润、排水良好的土壤为宜，对盐碱性土壤有较强适应性。
- **繁殖方式**：扦插繁殖。
- **用途**：金丝柳树姿婀娜，枝条细长下垂，具有与垂柳相似的形态特征与园林用途，可作庭荫树、行道树、固岸护堤及平原造林树种。因全为雄性，无飞絮之弊，故更适于校园、住宅区等人居环境绿化。因其冬季枝条色泽金黄，可作为冬季观枝干树种。

## 紫柳　学名：*Salix wilsonii* Seemen

- **科属**：杨柳科、柳属
- **形态特征**：落叶乔木。一年生枝暗褐色，嫩枝有毛，后无毛。叶椭圆形，广椭圆形至长圆形，稀椭圆状披针形，先端急尖至渐尖，基部楔形至圆形；幼叶常发红色，上面绿色，下面苍白色，边缘有圆锯齿或圆齿；托叶不发达，卵形，早落；萌枝上的托叶发达，肾形，有腺齿。
- **分布**：分布于湖北、湖南、江西、安徽、浙江、江苏等省。
- **生态习性**：适应性强，喜光，耐干旱，喜水湿，对土壤要求不严。
- **繁殖方式**：扦插或种子繁殖。
- **用途**：紫柳生长迅速，根系发达，喜湿，可作护岸树种。树形高大，成荫快，可作庭荫树。

## 彩叶杞柳　学名：*Salix integra* cv. Hakuro Nishiki

- 别名：花叶杞柳
- 科属：杨柳科、柳属
- 形态特征：落叶灌木。树冠广展，新叶具乳白和粉红色斑。
- 生态习性：喜光，耐寒，喜水湿，耐干旱，对土壤要求不严，以肥沃、疏松、潮湿土壤最为适宜。
- 繁殖方式：扦插、嫁接繁殖为主。
- 用途：彩叶杞柳树形优美，叶色迷人，是优良的观赏树种，可广泛应用于城乡绿化、美化。

## 杨梅　学名：*Myrica rubra*（Lour.）S. et Zucc.

- 科属：杨梅科、杨梅属
- 形态特征：常绿乔木。树冠圆球形。小枝无毛，具皮孔。叶片倒披针形或长椭圆状披针形，栽培品种常全缘。雌雄异株，偶有同株。核果球状，成熟时深红色、紫红色或黄白色。果期6～7月。
- 产地与分布：大致分布在东起台湾东岸，西至云南瑞丽，北自陕西汉中，南达海南三亚的广大地区。日本、朝鲜、菲律宾也有栽培。
- 生态习性：杨梅喜光，但忌烈日强光，对散射光利用效率高。喜温暖、湿润的气候环境，严寒、酷暑及干旱缺水的地方不适宜栽培。根部有放线菌共生固氮，耐瘠薄。适于pH5.4～6.0的弱酸性土壤栽培。

雄　雌

- 繁殖方式：生产上多采用嫁接繁殖，也可以扦插、压条和播种。
- 用途：杨梅营养丰富，酸甜可口，鲜食、加工性能俱佳，是具有重要经济意义的特色水果，在南方果业中占有举足轻重的地位。杨梅枝叶青翠，果色红艳，观赏价值高，在庭院、小区、公园绿化中都有应用。树体富含单宁，可作为森林防火隔离林带树种应用；对有毒气体抗性强，可用于厂矿区绿化。

## 美国山核桃　学名：*Carya illinoensis*（Wangenh.）K.Koch

- 别名：薄壳山核桃、长山核桃
- 科属：胡桃科、山核桃属
- 形态特征：落叶乔木，在原产地高达55m。树皮灰色，纵裂、有纵沟。奇数羽状复叶，互生；小叶11～17片，长椭圆状披针形，先端渐尖，基部偏斜，边缘有粗锯齿。花单性，同株；雄花排列成荑黄花序，下垂；雌花集于枝顶，排列成短穗状。果实长圆形或卵形，外果皮薄，裂成4瓣，果核光滑，长圆形或卵形，顶端尖，基部近圆形。花期5月，果期10～11月。
- 产地与分布：原产于北美洲，主要分布于美国与墨西哥北部。我国江苏、浙江、安徽、云南等省均有引种栽培。

- 生态习性：阳性树种，喜光。喜温暖气候，耐寒性较强，忌高温。适于土层深厚、富含腐殖质、湿润而排水良好的沙质壤土，对土壤酸碱度要求较宽，在pH5～8范围内均能生长良好。
- 繁殖方式：作为果树栽培时，常用嫁接繁殖。作园林树木应用，可采用播种繁殖。
- 用途：美国山核桃种仁营养价值高，是具有重要经济意义的干果。树冠高大，树姿雄伟，是优良的行道树和庭荫树，还可植作风景林，也适于河流沿岸、湖泊周围及平原地区"四旁"绿化。

## 苦槠　学名：*Castanopsis sclerophylla*（Lindl.）Schott.

- 科属：壳斗科、槠属
- 形态特征：常绿乔木。树皮浅纵裂，片状剥落。小枝具棱，无毛。叶片革质，长椭圆形或卵状椭圆形，基部常偏斜，叶缘在中部以上有锯齿状锐齿。雄花序穗状，直立；雌花序腋生。
- 产地与分布：产于江苏、浙江、江西、福建、广东、广西、湖南、湖北等省。
- 生态习性：喜光，也能耐阴。喜温暖、湿润气候及土层深厚的微酸性至中性土壤，耐干旱、瘠薄。
- 繁殖方式：常用播种繁殖。
- 用途：苦槠干高、冠大，绿叶成荫。可作为庭荫树、独赏树或行道树。适应性强，有一定的抗风性，可用作防风林和水源涵养林。

## 麻栎　学名：*Quercus acutissima* Carr.

- 科属：壳斗科、栎属
- 形态特征：落叶乔木。树皮灰黑色，不规则深纵裂。叶片形态多样，通常为长椭圆状披针形，叶缘有刺芒状锯齿。雄花序荑黄花序，下垂；雌花序穗状，直立。壳斗杯状，半包坚果。
- 产地与分布：北起东北南部，西自甘肃、四川、云南以东均有分布，以黄河中下游和长江流域较多。
- 生态习性：喜光，喜温暖、湿润，较耐寒，耐干旱。对土壤条件要求不严，喜酸性土壤，耐瘠薄，是荒山瘠地造林的先锋树种。也适应石灰岩钙质土，但不耐盐碱土。
- 繁殖方式：播种繁殖。
- 用途：麻栎树姿雄伟，冠大荫浓，可作庭荫树与行道树；抗风力好，对酸性土壤适应性强，耐瘠薄，适于丘陵山地防风林、水源涵养林及自然风景林的营造。

## 榔榆　学名：*Ulmus parvifolia* Jacq.

- 别名：小叶榆、掉皮榆
- 科属：榆科、榆属
- 形态特征：落叶乔木。树皮灰色或灰褐，因不规则片状剥落而呈地图状斑驳。叶片长椭圆形、卵状椭圆形或卵形，基部偏斜，边缘具锯齿。秋季开花，翅果顶端有凹缺，种子位于翅果中部。
- 产地与分布：主产于长江流域及其以南地区，华北、东北等地均有栽培。
- 生态习性：喜光，稍耐阴。喜温暖、湿润，亦适应冷凉、干爽气候。土壤适应性强，耐干旱，耐瘠薄，在酸性、中性及碱性土上均能生长。
- 繁殖方式：种子繁殖。
- 用途：树形高大，枝叶细密，树皮斑驳，入秋叶色变红或黄，观赏价值较高。可孤植或丛植成景，配植于草地、水滨、亭旁、桥边，也可列植于园路两侧。适于造型，是制作盆景的好材料。

## 糙叶树　学名：*Aphananthe aspera*（Thunb.）Planch.

- **科属**：榆科、糙叶树属
- **形态特征**：落叶乔木，高达20m以上。叶纸质，卵形或卵状椭圆形，先端渐尖或长渐尖，基部宽楔形或浅心形，有的稍偏斜，基部以上叶缘有锯齿，基部3出脉，侧脉近平行，直达齿尖，叶两面被毛，粗糙。核果近球形或卵状球形，成熟果黑色。花期4～5月，果期10月。
- **产地与分布**：除东北、西北地区外，全国各地均有分布。
- **生态习性**：喜光，稍耐阴。喜温暖、湿润的气候和深厚、肥沃的酸性沙壤土，多散生于山区的沟谷、溪流附近。抗烟尘和有毒气体。
- **繁殖方式**：种子繁殖。
- **用途**：糙叶树树冠高大，苍劲挺拔，枝叶茂密，是优良的庭荫树及水畔绿化树种。宜植于傍溪谷地、河流两岸、池畔湖滨等近水之处造景，也适于街区、厂矿区绿化。

## 朴树　学名：*Celtis tetrandra* Roxb.ssp.*sinensis*（Pers.）Y.C.Tan

- **别名**：沙朴
- **科属**：榆科、朴属
- **形态特征**：落叶乔木。树皮灰色，有明显皮孔。一年生枝被密毛。单叶互生；叶片卵形至椭圆状卵形，先端急尖至渐尖，基部偏斜，中部以上边缘有浅锯齿，3出脉，下面沿脉被毛。花杂性同株，生于当年生枝的叶腋。核果近球形，橙红色。
- **产地与分布**：自黄河流域以南至华南各省区均有分布。
- **生态习性**：喜光，稍耐阴。喜温暖、湿润气候，较耐瘠薄，对干旱与水湿均有一定的适应性。在微酸性、中性及石灰质土壤中均能生长。抗风强，对有毒气体有一定的抗性。
- **繁殖方式**：播种繁殖。
- **用途**：朴树树冠高大，枝叶繁茂，适应性强，是农村"四旁"绿化的优良树种。在园林中，常作为庭荫树或行道树使用，可用于绿化道路、公园、小区等。对二氧化硫、氯气等有毒气体的抗性强，具有较强的吸滞粉尘的能力，常被用于城市街区及工矿区绿化。

## 桑 　学名：*Morus alba* L.

- **科属**：桑科、桑属
- **形态特征**：落叶乔木。树皮灰白色，具不规则浅纵裂。单叶，互生。叶片卵形或广卵形，先端急尖、渐尖或圆钝，基部圆形至浅心形，边缘粗锯齿，有时有缺裂，背面沿脉有疏毛，脉腋有簇毛；托叶披针形，早落。花单性，腋生或生于芽鳞腋内。聚花果卵状椭圆形，成熟时红色、紫黑色或白色。
- **产地与分布**：原产于我国中部，现全国各地均有分布。
- **生态习性**：喜光，幼苗较耐阴。喜温暖、湿润气候，耐干旱、瘠薄，不耐涝。对土壤的适应性强，在微酸性至微碱性土壤上均能生长。
- **繁殖方式**：可用枝插、根插、嫁接或播种繁殖；优良品种扩繁常用嫁接或枝插。
- **用途**：桑树是重要的经济价值的树种。桑叶是家蚕的饲料；桑果是初夏重要的水果；桑枝可作造纸的原料；根、叶、果皆可入药。在园林方面，桑可用作引鸟树种，可用于城市、厂矿及"四旁"绿化。

## 构树 　学名：*Broussonetia papyrifera*（L.）L'Hér. ex Vent.

- **别名**：枸树、楮树
- **科属**：桑科、构属
- **形态特征**：落叶乔木。树皮浅灰色，小枝密被绒毛。叶片阔卵形至长卵形，基部圆形、截形至浅心形，边缘具粗锯齿，不分裂或3~5裂，粗糙。花雌雄异株；雄花序为菜荑花序，雌花序为头状花序，球形。聚花果成熟时橙红色，肉质。

雄　雌

- **产地与分布**：分布于黄河流域、长江流域和珠江流域。
- **生态习性**：适应性很强，喜光。喜温暖、湿润气候，但亦耐干冷与湿热气候。对土壤适应性强，耐瘠薄，多生于石灰质山地，也能在酸性土及中性土上生长。耐烟尘，抗大气污染力强。
- **繁殖方式**：常用种子繁殖，也可用扦插或根蘖分株法繁殖。
- **用途**：构树树形高大，形象粗犷，生长迅速，繁殖容易，适应性强，可用于矿区、荒坡及瘠薄土地绿化，亦可选作庭荫树及防护林用。

### 榕树　学名：*Ficus microcarpa* L. f.

- 别名：细叶榕
- 科属：桑科、榕属
- 形态特征：常绿大乔木。树体受伤后，有白色乳汁流出。枝条上有环状托叶痕，老树常有锈褐色气根，细长下垂，入土后加粗成干状。叶薄革质，先端钝尖，基部楔形，全缘。隐头花序单个或成对腋生，成熟时黄或红色，扁球形。
- 产地与分布：产于我国东南部至西南部。亚洲南部及大洋洲也有分布。
- 生态习性：喜光，耐阴，忌烈日。喜温暖、湿润，不耐旱，不耐寒。喜疏松、肥沃的酸性土，在瘠薄的沙质土中也能生长，但不耐盐碱。
- 繁殖方式：以扦插为主。
- 用途：榕树树体高大，绿荫蔽日，宜作庭荫树、行道树。枝干容易发生不定根，在热带地区常能形成"独木成林"的奇观，具有很高的独赏价值。也可作为景观树、背景树及防风林丛植、群植或林植。

### 印度橡胶榕　学名：*Ficus elastica* Roxb. ex Hornem

- 别名：橡皮树
- 科属：桑科、榕属
- 形态特征：常绿乔木。树皮灰白色。叶厚革质，长圆形至椭圆形；托叶膜质，深红色，长达10cm，脱落后有明显环状疤痕。榕果成对生于已落叶枝的叶腋，卵状长椭圆形，黄绿色。花期冬季。
- 产地与分布：原产于巴西，现广泛栽培于亚洲热带地区。
- 生态习性：喜高温、湿润、阳光充足的环境，较耐阴但不耐寒，忌阳光直射，安全越冬温度为5℃。耐空气干燥。忌黏性土，不耐瘠薄和干旱，喜疏松、肥沃和排水良好的微酸性土壤。
- 繁殖方式：扦插繁殖。
- 用途：印度橡胶榕叶大光亮，四季常青，为常见的观叶植物。适宜盆栽。

## 无花果　学名：*Ficus carica* L.

- **别名**：文仙果、奶浆果、品仙果
- **科属**：桑科、榕属
- **形态特征**：落叶灌木。叶互生，通常3～5裂，边缘具不规则钝齿，表面粗糙。雌雄异株。果单生叶腋，大而梨形，顶部下陷，成熟时紫红色或黄色。
- **产地与分布**：原产于地中海沿岸，土耳其至阿富汗一带均有分布。我国唐代即从波斯传入，现南北各地均有栽培。
- **生态习性**：喜温暖、湿润气候，耐瘠，抗旱，不耐寒，不耐涝。喜土层深厚、疏松、肥沃的沙质壤土或黏质壤土。
- **繁殖方式**：用扦插、分株、压条繁殖，尤以扦插繁殖为主。
- **用途**：无花果树枝繁叶茂，树态优雅，当年栽植当年结果，是良好的园林及庭院绿化观赏树种。对有毒气体抗性强，可用于工厂矿区绿化。无花果果实营养丰富，风味甘甜，早结丰产，是具有良好经济效益的果树。

## 薜荔　学名：*Ficus pumila* L.

- **别名**：木莲、凉粉果
- **科属**：桑科、榕属
- **形态特征**：攀援或匍匐灌木。不结果枝节上生不定根。叶卵状心形，薄革质，尖端渐尖，叶柄很短。结果枝上无不定根。果单生叶腋，瘿花果梨形，雌花果近球形，果幼时被黄色短柔毛，成熟黄绿色或微红；瘦果近球形，有黏液。
- **产地与分布**：产于福建、江西、浙江、安徽、江苏、台湾等地。
- **生态习性**：喜光，也耐阴。喜温暖、湿润气候，耐寒。耐贫瘠，抗干旱，对土壤要求不严，适于富含腐殖质的酸性或中性土壤。
- **繁殖方式**：扦插繁殖为主，也可压条或播种繁殖。
- **用途**：薜荔具有发达的攀缘根，在园林上可用于垂直绿化，绿化山石、墙壁、廊架、篱垣。耐干旱、贫瘠，可用于各种坡面绿化，以防止水土流失。此外，还可以利用架构，制成绿雕塑。

## 葎草　学名：*Humulus scandens*（Lour.）Merr.

雄　雌

- **科属**：桑科、葎草属
- **形态特征**：多年生缠绕草本。茎、枝、叶柄均具倒钩刺，常缠绕于他物生长，长可达数米。叶对生，有时上部互生，基部心形，表面粗糙，常掌状5深裂，边缘具锯齿。雌雄异株。
- **产地与分布**：除新疆、青海外，南北各省区均有分布。
- **繁殖方式**：种子繁殖。
- **用途**：①可入药，有清热、健胃等功效。②鲜草、干草及干草粉可作为畜禽饲料。③茎皮纤维可作造纸原料；种子油可制肥皂；果穗可代啤酒花用。
- **危害**：①生长迅速、攀援性强，能快速覆盖受害植株，严重影响作物生长。②常见于路边、空地、林缘，常常形成对栖息环境的全面覆盖，破坏生态与景观。③藤蔓坚韧，且有很多细密而锋利的钩刺，影响生产园除草效率，妨碍农事活动，也容易对景区游人及工作人员造成伤害。

## 花叶冷水花　学名：*Pilea cadierei* Gagnep.

- **别名**：白斑叶冷水花、金边山羊血
- **科属**：荨麻科、冷水花属
- **形态特征**：多年生草本或半灌木。叶近膜质，卵形或圆卵形，下部的常心形，先端渐尖，基部心形，稀圆形；托叶薄膜质，褐色，长圆形。花雌雄异株。
- **产地与分布**：原产于越南中部山区，中国各地有栽培。
- **生态习性**：喜温暖、湿润的环境，生长适宜温度为15℃～25℃，冬季不可低于5℃。习性强健，喜疏松、肥沃的沙土。
- **繁殖方式**：扦插、分株繁殖。
- **用途**：花叶冷水花叶片美丽，是耐阴性强的一种室内观叶植物。可用于室内盆栽和吊盆观赏，也可用于布置室内花园。

## 千叶兰　学名：*Muehlewbeckia complera*

- **别名**：千叶吊兰、铁线兰
- **科属**：蓼科、千叶兰属
- **形态特征**：多年生常绿藤本。植株匍匐丛生或呈悬垂状生长，细长的茎红褐色，小叶互生，叶片心形或圆形。其株形饱满，枝叶婆娑。
- **产地与分布**：原产于新西兰，现在各地引种栽培。
- **生态习性**：喜温暖、湿润的环境，在阳光充足和半阴处都能正常生长，具有较强的耐寒性，冬季可耐0℃左右低温。
- **繁殖方式**：分株、扦插繁殖。
- **用途**：千叶兰适宜盆栽，装饰室内，常作为垂吊花卉应用。

## 何首乌　学名：*Polygonum multiflorum* Thunb.

- **别名**：夜交藤
- **科属**：蓼科、蓼属
- **形态特征**：多年生缠绕性草本。全株无毛。块根纺锤状，表面黑褐色，内部紫红色。茎具纵棱，多分枝，中空，下部木质化。叶互生，心形或长卵状心形，顶端渐尖，基部心形，边缘全缘，略呈波状；托叶鞘膜质，筒状，无毛。花序圆锥状，顶生或腋生；花被5，外面3片较大，背部具翅，果时增大。瘦果卵形，具3棱。花期8～10月，果期10～11月。
- **产地与分布**：华东、华中、华南、西南、西北均有分布。日本也有。
- **繁殖方式**：种子繁殖或扦插、分株繁殖。
- **用途**：①何首乌是一味中药。②块根、藤蔓、花果都有一定的观赏性，可用于垂直绿化与盆栽观赏。
- **危害**：凭借缠绕茎，可在观赏树木、果树及其他植物上攀援生长，影响植物生长发育。

**藜** 学名：*Chenopodium album* L.

- 别名：灰菜、灰藋、灰苋菜
- 科属：藜科、藜属
- 形态特征：一年生草本，高30～150cm。茎直立，粗壮，具条棱及绿色或紫红色条纹，多分枝。叶片被粉，菱状卵形至三角状形，先端急尖或微钝，基部楔形至宽楔形，边缘具不整齐锯齿或全缘；叶柄与叶片近等长。花两性，黄绿色；花被裂片5，背面具纵隆脊，有粉粒。种子双凸镜状，黑色，有光泽，表面具浅沟纹；胚环形。花果期6～9月。
- 产地与分布：遍及全球温带及热带，我国各地均产。
- 繁殖方式：种子繁殖。
- 用途：①可入药，具止痒、止泻等功效。②可作野菜，供人食用；但不宜大量进食或长期服用，否则遇强烈阳光，易诱发日光性皮炎。③可作饲料。
- 危害：藜是旱地作物的一种重要杂草，为害小麦、棉花、豆类、薯类、蔬菜、花生、玉米等旱地作物。

**厚皮菜** 学名：*Beta vulgaris* var. *cicla* L.

红叶甜菜

- 别名：牛皮菜、莙荙菜、叶荼菜
- 科属：藜科、甜菜属
- 形态特征：多年生草本，多作二年生栽培。主根直立。叶在根颈处丛生，叶片皱缩，菱形，全缘，肥厚而有光泽。花茎自叶丛中间抽生，高80cm左右，花小，单生或2～3朵簇生于叶腋。胞果，种子细小。花、果期5～7月。
- 常见品种：
  （1）红叶甜菜：叶面呈暗紫红色。
  （2）金叶甜菜：叶柄金黄色。
- 产地与分布：原产于欧洲，现我国长江流域地区广泛栽培。
- 生态习性：中性，喜光，稍耐阴。阳光充足能使叶色鲜艳；夏季高温时，需稍遮阴。适应性强，对土壤要求不严。
- 繁殖方式：播种繁殖。
- 用途：厚皮菜嫩叶可以食用。红叶甜菜、金叶甜菜在园林绿化中可以作为露地花卉，布置花坛，也可以盆栽，作为室内摆设。

## 鸡冠花　学名：*Celosia cristata* L.

- **科属**：苋科、青葙属
- **形态特征**：一年生草本花卉，株高40～100cm。全株无毛，茎直立粗壮。叶长卵形或卵状披针形，先端渐尖或长尖，基部渐窄成柄，全缘。花序扁平呈鸡冠状，雌花着生于花序基部，花色有紫红、红、玫红、橙黄等色。种子肾形，黑色，光泽。花期在7～10月，果熟期9～10月下旬。
- **产地与分布**：原产于印度，世界各地广泛栽培。
- **生态习性**：阳性，喜光，耐炎热、干燥环境，不耐寒，遇霜冻即枯死。宜疏松而肥沃的土壤，喜肥，不耐瘠薄。
- **繁殖方式**：播种繁殖。
- **用途**：鸡冠花形似鸡冠，观赏期长。多用作布置花坛、花境，也可以栽种在庭院，或作为盆栽。

## 千日红　学名：*Gomphrena globosa* L.

- **别名**：火球花、杨梅花、千年红
- **科属**：苋科、千日红属

- **形态特征**：一年生草本花卉，株高50～60cm。植株上部多分枝，茎直立。叶对生，椭圆形至倒卵形，全缘。花顶生，头状花序单生，或2～3个花序集生于枝端，每序有一较长的总梗，花序圆球形。小花的干膜质苞片为红色及玫红色。花期8～10月。
- **产地与分布**：原产于亚洲热带地区，世界各地广泛栽培。
- **生态习性**：阳性，喜光照充足、温热、干燥的环境，不耐寒。要求疏松、肥沃的土壤，较耐干旱，不耐积水。
- **繁殖方式**：播种繁殖。
- **用途**：千日红适宜作花坛、花境材料，也可以盆栽或者作切花、干花用。花序可入药。

## 锦绣苋　学名：*Alternanthera bettzickiana*（Regel）Nichols.

- **别名**：红绿草、五色苋、毛莲子草
- **科属**：苋科、莲子草属
- **形态特征**：多年生草本，植株高10～15cm。茎干直立，单叶对生，叶片披针形或椭圆形，叶柄极短，叶色为红色或绿色。头状花序，着生在叶腋，花白色。花期12月～翌年2月。
- **产地与分布**：原产于巴西。我国各大城市均有栽培。
- **生态习性**：中性，喜光，略耐阴。喜温暖、湿润，不耐酷热以及寒冷。不耐干旱与水涝，生长期需保持水分充足。
- **繁殖方式**：扦插繁殖。
- **用途**：锦绣苋为宿根草本，常作为一、二年生栽培，以观叶为主。植株低矮，叶色鲜艳，有紫红、棕红、绿、青绿等色，是布置毛毡花坛的好材料，可以用同色彩配植成各种花纹、图案、文字等平面或立体的形象。

## 空心莲子草　学名：*Alternanthera philoxeroides*（Mart.）Griseb.

- **别名**：喜旱莲子草、革命草、水花生
- **科属**：苋科、莲子草属
- **形态特征**：多年生宿根性草本。茎基部匍匐，易发不定根，陆生植株的不定根可发育成肉质根，中空，节部膨大，幼茎及叶腋有柔毛。叶片对生，先端急尖或圆钝，具短尖，基部渐狭，全缘；叶柄短。头状花序单生于叶腋，具总梗。
- **产地与分布**：原产于南美洲。约20世纪30年代由日本传入我国，主要分布于亚热带、暖温带及热带地区。
- **繁殖方式**：以根茎、肉质根进行营养繁殖。
- **危害**：①侵入农田，为害水稻、蔬菜、果树、棉花、大豆等各种农作物，影响作物产量。②入侵江河湖泊，覆盖水体，妨碍水生动植物的生长与渔业生产。③堵塞河道、沟渠，影响行洪、运输与灌溉。④适应性强，繁殖速度快，威胁当地的生物多样性。⑤入侵湿地、草坪、绿化带，影响景观。

## 刺苋　学名：*Amaranthus spinosus* L.

- **别名**：野刺酸菜、酸酸菜
- **科属**：苋科、苋属
- **形态特征**：一年生草本，高30～100cm。茎直立，多分枝，绿色或紫红色，有纵条纹。叶片菱状卵形或卵状披针形，先端圆钝或稍凹，具小芒刺，基部楔形，全缘；叶柄基部两旁各有1刺。花单性，雄花为顶生圆锥花序，雌花簇生于叶腋或生于穗状花序下部；苞片狭披针形，或成尖锐直刺；花被片5，黄绿色。胞果长圆形，种子近球形。花果期6～10月。

- **产地与分布**：原产于美洲热带。我国广泛分布于陕西、河南、安徽、江苏、浙江、江西、湖南、湖北、四川、云南、贵州、广西、广东、福建等地。
- **繁殖与传播**：种子繁殖，随作物引种及耕作等人类活动扩散。
- **用途**：①可入药，有清热解毒、散血消肿等功效。②可作野菜，供人食用。
- **危害**：①是旱地作物的一种重要杂草，为害豆类、薯类、蔬菜、花生、玉米等旱地作物。②其花粉是重要的吸入性过敏原。③是朱砂叶螨、蚜虫、菜粉蝶的寄主。

## 牛膝　学名：*Achyranthes bidentata* Blume

- **别名**：怀牛膝、鼓槌草、对节草
- **科属**：苋科、牛膝属
- **形态特征**：多年生草本。根圆柱形，土黄色。茎四棱形，节部膝状膨大。叶片卵形、椭圆形或椭圆状披针形，先端锐尖至长渐尖，基部楔形或宽楔形，两面有贴生或开展柔毛。穗状花序顶生及腋生，花序轴密生白色柔毛，花在后期反折。胞果矩圆形，光滑。花期7～9月，果期9～10月。

- **产地与分布**：我国除东北外全国广布。朝鲜、俄罗斯、印度、越南、菲律宾、马来西亚和非洲均有。
- **繁殖与传播**：种子和根芽繁殖。可通过黏附动物体表或人类活动传播种子。
- **用途**：①根入药，生用具活血通经之功效，熟用能补肝肾，强腰膝，可治腰膝酸痛、肝肾亏虚、跌打瘀痛等症。②兽医用作治牛软脚症，跌伤断骨等。
- **危害**：牛膝是一种常见杂草，常见于旱地，为害豆类、薯类、蔬菜、果树等作物。

## 紫茉莉　　学名：*Mirabilis jalapa* L.

- **别名**：夜娇娇、胭脂花
- **科属**：紫茉莉科、紫茉莉属
- **形态特征**：宿根花卉，常作一年生栽培。茎直立而多分枝，茎节膨大。叶对生，卵形或卵状三角形，先端尖，全缘。花枝端顶生，3～5枚成簇。花被基部有一萼状总苞，先端5深裂；花被先端5裂，有紫红、黄、白、红黄相间等色。花期8～11月。

- **产地与分布**：原产于南美洲热带地区，我国南北各地均有栽培。
- **生态习性**：中性，喜光，耐半阴。喜温暖、湿润的气候，不耐寒，在江南地区地下部分可以安全越冬而成为宿根花卉。要求深厚、疏松、肥沃的土壤。
- **繁殖方式**：播种繁殖。
- **用途**：紫茉莉是常见的夏秋季草花，适宜作为地被植物。

## 叶子花　　学名：*Bougainvillea spectabilis* Willd.

- **别名**：三角梅、九重葛、毛宝巾
- **科属**：紫茉莉科、叶子花属
- **形态特征**：茎粗壮，枝下垂，无毛或疏生柔毛。叶片纸质，卵形或卵状披针形。花顶生枝端的3个苞片内，花梗与苞片中脉贴生；苞片叶状，紫、红、粉、浅蓝、白等色，花柱侧生，线形，边缘扩展成薄片状，柱头尖；花盘基部合生呈环状，上部撕裂状。花期冬春间。

- **产地与分布**：原产于巴西。
- **生态习性**：性喜光，光照不足会影响其开花。喜温暖、湿润环境，适宜生长温度为20℃～30℃。对土壤要求不严，但在肥沃、疏松、排水好的沙质壤土能旺盛生长。耐瘠薄，耐干旱，耐盐碱，忌积水。
- **繁殖方式**：扦插、嫁接繁殖。
- **用途**：叶子花苞片大而美丽，鲜艳似花。在小气候温暖的地方，可栽种在庭园。在台州科技职业学院适宜盆栽，夏秋季开花繁茂。

## 马齿苋　学名：*Portulaca oleracea* L.

- **别名**：酸苋、酱瓣菜
- **科属**：马齿苋科、马齿苋属
- **形态特征**：一年生肉质草本。全株无毛。茎平卧或斜升，淡绿色或带暗红色。叶互生或近对生，叶片扁平，肥厚，似马齿状，顶端圆钝或截形，基部楔形，全缘；叶柄粗短。花常3～5朵簇生枝端；苞片4～5，近轮生；萼片2，盔形；花瓣5，黄色。蒴果卵球形，盖裂；种子细小，黑色，有光泽，具小疣状凸起。花期6～8月，果期7～9月。
- **产地与分布**：广布全世界温带和热带地区。我国除高原地区外，其他地方均有分布。生于菜园、农田、路旁，为田间常见杂草。
- **繁殖方式**：种子繁殖。作蔬菜生产时，也可用扦插。
- **用途**：①全草药用，有清热解毒、预防痢疾等功效。②是一种富含营养、食用品质好的野菜，目前已经有栽培。③可作盆栽欣赏。
- **危害**：生于田间、路边，是一种常见杂草，对蔬菜、花生、番薯等有危害。

## 大花马齿苋　学名：*Portulaca grandiflora* Hook.

- **别名**：半支莲、松叶牡丹
- **科属**：马齿苋科、马齿苋属
- **形态特征**：一年生肉质花卉。茎干平卧或斜升，紫红色，多分枝，节上有丛生毛。叶通常散生，细圆柱形，先端圆钝；叶柄极短，叶腋常生一撮白色长柔毛。花顶生，单瓣或复瓣，花色丰富，有紫、红、粉、橙、黄、复色等。花期6～10月。
- **产地与分布**：原产于南美洲巴西、阿根廷，我国各地均有栽培。
- **生态习性**：阳性，喜阳光充足、温暖、干燥的环境，在阴暗潮湿处生长不良。见阳光开花，早、晚、阴天闭合，故而得名太阳花。
- **繁殖方式**：播种、扦插繁殖。
- **用途**：大花马齿苋植株矮小，茎、叶肉质光泽，花色丰富，花期长。宜布置花坛外围，多用在容易干旱的公路隔离带绿化，也可辟为专类花坛。

### 马齿苋树　学名：*Portulacaria afra* Jacq.

- 别名：金枝玉叶
- 科属：马齿苋科、马齿苋树属
- 形态特征：多年生常绿肉质灌木，株高3m左右。茎肉质，紫褐色至浅褐色，分枝近水平伸出，新枝在阳光充足的条件下呈紫红色，若光照不足，则为绿色。肉质叶倒卵形，交互对生，叶长1.2～2cm，宽1～1.5cm，厚0.2cm，质厚而脆，绿色，表面光亮。小花淡粉色。

- 产地与分布：原产于非洲南部，各地均有引种。
- 生态习性：喜温暖、干燥和阳光充足环境。耐干旱，不耐寒，不耐涝。土壤以肥沃、排水良好的沙壤土为好。
- 繁殖方式：扦插繁殖。
- 用途：马齿苋树适宜盆栽，需要放置在光线较强处。

### 石竹　学名：*Dianthus chinensis* L.

- 别名：中国石竹、洛阳花
- 科属：石竹科、石竹属
- 形态特征：宿根花卉，常作二年生花卉栽培，株高20～40cm。叶对生，线状披针形，先端渐尖，基部抱茎。花单生或数朵簇生，有红色、粉红色、白色、紫红色等，有香气。蒴果圆筒形。花期11月～翌年5月，个别红色花朵的石竹可以全年开花。

- 产地与分布：原产于我国，分布很广，东北、华北、西北以及长江流域均有栽培。
- 生态习性：阳性，喜光，喜凉爽、干燥气候，耐寒。喜排水良好、含石灰质的肥沃土壤，忌水涝。
- 繁殖方式：播种、扦插或分株繁殖。
- 用途：石竹株形似竹，花朵繁密，色泽鲜艳，质如丝绒。石竹是优良的草花，多用作布置花坛或花境，也可以大量直播用作地被植物，还可以作盆栽或作为切花。

### 麝香石竹　学名：*Dianthus caryophyllus* L.

- **别名**：康乃馨、香石竹
- **科属**：石竹科、石竹属
- **形态特征**：宿根花卉，株高40～70cm。全株无毛，粉绿色。茎丛生，直立，基部木质化，上部稀疏分枝。叶对生，线状披针形，先端长渐尖，基稍成短鞘，中脉明显，上面下凹，下面稍凸起。花顶生，有香气，有白、肉红、水红、黄色、大红、紫色以及复色等。花期5～10月。
- **产地与分布**：原产于南欧至印度，现世界各地广泛栽培。
- **生态习性**：阳性，喜空气流通、干燥以及日光充足的环境。喜排水良好、腐殖质丰富、保肥性能良好而微碱性的黏质土壤，忌连作以及低洼地。
- **繁殖方式**：扦插繁殖。
- **用途**：四大鲜切花之一，母亲节插花的主打花材；也用于花坛或盆栽。

### 睡莲　学名：*Nymphaea tetragona* Georgi

- **别名**：水百合、子午莲
- **科属**：睡莲科、睡莲属
- **形态特征**：为浮叶型宿根草本。根状茎粗短，横生于淤泥中。叶丛生，卵圆形，全缘，具细长叶柄，浮于水面；叶面深绿色，有光泽。花单生于细长的花梗顶端，浮于或高于水面；花瓣多数，花色有红、粉红、白、黄、蓝等，白天开放，夜间闭合。聚合果球形，种子多数，椭圆形，黑色。花期5～7月，果期9～10月。
- **产地与分布**：原产于美洲和亚洲东部，我国各地多有栽培。
- **生态习性**：阳性，喜阳光充足和通风良好的环境，在庇荫处长势较弱，不易开花。喜温暖湿润气候，亦耐寒。对土壤要求不严，但是喜欢富含有机质的黏土。植株正常生长的水深为20～40cm。
- **繁殖方式**：一般采用分株繁殖，将有根芽的根茎栽种于泥土中，也可以播种繁殖。
- **用途**：睡莲叶浮于水面，圆润青翠，花色丰富，绚丽多彩，为花叶俱美的水生观赏植物，适宜布置水景园或盆栽观赏，亦可以剪取花枝用于插花。

## 莲　学名：*Nelumbo nucifera* Gaertn.

- **别名**：荷花、水芙蓉

- **科属**：睡莲科、莲属

- **形态特征**：多年生挺水型草本。地下茎（藕）肥
  大，横生于淤泥中，节上生有不定根，并抽叶开
  花。藕与叶柄、花梗均具有多个孔道。叶大，盾状
  圆形，全缘，叶脉明显隆起；叶柄圆柱形，密布倒
  生刚刺。花单生，花色有红、粉红、白、黄等，具
  有清香；雄蕊多数，雌蕊离生，隐藏于膨大的倒圆
  锥形花托内。花期6~8月，果期9~10月。

- **品种类型**：荷花栽培品种很多，依据用途分为藕
  莲、子莲、花莲三大类。花莲可依据花瓣多少、雌
  雄蕊瓣化程度以及花色分类，常见的类型有单瓣
  型、复瓣型、千层型、佛座型、重台型、多花型等。

- **产地与分布**：荷花原产于亚洲热带地区和大洋洲，我国海南岛到黑龙江均有分布。

- **生态习性**：阳性，喜光，不耐阴。喜热，耐高温，在强光照下生长发育快，开花早。喜水
  深不超过1m的静水，水深1.5m时不能开花。

- **繁殖方式**：一般采用分藕繁殖，将有顶芽的子藕平栽于塘泥中；也可以播种繁殖，春秋季
  均可。

- **用途**：荷花叶大形美，花大色丽，清香远溢，赏心悦目，为我国十大名花之一，是我国应
  用最广泛的水生花卉。广泛用于水池、湖面的景观布置，常在水体的浅水处作片状栽植；
  也可以布置于小庭院、阳台或用于插花美化居室。其地下茎（藕）可作蔬菜食用，莲子是
  营养丰富的滋补食品。

## 南天竹　学名：*Nandina domestica* Thunb.

- 别名：南天竺、红杷子、天竺、兰竹
- 科属：小檗科、南天竹属
- 形态特征：常绿小灌木。茎常丛生而少分枝，光滑无毛。叶集生于茎的上部，三回羽状复叶；小叶薄革质，椭圆形，顶端渐尖，全缘，上面深绿色，冬季变红色。圆锥花序直立，花小，白色，具芳香；花瓣长圆形，先端圆钝。浆果球形，熟时鲜红色，稀橙红色。花期3～6月，果期5～11月。
- 常见品种：

  火焰南天竹（*N. domestica* cv. Fire power）：叶色红。
- 产地与分布：产于中国长江流域及陕西、河南、河北、山东等地。
- 生态习性：较耐阴。性喜温暖及湿润的气候，也耐寒。水分适应性强，既耐湿也耐旱。适宜在湿润、肥沃、排水良好的沙壤土生长。

火焰南天竹

- 繁殖方式：繁殖以播种、分株为主，也可扦插。
- 用途：茎干丛生，枝叶扶疏，秋冬叶色变红，有红果，经久不落，是赏叶观果的佳品。

## 十大功劳　学名：*Mahonia fortunei*（Lindl.）Fedde

- 别名：狭叶十大功劳、小叶十大功劳、黄天竹、土黄柏
- 科属：小檗科、十大功劳属
- 形态特征：常绿灌木。具2～5对小叶，叶脉不显。总状花序，花黄色。浆果球形，紫黑色，被白粉。花期7～9月，果期9～11月。
- 产地与分布：分布于广西、四川、贵州、湖北、江西、浙江等地。
- 生态习性：耐阴、忌烈日暴晒。喜温暖、湿润的气候，具有较强的抗寒能力，不耐暑热，比较抗干旱。喜排水良好的酸性腐殖土，极不耐碱，怕水涝。
- 繁殖方式：播种育苗，扦插、分株。

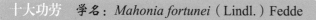

- 用途：在园林中可植为绿篱、果园、菜园的四角作为境界林，也适于建筑物周边配植。叶形雅致，在江南园林常丛植于假山一侧，或配植于岩石园。由于对二氧化硫的抗性较强，是工矿区的优良美化植物。

## 阔叶十大功劳　*学名*：*Mahonia bealei*（Fort.）Carr.

- **别名**：土黄柏、土黄连、刺黄柏、黄天竹
- **科属**：小檗科、十大功劳属
- **形态特征**：常绿灌木或小乔木。叶长圆形。总状花序簇生，花亮黄色至硫黄色。浆果倒卵形，蓝黑色，微被白粉。3～5月开花，5～8月结果。
- **产地与分布**：分布于浙江、安徽、江西、福建、湖南、湖北、陕西、河南、广东、广西、四川等地。日本、墨西哥、美国温暖地区以及欧洲等地广为引种。
- **生态习性**：耐半阴，喜温暖、湿润气候，不耐严寒。可在酸性土、中性土至弱碱性土壤中生长，但以排水良好的沙质土壤为宜。
- **繁殖方式**：扦插繁殖为主。
- **用途**：四季常绿，树形雅致，枝叶奇特，花色秀丽，开黄色花，果实成熟后呈蓝紫色，叶形秀丽，观赏性好。可在房前屋后、白粉墙前作基础种植，也可植为绿篱或配植于假山一侧。

## 乳源木莲　*学名*：*Manglietia yuyuanensis* Law

- **科属**：木兰科，木莲属
- **形态特征**：常绿乔木。树皮灰褐色，小枝黄褐色，除芽被金黄色平伏柔毛外余无毛。叶革质，狭倒卵状长圆形或狭长圆形，上面深绿色，下面淡灰绿色，侧脉不明显，边缘稍背卷。花被片9，3轮，外轮绿色，薄革质，中轮与内轮肉质，白色。聚合果卵圆形。花期5月。
- **产地与分布**：产于安徽、浙江、江西、福建、湖南、广东等地。
- **生态习性**：偏阴性树种，幼树耐阴。喜温暖、湿润气候环境，适宜土层深厚、肥沃而排水良好的酸性土生长。
- **繁殖方式**：常用播种繁殖。
- **用途**：乳源木莲为常绿乔木，树干通直，树冠浓郁优美，四季翠绿，花如白莲，美丽清香，是优良庭园观赏和"四旁"绿化树种。

## 广玉兰 学名：*Magnolia grandiflora* L.

- **别名**：洋玉兰、荷花玉兰
- **科属**：木兰科、木兰属
- **形态特征**：常绿乔木。树皮淡褐色或灰色。小枝粗壮，密被锈褐色绒毛。叶片厚革质，椭圆形或倒卵状椭圆形，先端钝或短钝尖，基部楔形，上面深绿色，有光泽，下面密被锈色绒毛；叶柄无托叶痕。花大，白色，有芳香。聚合果密被褐色或淡灰黄色绒毛。种子近卵圆形或卵形，外种皮红色。花期5~6月，果期10~11月。

- **产地与分布**：原产于北美洲东南部，在我国主要分布于长江流域及其以南地区。
- **生态习性**：喜光，而幼时稍耐阴。喜温暖、湿润气候，有一定抗寒能力，忌积水。适生于深厚、肥沃、湿润而排水良好的微酸性至中性土壤，在盐碱性土壤上易发生黄化。对烟尘及二氧化硫气体有较强抗性，病虫害少。根系深广，抗风力强。
- **繁殖方式**：常用嫁接与播种繁殖。
- **用途**：广玉兰树冠整齐，树姿雄壮，四季常青，一叶双色，花香馥郁，具有很高的观赏价值。在园林中，可孤植、对植或丛植、群植配置，也可列植作行道树。

## 玉兰 学名：*Magnolia denudata* Desr.

- **别名**：白玉兰、玉堂春
- **科属**：木兰科、木兰属
- **形态特征**：落叶乔木，高达15m。树皮深灰色，枝条广展。小枝灰褐色，有环状托叶痕。单叶，互生；叶片宽倒卵形至倒卵状椭圆形，先端平截、宽圆或稍凹，具短凸尖，基部楔形，全缘；叶柄被柔毛；具托叶痕。花具芳香，花被片9片，白色，基部常带红色。聚合蓇葖果圆柱形，蓇葖木质，种皮鲜红色。花期2~3月，果期9~10月。

玉兰　　　　飞黄玉兰

- **常见品种**：

　　飞黄玉兰（*M. denudata* cv. FeiHuang）：花黄色，花期3月下旬~4月下旬。
- **产地与分布**：产于我国黄河流域以南地区。
- **生态习性**：喜光，耐半阴。适于温暖、湿润气候，喜肥沃、疏松、排水良好的土壤。
- **繁殖方式**：常用嫁接繁殖，也可用压条、播种等方法。
- **用途**：玉兰树冠广展，早春先叶开花，花大而洁白，美丽芬芳，是我国传统名花之一。现广泛用于公园、小区、街区道路以及学校、工厂等企事业单位绿化，因地制宜地采用孤植、对植、列植、丛植或群植等方式。玉兰也是传统东方式插花的常用花材。

## 二乔玉兰　学名：*Magnolia × soulangeana* Soul.-Bod.

- **别名**：二乔木兰
- **科属**：木兰科、木兰属
- **形态特征**：落叶小乔木。小枝无毛，具环状托叶痕。叶片倒卵形至倒卵状椭圆形；叶柄被柔毛，具环状托叶痕。花被片9枚，内面白色，外面大多为淡紫红色至紫红色。二乔玉兰是玉兰与紫玉兰的杂交种，园艺品种较多，有些品种一年可开花2～3次，在浙江，其主要花期是2～3月，果期9～10月。
- **产地与分布**：在我国各地广泛栽培，国外庭园中也很普遍。
- **生态习性**：喜阳光，喜温暖、湿润的气候。对二氧化硫具较强的抗性。不耐水湿。
- **繁殖方式**：常用嫁接繁殖。
- **用途**：二乔玉兰花大、色艳，是著名的早春花木，广泛用于公园、小区和庭园等绿地观赏。可孤植为独赏树，也可丛植、群植成景；将其与玉兰配植，可起到高低错落、红白相映的造景效果。

## 天目木兰　学名：*Magnolia amoena* Cheng

- **科属**：木兰科、木兰属
- **形态特征**：落叶乔木。树皮灰色或灰白色，芽被灰白色紧贴毛，嫩枝绿色，老枝带紫色。叶纸质，宽倒披针形，倒披针状椭圆形。花单生枝顶呈杯状，花被片9，淡粉红色至粉红色，花丝紫红色，芳香。聚合果圆柱形，蓇葖表面密布瘤状点。
- **产地与分布**：产于浙江、江苏、安徽等地。
- **生态习性**：喜光，喜温凉、湿润气候，适宜微酸性土壤。
- **繁殖方式**：播种或扦插繁殖。
- **用途**：天目木兰树冠高大，花朵芬芳，是美丽的庭园观赏树种，可作独赏树、庭荫树或背景树配植于庭园、住宅区或公园等处。

### 含笑　*学名*：*Michelia figo*（Lour.）Spreng.

- **别名**：香蕉花
- **科属**：木兰科、含笑属
- **形态特征**：常绿灌木，高2～3m。树皮灰褐色，分枝繁密。叶革质，狭椭圆形或倒卵状椭圆形，花期3～5月，果期7～8月。
- **产地与分布**：原产于华南南部各省区，现广植于各地。
- **生态习性**：性喜半阴，在弱阴下生长最好，忌强烈阳光直射，夏季要注意遮阴。不甚耐寒。喜肥，要求排水良好、肥沃的微酸性壤土，不耐干燥、瘠薄，但也怕积水。
- **繁殖方式**：扦插、嫁接等方式繁殖。
- **用途**：含笑树形圆整，是著名的香花树种，在园林中广为应用。可散植于开阔草坪之中，列植于园路两侧；或布置于路边旷地，搭配于乔木之下。因其香味浓烈，不宜陈设于小空间内。

### 乐昌含笑　*学名*：*Michelia chapensis* Dandy

- **别名**：景烈含笑、景烈白兰、广东含笑
- **科属**：木兰科、含笑属
- **形态特征**：常绿乔木。树皮灰色至深褐色，小枝无毛或幼时被微柔毛。叶片薄革质，先端短尾状钝尖，基部楔形，上面深绿色，有光泽；叶柄长1.5～2.5cm，有明显托叶痕，幼时被微柔毛，后脱落无毛。花被片6，2轮，黄白色，具香气。花期3～4月，果期9～10月。
- **产地与分布**：产于湖南、江西、广东、广西、贵州等地。越南也有分布。
- **生态习性**：喜光，幼树稍耐阴。喜温暖、湿润气候，耐高温，也较耐寒。喜疏松、肥沃、排水良好的酸性至微碱性土壤，耐湿性较好。抗风力强。
- **繁殖方式**：常用播种繁殖。
- **用途**：乐昌含笑树体高、冠辐大、树荫浓，四季常绿，花朵芬芳，是优良的园林观赏树种，作行道树、庭荫树等均很适宜。

**深山含笑** **学名：** *Michelia maudiae* Dunn

- **别名：** 光叶白兰花、莫夫人含笑花
- **科属：** 木兰科、含笑属
- **形态特征：** 常绿乔木，高可达20m。树皮浅灰色，各部均无毛，芽、幼枝均被白粉。叶片革质，倒卵状椭圆形，先端短钝尖，基部楔形、宽楔形或近圆钝，全缘，上面深绿色，有光泽，下面粉绿色。花白色，有香气；花被片9片。聚合果，长10～12cm。花期2～3月，果期9～10月。
- **产地与分布：** 分布于浙江、福建、湖南、广东、广西、贵州等省区。

- **生态习性：** 喜光，幼树稍耐阴。喜温暖、湿润气候，具一定耐寒力，抗干热。在湿润、肥沃、深厚的红黄壤土上生长良好。对二氧化硫等有较强抗性。
- **繁殖方式：** 常用播种繁殖，也可扦插、压条和嫁接繁殖。
- **用途：** 深山含笑四季常青，树形规整，花大而具芳香，是早春重要的观花树种，可以作庭荫树、行道树、背景树应用于园林中。

**金叶含笑** **学名：** *Michelia foveolata* Merr.ex Dandy

- **科属：** 木兰科、含笑属
- **形态特征：** 常绿乔木，高达30m以上。芽、幼枝、幼叶、叶柄、花梗均密被金黄色绢毛。叶片厚革质，长椭圆形至卵状椭圆形，先端渐尖，基部楔形，叶柄无托叶痕。花被片9～12片，雌蕊群被银灰色绢毛。聚合果长10～15cm。花期3～5月，果期9～10月。

- **产地与分布：** 以南岭为分布中心，产于华南、西南及浙江南部。越南也有分布。
- **生态习性：** 喜光，较耐阴，幼苗耐阴湿环境。喜温暖、湿润气候，在酸性的红黄壤地区生长良好。
- **繁殖方式：** 采用播种与嫁接繁殖。
- **用途：** 金叶含笑树形高大，幼枝、新叶及成叶叶背等均密被金黄色绢毛，在阳光照耀下熠熠生辉，观赏价值独特。可以散点布植于草坪、列植于园路两侧、丛植于绿地一隅，也可作背景树配植。

## 醉香含笑　学名：*Michelia macclurei* Dandy

- 别名：火力楠
- 科属：木兰科、含笑属
- 形态特征：常绿乔木，高达20～30m。芽、幼枝、嫩叶、叶柄及花梗密被锈色短绒毛。叶片革质，倒卵状椭圆形，先端短渐尖或钝尖，基部楔形，上面亮绿色，下面被灰色柔毛，叶柄无托叶痕。花白色，芳香；花被片9～12枚。聚合果长4～6cm。花期3～4月。
- 产地与分布：产于华南地区，云南、贵州、浙江等省有栽培。越南也有分布。
- 生态习性：喜光，具有一定的耐阴性和抗风能力。喜温暖、湿润的气候，喜土层深厚的酸性土壤。
- 繁殖方式：常用播种繁殖。
- 用途：醉香含笑树形美观，四季常青，花有芳香，是城市绿化的优良树种。它适宜广场绿化、庭院绿化及道路绿化，孤植、丛植、群植和列植均宜；成林具有一定的抗火能力，可营造防火林。

## 鹅掌楸　学名：*Liriodendron chinense*（Hemsl.）Sarg.

- 别名：马褂木
- 科属：木兰科、鹅掌楸属
- 形态特征：落叶乔木。小枝灰色或灰褐色，有环状托叶痕。叶形似马褂，近基部每边具1侧裂片，先端截形，常具2浅裂。花两性，单生枝顶；雄蕊、心皮多数，覆瓦状排列于花托上。聚合果纺锤形，小坚果具翅。
- 常见同属杂交种：

  杂交鹅掌楸（*L. chinense* × *tulipifera*）：由南京林业大学杂交育成。其树形、叶、花皆与鹅掌楸相似，但生长势与抗逆性明显优于鹅掌楸。
- 产地与分布：我国特有的珍稀植物，产于长江流域及以南地区。
- 生态习性：喜光，喜温暖、湿润气候，有一定的耐寒力。喜深厚、肥沃、排水良好的酸性或微酸性土壤。不耐干旱，也忌低湿、水涝。
- 繁殖方式：常用种子繁殖，也可用扦插、压条繁殖。
- 用途：鹅掌楸是第四纪冰川运动后的孑遗植物。形态魁伟，叶形奇特，为优美的庭荫树和行道树。

## 蜡梅　学名：*Chimonanthus praecox*（L.）Link

- 别名：金梅、腊梅、蜡花、蜡木、麻木紫、石凉茶、唐梅、香梅
- 科属：蜡梅科、蜡梅属
- 形态特征：落叶灌木，常丛生。叶对生，椭圆状卵形至卵状披针形。花着生于第二年生枝条叶腋内，先花后叶，芳香；花被片圆形、长圆形、倒卵形、椭圆形或匙形，无毛，花丝比花药长或等长，花药内弯，果托近木质化，口部收缩，并具有钻状披针形的被毛附生物。
- 产地与分布：产于山东、湖北、河南、陕西、四川等省，广西、广东等省区均有栽培。
- 生态习性：性喜阳光，能耐阴。较耐寒，怕风。适于肥沃、疏松、排水良好的微酸性沙质壤土上，在盐碱地上生长不良。耐旱性较强，怕涝，不宜在低洼地栽培。
- 繁殖方式：以嫁接为主，分株、播种、扦插、压条也可。
- 用途：冬季赏花的理想名贵花木，广泛应用于城乡园林建设。宜配植于室前、墙隅，或群植于斜坡、水边；也可单独或与梅花搭配片植，形成花林。在建筑正面门口、两侧以及中心花坛处的园林绿化配植，可以用蜡梅配以玉兰、红枫、黄杨、月季等树种，构成不同层次、不同花期的植物景观；在岩石园或假山石旁，也可以用蜡梅作主景，配以南天竹等，形成美丽芬芳的冬日美景。

## 山蜡梅　学名：*Chimonanthus nitens* Oliv.

- 别名：浙江蜡梅、亮叶腊梅
- 科属：蜡梅科、蜡梅属
- 形态特征：常绿灌木。幼枝四方形。叶纸质至近革质，顶端渐尖，叶面略粗糙，有光泽，基部有不明显的腺毛，叶背无毛。花小，黄色或黄白色。聚合瘦果。花期10月～翌年1月，果期4～7月。
- 产地与分布：产于安徽、浙江、江苏、江西、福建、湖北、湖南、广西、云南、贵州和陕西等省区。
- 生态习性：生于山地疏林中或石灰岩山地。
- 繁殖方式：播种繁殖为主。
- 用途：园林中应用较少，在台州科技职业学院作为基础种植材料，配植于建筑物一隅。

## 柳叶蜡梅　　学名：*Chimonanthus salicifolius* Hu

- 科属：蜡梅科、蜡梅属
- 形态特征：灌木。幼枝条四方形。叶近革质，线状披针形，两端钝至渐尖，叶面粗糙，叶背浅绿色。花小，单朵腋生，有短梗。花期8～10月。
- 产地与分布：分布于江西修水和广丰等地，浙江也有栽培。
- 生态习性：生于山地林中。
- 繁殖方式：常用嫁接、扦插、压条繁殖，其中嫁接多用。
- 用途：柳叶蜡梅花期长，芳香素雅，观赏价值高，为优良的园林观赏植物。因分枝低，枝叶浓密，冠形丰满，可用于墙角种植，也可作绿篱。

## 夏蜡梅　　学名：*Sinocalycanthus chinensis* Cheng et S. Y. Chang

- 别名：夏腊梅、黄梅花、蜡木、大叶柴、牡丹木、夏梅
- 科属：蜡梅科、夏蜡梅属
- 形态特征：落叶灌木。叶对生，膜质，宽卵状椭圆形、圆卵形至倒卵形。花期5月中、下旬，花无香气。果期10月上旬。
- 产地与分布：分布于浙江临安、天台等地。
- 生态习性：较喜阴，怕烈日暴晒。喜温暖、湿润气候。在疏松、肥沃、排水良好的土壤中生长良好。喜湿润，但忌积水。
- 繁殖方式：主要有播种法、分株法、压条法。
- 用途：夏蜡梅是中国特有的孑遗树种属，为研究东亚与北美植物区系间的渊源关系提供了活资料。

　　夏蜡梅疏影横斜，花形奇特，色彩淡雅，是一种值得在园林绿地中应用的花灌木。可孤植、丛植于庭院、假山旁等半阴半阳处，也可配植于有散射光的大树下、林带边及建筑物背光处；还可盆栽观赏，布置于阳台、庭院等处。

## 香樟 学名：*Cinnamomum camphora*（L.）Presl

- **别名**：樟树
- **科属**：樟科、樟属
- **形态特征**：常绿大乔木。枝、叶及木材均有樟脑气味。树皮黄褐色，有不规则的纵裂。叶卵状椭圆形，先端急尖，基部宽楔形至近圆形，叶缘常呈微波状，具离基3出脉，脉腋上面明显隆起，下面有腺窝。果卵球形或近球形，紫黑色。果期8～11月。
- **产地与分布**：产于长江流域及以南各省区。朝鲜、日本也有分布。
- **生态习性**：喜光，稍耐阴。喜温暖、湿润气候，耐寒性不强。喜土层深厚、有机质丰富、排水通气性良好的微酸性至中性沙壤土，不耐干旱、瘠薄和盐碱土。深根性，能抗风，但在地下水位高的平原地区，根系上浮而易遭风害。
- **繁殖方式**：播种繁殖为主。
- **用途**：香樟树形高大魁伟，枝叶繁茂，浓荫蔽日，适宜作为庭荫树、行道树和独赏树，广泛用于小区、公园、学校、风景区造景。能吸附烟尘、净化空气、涵养水源，可作防护林、风景林等，常被用于城市街区及工矿区绿化。

## 天竺桂 学名：*Cinnamomum japonicum* Sieb.

- **科属**：樟科、樟属
- **形态特征**：常绿乔木。树皮光滑不裂，枝条细弱，红色或红褐色，具香气。叶近对生或枝条上部者互生，长圆状披针形或长卵形，离基3出脉，叶脉在表面隆起，脉腋无腺体，全缘。圆锥花序腋生，花黄绿色。核果卵形至长卵形，熟时紫黑色。花期4～5月，果期10月。
- **产地与分布**：产于安徽、江苏、江西、福建、台湾等地。
- **生态习性**：喜光性中等，幼年期耐阴。喜温暖、湿润气候及排水良好的微酸性土壤。
- **繁殖方式**：常用播种繁殖。

- **用途**：树干端直，冠形圆整，枝叶繁茂，可作庭荫树、行道树，也可作为背景树。

## 浙江楠　　*学名*：*Phoebe chekiangensis* C.B.Shang

- **科属**：樟科、楠木属
- **形态特征**：常绿乔木。树皮淡褐黄色，小枝密被黄褐色或灰黑色绒毛。叶片革质，倒卵状椭圆形或倒卵状披针形，先端突渐尖或长渐尖，基部楔形或近圆形，中、侧脉上面下陷，下面隆起；叶柄密被黄褐色绒毛或柔毛。果椭圆状卵形，蓝黑色，外被白粉。花期4～5月，果期9～10月。
- **产地与分布**：分布于浙江西北部及东北部、福建北部、江西东部。
- **生态习性**：较耐阴，适生于温暖、湿润的气候及深厚、肥沃、有机质丰富的酸性红黄壤地区。
- **繁殖方式**：播种为主，也可扦插。
- **用途**：浙江楠是中国特有珍稀树种。树干通直，树体端庄，枝叶繁茂，宜作庭荫树、行道树或风景树，也可在大型建筑物前后配置。浙江楠木材坚韧致密，具光泽，富香气，是楠木类中材质较优的一种。

## 舟山新木姜子　　*学名*：*Neolitsea sericea*（Bl.）Koidz

- **别名**：佛光树
- **科属**：樟科、新木姜子属
- **形态特征**：常绿乔木。小枝光滑，当年生枝常被棕黄色绢状毛。叶革质，长椭圆形或卵状长椭圆形，边缘反卷，先端渐尖，离基3出脉；幼叶两面被棕黄色绢状柔毛，老叶上面深绿色，下面密被金黄色或橙褐色绢状短伏毛。雌雄异株。伞形花序簇生于枝端叶腋，密被黄褐色绢状毛。核果成熟时鲜红色。
- **产地与分布**：产于浙江舟山群岛普陀与桃花两个岛屿及上海崇明余山屿。日本、朝鲜也有分布。
- **生态习性**：耐阴树种，自然分布于云雾较多、湿度较大的次生常绿阔叶林中。适应冬暖夏凉的中亚热带海洋性气候，具有耐旱、抗风等特性。
- **繁殖方式**：播种为主，也可扦插。
- **用途**：舟山新木姜子是我国二级重点保护野生植物。春天，幼嫩枝叶密被金黄色绢状柔毛，在阳光照耀及微风的吹动下闪闪发光，俗称"佛光树"；冬季，红果满枝，与绿叶相映，十分艳丽。它是不可多得的观叶兼观果树种，珍贵的庭园观赏树及行道树。

## 虞美人　　学名：*Papaver rhoeas* L.

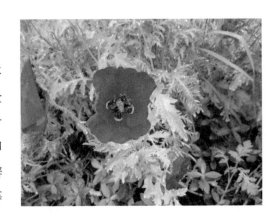

- 别名：丽春花、赛牡丹
- 科属：罂粟科、罂粟属
- 形态特征：一、二年生草本花卉，常作为二年生栽培。茎直立，多分枝，高40～80cm，全株被伸展性糙毛。叶片羽状深裂，裂片披针形，具粗锯齿。花单生枝顶，花梗长；花蕾卵球形下垂，开放时挺立；花萼2，早落；花瓣4，近圆形，质薄如绸，呈红、紫、粉、白等色。蒴果呈截顶球形，孔裂。花期4～5月。
- 产地与分布：原产于欧洲、亚洲以及北美。
- 生态习性：阳性，喜阳光充足以及通风良好的环境，耐寒。宜种植于排水良好、肥沃、疏松的沙质壤土中。
- 繁殖方式：播种繁殖。
- 用途：虞美人花形潇洒，色彩艳丽，可布置花坛，或遍植于庭院四周，也可以盆栽。

## 羽衣甘蓝　　学名：*Brassica oleracea* var. *acephala* f. *tricolor* Hort.

- 别名：叶牡丹
- 科属：十字花科、芸薹属
- 形态特征：二年生草本花卉。株高30～40cm，抽薹开花时可高达150～200cm。叶宽大匙形，平滑无毛，被有白粉，外部叶片呈粉蓝绿色，边缘呈细波状皱褶；叶柄粗而有翼，内叶叶色极为丰富，有紫红，粉红、白、牙黄、黄绿等。4月抽薹开花，花色金黄、黄至橙黄。观叶期为12月～翌年3月。
- 产地与分布：原产于西欧，现各地普遍栽培。
- 生态习性：阳性，喜阳光充足、凉爽的环境，耐寒。宜种植于排水良好、肥沃、疏松的土壤中。极喜肥。
- 繁殖方式：播种繁殖。
- 用途：羽衣甘蓝叶色极为鲜艳，是冬季和早春重要的观叶植物。在长江流域及其以南地区，多用于布置花坛、花境，或者作为盆栽。

## 诸葛菜　学名：*Orychophragmus violaceus*（L.）O.E.Schulz

- 别名：二月兰
- 科属：十字花科、诸葛菜属
- 形态特征：一二年生草本植物，高30～50cm。植株无毛，但被粉霜。叶二型，基生叶琴状羽裂，有柄；茎生叶互生，肾形或三角状卵形，抱茎，边缘疏锯齿。总状花序顶生；花萼4；花瓣4，淡蓝紫色。长角果条形，4棱，有喙。花期3～5月，果期5～6月。
- 产地与分布：原产于我国东部，常见于东北、华北和华东地区。现在各地有栽培。
- 生态习性：较耐阴，有一定散射光就能正常生长。耐寒性强，冬季常绿。对土壤要求不严，一般园土均能生长。
- 繁殖方式：播种繁殖。
- 用途：二月兰冬季绿叶青翠，早春花开成片，连续数月，可在公园阴处或林下作地被植物种植，也可以用作花境。

## 荠　学名：*Capsella bursa-pastoris*（L.）Medic.

- 别名：荠菜
- 科属：十字花科、荠属
- 形态特征：一年或二年生草本，高10～50cm。疏被单毛、分叉毛或近无毛。茎直立，单一或从下部分枝。基生叶丛生呈莲座状，大头羽状分裂；茎生叶长圆形或披针形，基部箭形，抱茎，边缘有锯齿或全缘。总状花序顶生及腋生；花瓣白色，卵形，有短爪。短角果倒三角形或倒心状三角形，扁平，无毛，顶端微凹。花期3～4月，果期6～7月。
- 产地与分布：广泛分布于全球温暖地区。我国南北各省均产。
- 繁殖与传播：种子繁殖。通过栽培引种及商贸活动等实现远距离传播。农事活动、乡村观光等协助其传播扩散。
- 用途：①荠菜幼嫩茎叶可作蔬菜食用，风味可口，富含营养。②具有药用与保健功能。③种子含油20%～30%，属干性油，供制油漆及肥皂用。
- 危害：①是春夏季节旱地杂草，常发生于菜园、果园，消耗农田营养，影响作物生产。②常见于路边、荒地、庭园、公园，影响景观。③是蚜虫、霜霉病的寄主，这些病虫害也能危害其他十字花科蔬菜，增加蔬菜病虫害防治难度。

## 碎米荠　学名：*Cardamine hirsuta* L.

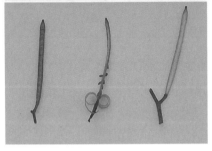

- 别名：花田荠
- 科属：十字花科、碎米荠属
- 形态特征：一二年生小草本，高15～30cm。茎直立或斜升，下部有时淡紫色，被较密柔毛，上部毛渐少。奇数羽状复叶，基生叶和茎下部叶具叶柄，有小叶2～5对，顶生小叶肾形或肾圆形，侧生小叶卵形或圆形，较顶生的形小；茎上部叶具短柄，有小叶3～6对；全部小叶两面及边缘被疏柔毛。总状花序生于枝顶，花小，直径约3mm；萼片绿色或淡紫色，长椭圆形，边缘膜质，外面有疏毛；花瓣白色，倒卵形，先端钝，向基部渐狭。长角果线形，无毛。种子椭圆形。花期2～4月，果期3～5月。
- 产地与分布：全国各地广泛分布。
- 繁殖方式：种子繁殖。
- 用途：①为田间常见野菜，含有蛋白质、脂肪、碳水化合物、多种维生素、矿物质，可凉拌、做蛋汤等，味鲜、富营养与药用价值。②可药用，有清热利湿等功效。
- 危害：是春季田园常见杂草，与蔬菜等作物竞争空间与营养，导致作物减产。

## 佛甲草　学名：*Sedum lineare* Thunb.

- 别名：佛指甲、万年草、狗牙菜
- 科属：景天科、景天属
- 形态特征：多年生肉质草本。植株丛生，无毛。枝纤细，基部节上生不定根。叶通常3～4片轮生，或于花茎上部互生，线形，顶端略尖，基部有短距。花黄色，组成顶生、近二歧状的聚伞花序，无梗或者具短梗；苞片线形，叶状，有距。花期夏季。

- 产地与分布：广泛分布于我国东南部。
- 生态习性：适应性极强，不择土壤，耐干旱，耐严寒。变种金叶佛甲草，习性与原种很接近。
- 繁殖方式：分株、扦插繁殖。
- 用途：佛甲草耐干旱，常作为地被材料，适用于岩石园，或作为屋顶绿化的材料，也可以盆栽观赏，用作植物立体雕塑。

## 垂盆草　学名：*Sedum sarmentosum* Bunge

- **别名**：爬景天、地蜈蚣草、石指甲
- **科属**：景天科、景天属
- **形态特征**：多年生肉质草本。植株丛生，茎平卧或上部直立，匍匐状延伸，并于节处生不定根。3叶轮生，叶片矩圆形，全缘，基部有垂距，无柄。聚伞花序顶生，瓣5枚，鲜黄色，披针形至矩圆形。花期5～6月。
- **产地与分布**：主要产于长江中下游以及东北地区。日本、朝鲜均有分布。
- **生态习性**：适应性极强，不择土壤。耐旱，耐寒、耐热均比佛甲草要强。
- **繁殖方式**：扦插、分株繁殖。
- **用途**：垂盆草耐干旱、瘠薄，常作为庭院地被材料，可用于花坛、花境或岩石园，也可以作为屋顶绿化和植物立体雕塑的优良材料。

## 费菜　学名：*Sedum aizoon* L.

- **别名**：景天三七、土三七
- **科属**：景天科、景天属
- **形态特征**：多年生草本，高达50cm。根状茎粗短，块状。茎直立，不分枝。叶互生，叶片狭披针形或椭圆状披针形，先端渐尖，基部楔形，边缘有不整齐的锯齿。聚伞花序有多花，水平分枝；萼片5枚，肉质；花瓣5枚，黄色。蓇葖果星芒状，种子椭圆形。花期4～5月，果期8～9月。
- **产地与分布**：我国西南、西北和华东都有分布。
- **生态习性**：耐寒，喜光，耐旱。不择土壤，但是要求排水良好。
- **繁殖方式**：分株、扦插繁殖。
- **用途**：费菜绿色期长，株丛茂密，枝翠叶绿，花色金黄，适应性强，适于在城市的条件较差的裸露地面作绿化覆盖。也可以作为多肉植物盆栽观赏。

　　费菜可作蔬菜食用，具有独特风味。费菜含有生物碱、齐敦果酸、谷甾醇、黄酮类、景天庚糖、果糖及维生素等药物成分。这些药物成分可防止血管硬化，降低血脂，扩张血管，改善冠状动脉循环等。

## 八宝　学名：*Hylotelephium erythrostictum*（Miq.）H.Ohba

- 别名：八宝景天、蝎子草
- 科属：景天科、八宝属
- 形态特征：多年生肉质草本。根为须根性，具块根。茎直立，少分枝，高40～50cm。叶对生，少有互生或3叶轮生，叶片长圆形或卵状长圆形，先端钝，基部渐狭成短柄或无柄，叶色灰绿。聚伞花序顶生；花萼5，三角状卵形；花瓣5，宽披针形。花期8～10月。
- 产地与分布：原产于我国东北以及朝鲜。我国西南、西北和华东都有分布。
- 生态习性：耐寒，喜光，耐半阴，耐旱。不择土壤，但是要求排水良好。
- 繁殖方式：分株、扦插繁殖。
- 用途：八宝植株肉质，花色美丽，适于花坛配植，也可盆栽观赏。全草药用，有清热解毒、散瘀消肿之效。

## 玉树　学名：*Crassula arborescens*（Mill.）Willd.

- 别名：景天树、玉树景天
- 科属：景天科、青锁龙属
- 形态特征：肉质亚灌木，株高1～3m。茎干肉质，粗壮，干皮灰白，色浅，分枝多，小枝褐绿色，色深。叶肉质，卵圆形，长4cm左右，宽3cm，叶片灰绿色。花期春末夏初，筒状花直径2cm，白或淡粉色。
- 产地与分布：原产于非洲南部。
- 生态习性：喜阳光充足环境，怕强光，稍耐阴。喜温暖、干燥气候，耐干旱，不耐寒。土壤以肥沃、排水良好的沙壤土为好。
- 繁殖方式：播种繁殖。
- 用途：玉树适宜作盆花，也可以和其他多浆植物、山石等搭配制作为盆景。

## 火炬花　　学名：*Kalanchoe blossfeldiana* Van Poelln.

- **别名**：长寿花、圣诞伽蓝菜、矮生伽蓝菜、寿星花
- **科属**：景天科、伽蓝菜属
- **形态特征**：常绿多年生草本多浆植物。植株小巧，茎直立，株高10~30cm。叶对生，叶片密集翠绿，长圆状匙形或椭圆形，肉质，上部叶缘具波状钝齿，下部全缘。圆锥状聚伞花序，挺直，深绿色；花小，花朵色彩丰富，花色有绯红、桃红、橙红、黄、橙黄和白等。蓇葖果。种子多数。花期1~4月。
- **产地与分布**：原产于非洲马达加斯加。
- **生态习性**：为多年生短日照草本植物。喜温暖、稍湿润和阳光充足环境，不耐寒，生长适温为15℃~25℃。耐干旱，对土壤要求不严，以肥沃的沙壤土为好。
- **繁殖方式**：扦插繁殖、组织培养繁殖。
- **用途**：火炬花俗称长寿花，花朵美丽，适宜盆栽观赏。

## 落地生根　　学名：*Bryophyllum pinnatum*（Lam.）Oken

- **科属**：景天科、落地生根属
- **形态特征**：多年生草本植物。茎直立，基部木质化。叶对生或轮生，肉质，长三角形，具不规则的褐紫色斑纹，叶缘有粗齿，锯齿处长出具有2~4片真叶的幼苗（不定芽），碰触落地，根深入土中即可生成新的植株。
- **同属植物**：

　　**棒叶落地生根**（*B. delagoense*）：叶片棒状，习性和落地生根相似。

- **产地与分布**：原产于非洲。
- **生态习性**：喜阳光，也耐半阴环境。喜温暖，不耐寒。喜欢肥沃、湿润、排水良好的土壤，耐干旱，怕积水。
- **繁殖方式**：播种、扦插繁殖。
- **用途**：落地生根叶片上着生小植株，极为奇特有趣，适合盆栽，装饰室内。

## 矾根　学名：*Heuchera* spp.

- 别名：珊瑚铃、肾形草
- 科属：虎耳草科、矾根属
- 形态特征：多年生耐寒草本花卉。浅根性，在温暖地区常绿。叶基生，阔心形，长20～25cm，深紫、黄、棕、红等色。花小，钟状，花径0.6～1.2cm，红色，两侧对称。花期4～10月。
- 产地与分布：原产于美洲中部的多年生宿根花卉，在我国北方适宜生长。近些年引入我国。
- 生态习性：性耐寒，喜阳耐阴，忌强光直射。在肥沃、排水良好、富含腐殖质、中性偏酸的土壤上生长良好。
- 繁殖方式：分株、扦插、播种繁殖。
- 用途：矾根叶色丰富，常盆栽，也可以用于林下花境、花坛、花带、地被、庭院绿化等。

## 溲疏　学名：*Deutzia scabra* Thunb.

- 别名：空疏、巨骨、空木、卯花
- 科属：虎耳草科、溲疏属
- 形态特征：落叶灌木。树皮薄片状剥落，小枝中空，红褐色，幼时有星状柔毛。圆锥花序，伞房花序、聚伞花序或总状花序，花瓣5枚，白色或外面略带红晕。
- 常见品种：

  白花重瓣溲疏（*D. scabra* cv. Candidissima）：花纯白色，重瓣。

- 产地与分布：分布于浙江、江苏、安徽、江西、湖北、贵州。
- 生态习性：喜光、稍耐阴。喜温暖、湿润气候，但耐寒、耐旱。对土壤的要求不严，但以腐殖质pH6～8且排水良好的土壤为宜。
- 繁殖方式：扦插、播种、压条或分株繁殖均可。
- 用途：溲疏初夏白花繁密，素雅，宜丛植于草坪、路边、山坡及林缘，也可作花篱及岩石园种植材料。若与花期相近的山梅花配植，则次第开花，可延长树丛的观花期。花枝可供瓶插观赏。

## 八仙花　学名：*Hydrangea macrophylla*（Thunb.）Ser.

- **别名**：绣球、粉团花、草绣球、紫绣球、紫阳花
- **科属**：虎耳草科、八仙花属
- **形态特征**：落叶灌木。小枝粗壮，皮孔明显。叶大而稍厚，对生，倒卵形。花大型，由许多不孕花组成顶生伞房花序，花色多变，初时白色，渐转蓝色或粉红色。蒴果未成熟，长陀螺状。花期6～8月。
- **产地与分布**：原产于我国中部，浙江常见栽培。
- **生态习性**：喜温暖、湿润和半阴环境。土壤以疏松、肥沃和排水良好的沙质壤土为好。土壤pH的变化，可引起八仙花的花色改变。
- **繁殖方式**：常用分株、压条、扦插和组培繁殖。
- **用途**：八仙花花大色美，是长江流域著名观赏植物。在园林中，可配植于稀疏的树荫下及林荫道旁，片植于阴向山坡。在建筑物入口处对植两株，沿建筑物列植一排，丛植于庭院一角，都很理想，也适于植为花篱、花境。因对阳光要求不高，故很适宜栽植于阳光较差的小面积庭院中。

## 海桐　学名：*Pittosporum tobira* Ait.

- **别名**：海桐花、山矾、七里香、宝珠香、山瑞香
- **科属**：海桐科、海桐花属
- **形态特征**：常绿灌木，高达6m。嫩枝被褐色柔毛，有皮孔。叶聚生于枝顶，革质。伞形花序或伞房状伞形花序顶生或近顶生，花白色，有芳香，后变黄色。蒴果圆球形，有棱或呈三角形。花期3～5月，果熟期9～10月。
- **产地与分布**：产于江苏、浙江、福建、台湾等地。朝鲜、日本亦有分布。
- **生态习性**：喜光，耐半阴。耐寒冷，亦耐暑热。对二氧化硫、氟化氢、氯气等有毒气体抗性强。对土壤的适应性强，在黏土、沙土及轻盐碱土中均能正常生长。
- **繁殖方式**：以播种、扦插为主。
- **用途**：株形圆整，四季常青，花味芳香，种子红艳，为著名的观叶、观果植物。通常可作绿篱栽植，也可球状孤植，或丛植于草丛边缘、林缘、门旁，或列植在路边。因为有抗海潮及有毒气体能力，故又为海岸防潮林、防风林及矿区绿化的重要树种，也宜作城市隔噪声和防火林带的下木。

**枫香**　　**学名：** *Liquidambar formosana* Hance

- 别名：**枫树**
- 科属：金缕梅科、枫香属
- 形态特征：落叶大乔木，高可达40m。树皮灰褐色，小枝被柔毛。叶3裂，中央裂片较长，两侧裂片平展；先端尾状渐尖，基部心形，叶缘有细锯齿，掌状脉3～5条；叶片揉碎有芳香味。花单性同株，雄花茉荑花序状，无花被，顶生；雌花头状花序，圆球状，悬于细长的总花梗上。聚花果球状，有刺状萼齿和宿存花柱。花期4～5月，果期7～10月。

- 产地与分布：产于黄河以南至西南、华南地区。日本也有分布。
- 生态习性：喜光，幼树稍耐阴；喜温暖、湿润气候，喜深厚、肥沃的红黄壤土。耐干旱、瘠薄，不耐水涝。抗风力强。
- 繁殖方式：播种繁殖。
- 用途：枫香树高冠大，气势雄伟，嫩叶紫红，秋叶鲜红，是优良的观叶树种。可作为庭荫树、行道树，用于城市园林、居民小区、道路两侧或分车带绿化，也可于自然风景区作片林种植，或与常绿树或其他色叶树种搭配，以丰富色彩与层次。枫香对二氧化硫、氯气等有较强抗性，可用于厂矿区绿化。

**细柄蕈树**　　**学名：** *Altingia gracilipes* Hemsl.

- 别名：**细柄阿丁枫**
- 科属：金缕梅科、蕈树属
- 形态特征：常绿乔木，高可达15m。叶片革质，有光泽，卵形或卵状披针形，先端尾状渐尖，基部近圆形。花单性同株，头状花序；雄花序常多个排成圆锥状花序，雌花序常多个排成总状花序。花期6～7月，果期7～10月。

- 产地与分布：分布于福建、浙江及广东东部。
- 繁殖方式：播种繁殖。
- 用途：细柄蕈树树冠整齐，叶色青翠，终年常绿，可作庭荫树、行道树配植于园林中。

## 红花檵木　　学名：*Loropetalum chinense* var. *rubrum* Yieh

- 别名：红檵木
- 科属：金缕梅科、檵木属
- 形态特征：常绿灌木或小乔木。嫩枝红褐色，密被星状毛。叶革质互生，两面均有星状毛，全缘，暗红色。花瓣4枚，紫红色线形，花3～8朵簇生于小枝端。蒴果褐色，近卵形。花期4～5月。
- 产地与分布：分布于湖南长沙岳麓山，现各地园林广泛应用。
- 生态习性：喜光，稍耐阴。喜温暖，耐寒冷。适宜在肥沃、湿润的微酸性土壤中生长，但适应性强，耐旱，耐瘠薄。
- 繁殖方式：嫁接、扦插、播种繁殖为佳。
- 用途：红花檵木枝繁叶茂，姿态优美，花开时节，满树红花，极为壮观，其不同株系成熟时叶色、花色各不相同，叶片大小也有不同，在园林中广泛用作色叶树种栽培，也可作观花灌木配植。可选株形高大丰满的植株孤植于重要位置或视线的集中点，独立成景；可修剪成球状，丛植于园林绿地中，活跃园林气氛；可小苗密植组成色块，与其他色叶树种或花灌木搭配，丰富景观色彩；耐修剪，耐蟠扎，可用于制作树桩盆景。

## 杜仲　　学名：*Eucommia ulmoides* Oliv.

- 科属：杜仲科、杜仲属
- 形态特征：落叶乔木，高可达15m以上。树皮灰褐色，纵裂。树皮、小枝、叶片折断拉开均有细丝连接。叶片椭圆形、卵形或矩圆形，基部圆形或阔楔形，先端渐尖，边缘有锯齿。花单性，雌雄异株；雄花簇生，雌花单生，均无花被。翅果扁平，长椭圆形。花期4月，果期9～10月。

- 产地与分布：杜仲是我国特有种，分布于黄河以南，南岭以北的广大地区。
- 生态习性：喜光，不耐阴。喜温暖湿润气候，耐寒性强。土壤适应性强，耐瘠薄，在酸性、中性及微碱性土壤均能正常生长，对干旱与水湿有一定的抗性，但以深厚、疏松肥沃、排水良好的壤土最适宜。
- 繁殖方式：主要用播种繁殖，扦插、压条、分株均可。
- 用途：杜仲树干通直，冠形整齐，可作行道树、庭荫树或片林种植。树皮可入药。

## 二球悬铃木 　学名：*Platanus × acerifolia*（Ait.）Willd.

- **别名**：英国梧桐
- **科属**：悬铃木科、悬铃木属
- **形态特征**：落叶大乔木。树皮大片块状脱落，色彩斑驳。嫩枝密生星状绒毛，老枝秃净，红褐色。叶片阔卵形，掌状3～5裂，裂片全缘或有1～2个粗大锯齿，嫩时两面被毛，基部截形或微心形。头状花序。聚合果球形，常2个串生。花期4～5月。
- **产地与分布**：二球悬铃木是以三球悬铃木（法国梧桐）与一球悬铃木（美国梧桐）为亲本，在英国杂交选育而成，现在世界各地广泛栽培。我国大连以南，西安、成都、昆明以东地区，均有栽培。
- **生态习性**：喜光，不耐阴。喜温暖、湿润气候，耐寒性较强。对土壤要求不严，耐干旱、瘠薄，亦耐湿。对烟尘、硫化氢等有害气体抗性较强。抗风力较弱。
- **繁殖方式**：可用播种、扦插繁殖。
- **用途**：二球悬铃木树体魁伟，成荫快，萌芽力强，耐修剪，适合作行道树与庭荫树，也适于工厂矿区、道路街区绿化。

## 粉花绣线菊 　学名：*Spiraea japonica* L.

- **别名**：蚂蟥梢、火烧尖、日本绣线菊
- **科属**：蔷薇科、绣线菊属
- **形态特征**：直立灌木。枝条开展细长。叶片卵形至卵状椭圆形，上面暗绿色，下面色浅或有白霜，通常沿叶脉有短柔毛。复伞房花序，花朵密集，密被短柔毛；花粉红色。6～7月开花，8～9月结果。
- **产地与分布**：原产于日本和朝鲜半岛，我国华东地区有引种栽培。
- **生态习性**：喜光，耐半阴。耐寒性强，喜四季分明的温带气候，在无明显四季交替的亚热带、热带地区生长不良。耐瘠薄，不耐湿，在湿润、肥沃、富含有机质的土壤中生长茂盛。
- **繁殖方式**：分株、扦插或播种繁殖。
- **用途**：粉花绣线菊花色妖艳，甚为醒目，可作花坛、花境，或植于草坪及园路角隅等处构成夏日佳景，亦可作基础种植。粉花绣线菊花序繁、密、艳，可与山石、水体、喷泉、雕塑相配植，组成风格独特的园林景观。

**火棘**  *学名：Pyracantha fortuneana*（Maxim.）Li

- **别名**：火把果、救军粮、红子刺、吉祥果
- **科属**：蔷薇科、火棘属
- **形态特征**：常绿灌木或小乔木。侧枝短，芽小，下延连于叶柄，叶柄短。花集成复伞房花序，花瓣白色，近圆形。果实近球形，橘红色或深红色。花期3～5月，果期8～11月。
- **常见品种**：

　　小丑火棘（*P. fortuneana* cv. Harlequin）：叶片有花纹，似小丑花脸。

- **产地与分布**：产于华东、中南、西南、西北等地。
- **生态习性**：喜光，稍耐阴。喜温暖，不耐寒。耐贫瘠，抗干旱，对土壤要求不严，以排水良好、湿润、疏松的中性或微酸性壤土为好。
- **繁殖方式**：采用播种、扦插和压条法繁殖。
- **用途**：火棘是冬季重要的观果树种。可修剪成球形，布置于草坪之上，点缀于庭园之中；也可于园路旁条带状密植，修剪成绿篱；还可以制作树木盆景，枝、叶亦可作插花材料。小丑火棘枝叶繁茂，叶色美观，可作色叶灌木使用。

小丑火棘

**红叶石楠**  *学名：Photinia × fraseri* Dress

- **科属**：蔷薇科、石楠属
- **形态特征**：常绿小乔木或灌木。树冠为圆球形。叶片革质，长圆形至倒卵状、披针形，叶端渐尖，叶基楔形，叶缘有带腺的锯齿。花多而密，复伞房花序，花白色。梨果黄红色。
- **生态习性**：耐阴性强，但是在直射光照下，色彩更为鲜艳。喜温暖、潮湿的环境，耐寒性好，抗旱力强，不抗水湿。对土壤要求不严格，适合在微酸性的沙质土中生长，也具有较好的抗盐碱性。
- **繁殖方式**：扦插繁殖为主，或组织培育育苗。
- **用途**：红叶石楠生长速度快，萌芽性强，耐修剪，可根据园林需要栽培成不同的树形。可培育成独干、球形树冠的乔木，在绿地中孤植，或作行道树栽培；也可作绿篱或地被片植，或与其他色叶植物组合成各种图案。

### 椤木石楠　学名：*Photinia davidsoniae* Rehd. et Wils.

- 科属：蔷薇科、石楠属
- 形态特征：常绿乔木，高6～15m。树干及枝条有刺；幼枝黄红色，后呈紫褐色，有稀疏平贴柔毛，老时灰色，无毛。叶片革质，长椭圆形至倒卵状披针形，先端急尖或渐尖，有短尖头，基部楔形，边缘稍反卷，有具腺的细锯齿。复伞房花序顶生，花白色，总花梗和花梗有平贴短柔毛。果实球形或卵形，黄红色，无毛。花期5月，果期9～10月。
- 产地与分布：产于长江流域及其以南地区。越南、缅甸、泰国也有分布。
- 生态习性：喜光照，较耐阴。喜温暖、湿润气候，能耐-10℃低温。耐干旱，不耐水湿。病虫害少。
- 繁殖方式：播种或扦插繁殖。
- 用途：椤木石楠枝叶繁茂，适应性强，可用于"四旁"绿化、荒山造林绿化及厂矿绿化。发枝力强，叶茂多刺，耐修剪，可用作高篱以遮障视线、分隔空间，作刺篱以加强安全防护。

### 枇杷　学名：*Eriobotrya japonica*（Thunb.）Lindl.

- 科属：蔷薇科、枇杷属
- 形态特征：常绿乔木。小枝密生锈色或灰棕色绒毛。叶革质，叶缘有疏锯齿，上面光亮，下面密生灰棕色绒毛；叶柄短或几无柄；托叶钻形，有毛。圆锥花序顶生，花瓣白色。果实淡黄色至橙红色。花期10～12月，果期5～6月。
- 产地与分布：原产于我国东南部，栽培遍及甘肃、陕西以南地区，是重要的亚热带水果。
- 生态习性：喜温暖气候，花与幼果耐寒性弱，开花期与幼果期低温是枇杷经济栽培的限制因子。枇杷对土壤的适应性强，pH4.5～8.5都能正常生长。
- 繁殖方式：常用嫁接繁殖。
- 用途：枇杷是我国南方重要水果，果肉柔软多汁，风味可口，营养丰富。冠大荫浓、四季常绿，初夏果实累累，观赏价值高。可作为庭荫树、独赏树等配植于庭园中、建筑旁、草地边等处，也可作片林种植。

**豆梨** **学名**：*Pyrus calleryana* Dcne.

- **别名**：鹿梨、糖梨
- **科属**：蔷薇科、梨属
- **形态特征**：落叶乔木。叶缘有细钝锯齿，两面无毛。伞房花序，花瓣白色。梨果球形，黑褐色，有斑点，萼片脱落，有细长果梗。花期4月，果期8～9月。
- **产地与分布**：主产于长江流域。
- **生态习性**：喜光，稍耐阴，喜温暖、潮湿气候。对土壤要求不严，较耐碱。
- **繁殖方式**：常用播种繁殖，也可根插。
- **用途**：豆梨适生于温暖、湿润的南方地区，与沙梨的嫁接亲和力强，是南方梨区的主要砧木。豆梨成年树花芽分化容易，开花量大，可作春季观花树种应用于园林中。

**沙梨** **学名**：*Pyrus pyrifolia*（Burm.f.）Nakai.

- **别名**：砂梨
- **科属**：蔷薇科、梨属
- **形态特征**：落叶乔木。实生树有枝刺。叶片卵状椭圆形或卵形，边缘有刺芒状锯齿；托叶膜质，早落。伞房花序，具花6～9朵，花瓣白色。果实近球形。花期4月，果期7～9月。
- **产地与分布**：主产于长江流域。日本、韩国也大量栽培。
- **生态习性**：喜光，喜温暖、湿润气候，耐旱，也耐水湿，耐寒力较白梨弱。喜疏松、肥沃、排水良好的微酸性至微碱性土壤。
- **繁殖方式**：常用嫁接繁殖。
- **用途**：沙梨是我国梨的主要栽培种之一，优良品种多，产量高，品质好，是浙江等南方省市的主要落叶果树之一。

　　沙梨花、果均有良好的观赏价值，是观光果业的重要树种。在园林上，沙梨可以培养成高大的树冠，作为庭荫树或独赏树；也可以修剪成自然开心形等低矮树冠，作小乔木类花木配植于各类绿地中。

## 木瓜　学名：*Chaenomeles sinensis*（Thouin）Koehne

- 别名：木李
- 科属：蔷薇科、木瓜属
- 形态特征：灌木或小乔木。叶片椭圆卵形或椭圆长圆形。果实长椭圆形，暗黄色，木质，味芳香，果梗短。花期4月，果期9～10月。
- 产地与分布：产于山东、陕西、河南、湖北、江西、安徽、江苏、浙江、广东、广西。
- 生态习性：喜温暖气候，宜半干半湿环境。对土质要求不严，但在深厚、疏松、肥沃、排水良好的沙质土壤中生长较好，低洼积水处不宜种植。
- 繁殖方式：播种或嫁接繁殖。
- 用途：木瓜由于树姿优美，花簇集中，花量大，花色美，常被作为观花树种。其实生苗可做嫁接贴梗海棠的砧木。

## 垂丝海棠　学名：*Malus halliana*（Voss）Koehne

- 科属：蔷薇科、苹果属
- 形态特征：落叶小乔木。叶片卵形或椭圆形至长椭卵形。伞房花序，具花4～6朵，花梗细弱下垂，有稀疏柔毛，紫色；萼筒外面无毛；萼片三角卵形，花瓣倒卵形，基部有短爪，粉红色，常在5数以上。果实梨形或倒卵形，略带紫色，成熟很迟，萼片脱落。花期3～4月，果期9～10月。
- 产地与分布：产于江苏、浙江、安徽、陕西、四川、云南。
- 生态习性：喜光，不耐阴。喜温暖、湿润气候，不甚耐寒。对土壤要求不严，微酸或微碱性土壤均可成长，但以土层深厚、疏松、肥沃、排水良好、略带黏质的为佳。
- 繁殖方式：可采用扦插、分株、压条等方法。
- 用途：垂丝海棠花色艳丽，花姿优美，叶茂花繁，丰盈娇艳，可在门庭两侧对植，或在亭台周围、丛林边缘、水滨布置。若在草坪边缘、水边湖畔成片群植，或在公园游步道旁两侧列植或丛植，亦具特色。

**湖北海棠** **学名**：*Malus hupehensis*（Pamp.）Rehder

- **科属**：蔷薇科、苹果属
- **形态特征**：乔木。老枝紫色至紫褐色。果实椭圆形或近球形，黄绿色稍带红晕，萼片脱落，果梗长2～4cm。花期4～5月，果期8～9月。
- **产地与分布**：分布于湖北、湖南、江西、江苏、浙江、安徽、福建、广东、甘肃、陕西、河南、山西、山东、四川、云南和贵州。
- **生态习性**：为适应性极强的一个观果树种，喜光，抗寒，能耐-21℃的低温。耐涝，抗旱。有一定的抗盐能力。
- **繁殖方式**：播种、扦插繁殖为主。
- **用途**：湖北海棠春季满树缀以粉白色花朵，秋季结实累累，是富有观赏价值的园林树种。

**多花蔷薇** **学名**：*Rosa multiflora* Thunb.

- **别名**：蔷薇、野蔷薇
- **科属**：蔷薇科、蔷薇属
- **形态特征**：攀援灌木。小枝圆柱形，有稍弯曲皮刺。奇数羽状复叶互生，小叶5～9，近花序的小叶有时3；小叶柄和叶轴有柔毛或散生腺毛；托叶篦齿状，大部贴生于叶柄。圆锥状花序；萼片披针形，内面有柔毛；花瓣白色，先端微凹；花柱结合成束，无毛。果近球形，萼片脱落。
- **常见变种**：

　　（1）**粉团蔷薇**（*R. multiflora* var. *cathayensis* Rehd.et.Wils.）：单瓣，淡粉红色。

七姊妹

　　（2）**七姊妹**（*R. multiflora* var. *carnea* Thory.）：花重瓣，粉红或深红。

- **产地与分布**：产于黄河流域以南各省区。朝鲜、日本也有分布。
- **生态习性**：喜光，亦耐半阴，较耐寒。对土壤要求不严，耐瘠薄，耐干旱，忌积水。
- **繁殖方式**：播种、扦插繁殖。
- **用途**：多花蔷薇及其变种粉团蔷薇、七姊妹等树性强健，具有攀援生长能力，适于垂直绿化；其花朵或洁白，或粉红，均富有香气，可布置于阳台之上、点缀于山石之间，也可植于廊架、园门、栅栏、院墙等处，可形成色香诱人的花架、花门、花篱、花墙。

**月季** 学名：*Rosa chinensis* Jacq.

- **别名**：月月红、月月花
- **科属**：蔷薇科、蔷薇属
- **形态特征**：常绿、半常绿低矮灌木。四季开花，一般为红或粉色，可作为观赏植物。有单瓣和重瓣，还有高心卷边等优美花型。其色彩艳丽、丰富，不仅有红、粉黄、白等单色，还有混色、银边等品种，多数品种有芳香。
- **产地与分布**：原产于我国，各地广泛栽培。
- **生态习性**：气候适应性强，喜温暖、日照充足、空气流通的环境。土壤要求不严格，但以疏松、肥沃、富含有机质、微酸性、排水良好的壤土较为适宜。
- **繁殖方式**：常用野蔷薇作砧木，进行嫁接繁殖。
- **用途**：月季是我国十大名花之一，栽培历史悠久。传入欧洲后，与其他蔷薇属植物反复杂交，育成许许多多的园艺品种，在园林绿化、家居装饰、花艺活动等方面均应用广泛。

月季花期长，观赏价值高，可用于园林布置花坛、花境，装饰庭院；可利用藤本月季的攀援生长特性，用于垂直绿化；可开辟专类园，或制作月季盆景欣赏。

**木香花** 学名：*Rosa banksiae* Ait.f.

- **别名**：木香、七里香
- **科属**：蔷薇科、蔷薇属
- **形态特征**：攀援小灌木。小枝圆柱形，无毛，有短小皮刺。奇数羽状复叶，小叶3～5，稀7；小叶片先端急尖或稍钝，基部近圆形或宽楔形，边缘有紧贴细锯齿；托叶线状披针形，早落。伞形花序，花瓣重瓣至半重瓣，白色；心皮多数，花柱离生，密被柔毛。花期4～5月。
- **产地与分布**：产于云南、四川。浙江各地有栽培。
- **生态习性**：喜阳，耐半阴，较耐寒。耐干旱，耐瘠薄，适生于深厚、疏松、肥沃、排水良好的土壤。
- **繁殖方式**：可用扦插、分株、压条、嫁接繁殖。
- **用途**：木香花开花繁茂，富有香气，在园林中常用作花篱、花墙，也可作山石、建筑的垂直绿化材料。此外，也可作盆栽观赏。

## 蓬蘽　学名：*Rubus hirsutus* Thunb.

- **科属**：蔷薇科、悬钩子属
- **形态特征**：直立灌木。枝具皮刺，被柔毛和腺毛，疏生皮刺。奇数羽状复叶，小叶3～5枚；托叶与叶柄合生，不分裂，宿存，离生，较宽大。花两性，聚伞状花序，花瓣白色或红色。果实为由小核果集生于花托上而成聚合果，种子下垂，种皮膜质，果期5～6月。
- **同属植物**：

　　山莓（*R. corchorifolius* L. f.）：直立灌木。枝具皮刺，幼时为柔毛。单叶，卵形至卵状披针形。

- **产地与分布**：产于河南、湖南、江西、安徽、江苏、浙江、福建、台湾、广东、山东。朝鲜、日本也有分布。
- **生态习性**：生山坡、路旁阴湿处或灌丛中。
- **繁殖方式**：扦插、根蘖或播种繁殖。
- **用途**：浙江丘陵山地常见野生水果，有药用价值。可引种进行园林种植，用于刺篱。

## 草莓　学名：*Fragaria* × *ananassa* Duch.

- **别名**：凤梨草莓
- **科属**：蔷薇科、草莓属
- **形态特征**：多年生草本，高10～40cm。花茎低于叶或近相等，密被开展黄色柔毛。叶3出，小叶具短柄，倒卵形或菱形，上面深绿色，下面淡白绿色；叶柄密被开展黄色柔毛。聚伞花序，花序下面具一短柄的小叶；花两性；萼片卵形，比副萼片稍长；花瓣白色。聚合果大，宿存萼片直立，紧贴于果实；瘦果尖卵形，光滑。花期3～5月，果期5～6月。
- **产地与分布**：原产于智利，现在世界广泛分布。
- **生态习性**：较耐寒。喜潮湿，怕水渍，不耐旱。适宜在富含有机质、通气良好的沙质壤土中生长，在重黏土、盐渍土或含有大量石灰质的土壤中生长不良。
- **繁殖方式**：扦插繁殖。
- **用途**：草莓是栽培十分广泛的一种水果，可以鲜食，也可以制作成草莓酱、草莓酒等。草莓花多果红，株型小巧，适宜盆栽欣赏。

**桃** 学名：*Prunus persica*（L.）Batsch

- **科属**：蔷薇科、李属
- **形态特征**：落叶小乔木。树冠宽广平展。树皮灰褐色，小枝绿色，向阳面红褐色，无毛。冬芽常2～3个并生，被短柔毛。单叶互生，长圆状披针形；叶柄具1至数枚腺体。花萼紫红色或绿色带紫红色斑点，花瓣粉红色或白色。核果球形，腹缝线明显，果肉白色、黄色或红色，果皮有短茸毛。花期3～4月，果期5～9月。

紫叶桃

- **常见品种与变种**：

    （1）蟠桃（*P. persica* var. *compressa*）：果顶凹，果实扁平形。

    （2）油桃（*P. persica* var. *nectarina*）：果皮光滑无毛。

    （3）寿星桃（*P. persica* var. *densa*）：节间极短缩。树体矮小，根系浅。

    （4）碧桃（*P. persica* cv. Deplex）：花重瓣，一般不结果。

    （5）紫叶桃（*P. persica* cv. Atropurpurea）：幼叶紫红色，夏季渐绿，略带紫色；花紫红色。

- **产地与分布**：全国各地均有分布。
- **生态习性**：喜光，喜排水良好的土壤，耐旱，怕涝，喜富含腐殖质的沙壤土，在黏重土壤上易发生流胶病。
- **繁殖方式**：常采用嫁接繁殖，砧木以山桃为主。
- **用途**：桃是重要的栽培水果，也是我国传统的观赏花木。栽培品种很多，大致可分为果桃与花桃2类。果桃可供鲜食，或加工成罐头、果脯、果酱等；花桃观赏性强，不结果或果实没有经济价值。

    花先叶开放，是春季重要的观赏花木，宜栽植于向阳而排水良好之处观赏。常与垂柳间栽于河堤湖滨或道路两旁，桃红柳绿，相映成趣；也可与李树搭配布局于校园、庭院，桃红李白，相得益彰。紫叶桃新叶紫红，是重要的园林彩叶树种；寿星桃节密冠小，常用于盆栽或盆景。

**榆叶梅**　**学名**：*Prunus triloba* Lindl.

- **别名**：小桃红
- **科属**：蔷薇科、李属
- **形态特征**：灌木或小乔木。小枝灰色，枝紫褐色。叶宽椭圆形至倒卵形，先端3裂状，缘有不等的粗重锯齿。花单瓣至重瓣，紫红色，1～2朵生于叶腋，花期4月。核果红色，近球形，有毛。
- **产地与分布**：原产于华北及东北，现南北各地均有分布。
- **生态习性**：喜光，稍耐阴。耐寒，能在-35℃下越冬。耐旱力强，不耐涝。对土壤要求不严，以中性至微碱性而肥沃土壤为佳。
- **繁殖方式**：以嫁接为主，也可用播种、压条繁殖。
- **用途**：榆叶梅枝叶茂密，花繁色艳，是我国北方园林、街道、路边等重要的绿化观花灌木树种。适宜种植在公园的草地、路边或庭园中的角落、水池等地。

**梅**　**学名**：*Prunus mume* Sieb. et Zucc.

- **别名**：梅花、春梅
- **科属**：蔷薇科、李属
- **形态特征**：小乔木。小枝绿色，光滑无毛。叶片卵形，边具小锐锯齿。花先于叶开放，花萼通常红褐色。花瓣倒卵形，白色至粉红色。果实近球形，黄色或绿白色，被柔毛，味酸。花期冬春季，果期5～6月。
- **产地与分布**：各地均有栽培，但以长江流域以南各省最多。
- **生态习性**：喜光，稍耐阴。喜暖湿，不耐干旱。耐瘠薄，忌积水，以土质疏松、排水良好、底土稍带黏性的砾质黏土或砾质壤土为好。
- **繁殖方式**：以嫁接为主，扦插、播种亦可。
- **用途**：梅花是我国十大名花之一，集色、香、形、韵诸般美感于一体，深受人们喜爱。在公园、风景区可群植成林，形成赏梅胜地；在门前、入口处，可对植成景。可散植于开阔草地，也可丛植于林缘石侧。在古典园林中，还常与松、竹等配植，意寓"岁寒三友"。梅也可盆栽观赏或加以整剪做成各式桩景，或作切花瓶插供室内装饰用。

　　梅是一种以酸见长的水果，有多种加工用途，可制青梅酒、乌梅干、话梅等。

**美人梅** 学名：*Prunus × blireana* cv. Meiren

- 科属：蔷薇科、李属
- 形态特征：落叶小乔木或灌木。叶片卵圆形，叶缘有细锯齿，叶被生有短柔毛。花色浅紫，重瓣花，先叶开放。自然花期自3月第一朵花开以后，逐次自上而下陆续开放至4月中旬。
- 产地与分布：法国以红叶李与重瓣宫粉型梅花杂交后选育而成。我国华东一带有栽培。
- 生态习性：喜阳光充足，抗寒性强。适宜空气湿度大而通风良好的环境，对氟化物、二氧化硫和汽车尾气等比较敏感。不耐水涝，抗旱性较强。对土壤要求不严，以微酸性（pH6左右）的黏壤土为好。
- 繁殖方式：以嫁接为主，也可压条、扦插繁殖。
- 用途：美人梅是重要的园林观花观叶树种，观赏价值高，用途广。可孤植、片植或与绿色观叶植物相互搭配植于庭院，或开辟成专类园观赏；可作盆栽，制作盆景，供各种场合的摆花需要。

**杏** 学名：*Prunus armeniaca* L.

- 科属：蔷薇科、李属
- 形态特征：落叶乔木。地生，植株无毛。叶互生，阔卵形或圆卵形叶子，边缘有钝锯齿；近叶柄顶端有二腺体。淡红色花单生或2~3个同生，白色或微红色。圆、长圆或扁圆形核果，果皮多为白色、黄色至黄红色，向阳部常具红晕和斑点；暗黄色果肉，味甜多汁。花期3~4月，果期6~7月。
- 产地与分布：产于各地，多数为栽培，尤以华北、西北和华东地区种植较多。
- 生态习性：阳性树种，喜光，抗寒，亦耐高温。抗风性好。耐旱，忌水湿。适应性强，对土壤要求不严，喜土层深厚、排水良好的沙壤土、砾质壤土，稍耐盐碱。
- 繁殖方式：果树栽培品种采用嫁接繁殖，园林绿化以种子繁殖为主。
- 用途：杏在早春开花，先花后叶，是我国北方地区主要的早春花木。可与苍松、翠柏配植于池旁湖畔或植于山石崖边、庭院堂前。

  杏是常见水果之一，营养丰富，风味可口。

## 李 学名：*Prunus salicina* Lindl.

- 科属：蔷薇科、李属
- 形态特征：落叶乔木。叶片长圆倒卵形，先端渐尖、急尖或短尾尖，边缘有圆钝重锯齿。花通常3朵并生；花瓣白色，长圆倒卵形。核果黄色或红色，梗凹陷，基部有纵沟，外被蜡，有皱纹。花期4月，果期7～8月。
- 产地与分布：世界各地均有栽培。
- 生态习性：喜光，耐半阴，耐寒性强。对土壤要求不高，不耐积水，喜土质疏松、透气和排水良好的土壤。
- 繁殖方式：嫁接繁殖为主，也可分株或播种繁殖。
- 用途：李花繁果丰，是园林结合生产的优良树种，可植于庭院、公园等处；常与碧桃等配植，红白映衬，相得益彰。

　　李是栽培历史悠久、分布很广的重要水果，既适于鲜食，也适于加工成蜜饯、果干等。

## 红叶李 学名：*Prunus cerasifera* cv. Atropurpurea

- 别名：紫叶李、樱桃李
- 科属：蔷薇科、李属
- 形态特征：灌木或小乔木。多分枝，枝条细长，有时有棘刺。叶片椭圆形、卵形或倒卵形，先端急尖，边缘有圆钝锯齿，叶色暗红。花1朵，稀2朵；花瓣白色，长圆形或匙形，边缘波状。核果近球形或椭圆形，黄色、红色或黑色，微被蜡粉，具有浅侧沟，黏核。花期4月，果期8月。
- 产地与分布：原产于亚洲西南部及高加索，我国江浙一带栽培较多。
- 生态习性：喜光，喜温暖、湿润气候，有一定的抗寒力。对土壤适应性强，喜肥沃、湿润、排水良好的黏质壤土。
- 繁殖方式：扦插、嫁接等繁殖。
- 用途：叶常年紫红色，为著名观叶树种。在园林中，孤植、群植皆宜，可栽植于建筑物前、园路旁或草坪角隅处。

## 郁李　学名：*Prunus japonica* Thunb.

- 别名：爵梅，秧李
- 科属：蔷薇科、李属
- 形态特征：灌木。小枝灰褐色，嫩枝绿色或绿褐色，无毛。叶片卵形或卵状披针形，先端渐尖，基部圆形。花1～3朵，簇生，花叶同开或先叶开放，花瓣白色或粉红色，倒卵状椭圆形。核果近球形，深红色。花期5月，果期7～8月。
- 产地与分布：产于黑龙江、吉林、辽宁、河北、山东、浙江。日本和朝鲜也有分布。
- 生态习性：喜光，喜温暖、湿润，较耐寒，耐热。耐旱，耐潮湿和烟尘。对土壤要求不严，耐瘠薄，在排水良好、肥沃、疏松的中性沙壤土中生长较好。在石灰性土中生长最旺，对微酸性土壤也能适应。
- 繁殖方式：扦插繁殖为主。
- 用途：桃红色宝石般的花蕾，繁密如云的花朵，深红色的果实，非常美丽可爱，是园林中重要的观花、观果树种。宜丛植于草坪、山石旁、林缘、建筑物前，或点缀于庭院路边，或与棣棠、迎春等其他花木配植，也可作花篱栽植。

## 日本晚樱　学名：*Prunus serrulata* var. *lannesiana*（Carri.）Makino

- 别名：重瓣樱花
- 科属：蔷薇科、李属
- 形态特征：落叶乔木。树皮银灰色，有锈色唇形皮孔。叶片为椭圆状卵形、纸质、具有重锯齿；叶柄上有一对腺点，托叶有腺齿。按花色分有纯白、粉白、深粉至淡黄色，伞形花序。
- 产地与分布：原产于日本，我国引种栽培。
- 生态习性：喜光，有一定的耐寒能力。对烟尘等有害气体抗性较弱。喜深厚、肥沃而排水良好的土壤。
- 繁殖方式：扦插、嫁接、分株繁殖。
- 用途：日本晚樱花形硕大，盛开时繁花似锦，观赏价值高。可群植成樱花园，也可列植成樱花路，或丛植于庭园中、建筑前。

## 日本樱花　　学名：*Prunsus × yedoensis* Matsum.

- 别　名：江户樱花、东京樱花
- 科　属：蔷薇科、李属
- 形态特征：落叶乔木。树皮灰色。小枝淡紫褐色，无毛；嫩枝绿色，被疏柔毛。叶片椭圆卵形或倒卵形，上面深绿色，无毛，下面淡绿色，沿脉被稀疏柔毛。花序伞形总状，总梗极短，有花3～4朵，花瓣白色或粉红色，先端下凹，全缘2裂。核果近球形，黑色，核表面略具棱纹。花期4月，果期5月。

- 产地与分布：原产于日本，我国引种栽培。
- 生态习性：喜光，稍耐阴。喜温，较耐寒。适宜在土层深厚、土质疏松、保水力较强的沙壤土或砾质壤土上栽培；适宜的土壤pH为5.6～7。
- 繁殖方式：以嫁接繁殖为主。
- 用　途：为著名的早春观赏树种，花期早，先叶开放，在开花时满树灿烂，着花繁密，色彩绚丽。适宜种植在山坡、庭院、建筑物前及园路旁。可孤植或群植于庭院，公园，草坪，湖边或居住小区等处，也可以列植或和其他花灌木合理配置于道路两旁，或片植作专类园。

## 山樱花　　学名：*Prunus serrulata* Lindl.

- 别　名：福岛樱、青肤樱、樱花
- 科　属：蔷薇科、李属
- 形态特征：乔木。树皮灰褐色或灰黑色。小枝灰白色或淡褐色，无毛。花序伞房总状或近伞形，有花2～3朵；总苞片褐红色，倒卵长圆形；花瓣白色，稀粉红色，倒卵形，先端下凹。核果球形或卵球形，紫黑色。花期4～5月，果期6～7月。
- 产地与分布：产于日本、朝鲜和中国。
- 生态习性：喜光，稍耐阴。喜凉爽、通风环境，不耐炎热，较耐寒。喜肥沃、深厚而排水良好的微酸性土壤，不耐盐碱。对有毒气体抗性较弱。
- 繁殖方式：播种、扦插、嫁接繁殖。
- 用　途：山樱花植株优美，花朵鲜艳，是园林绿化中优良的观花树种。可片植于山坡、庭院、路边、建筑物前，也可与日本晚樱混植，延长观花期。

## 樱桃  *学名*：*Prunus pseudocerasus* Lindl.

- **别名**：莺桃、荆桃、英桃、樱珠、含桃
- **科属**：蔷薇科、李属
- **形态特征**：乔木，高2～6m。树皮灰白色。小枝灰褐色，嫩枝绿色，无毛或被疏柔毛。冬芽卵形，无毛。
- **产地与分布**：产于辽宁以南各省区。
- **生态习性**：喜光，喜温暖湿润，较耐寒。不抗风。适于土质疏松、土层深厚的沙壤土。
- **繁殖方式**：扦插、嫁接、分株繁殖。
- **用途**：樱桃花繁果丰，是具有良好观赏价值的树种。宜植于山坡地、庭园中、建筑物前及园路旁，发挥其观赏与生产兼用树种的独特功能。

樱桃素有"先百果而荣"之美誉，因成熟于水果相对缺少的初夏，具有较高的经济价值。

## 含羞草  *学名*：*Mimosa pudica* L.

- **别名**：知羞草、怕羞草
- **科属**：豆科、含羞草属
- **形态特征**：多年生蔓性草本。茎干基部木质化，株高10～60cm，枝条上常散生倒刺毛和锐刺。二回羽状复叶，羽片2～4枚，掌状排列；小叶矩圆形，14～48枚，触之立即闭合下垂。头状花序矩圆形，花淡红色。荚果扁形，有3～4个荚节，每个荚节间有一粒圆形种子。花期7～10月。
- **产地与分布**：原产于美洲热带地区，已广布于世界热带地区。我国台湾、福建、广东、广西、云南等地广泛分布。
- **生态习性**：喜欢温暖气候，不耐寒，在湿润的肥沃土壤中生长良好。
- **繁殖方式**：播种繁殖。
- **用途**：含羞草在台州科技职业学院多作一年生花卉栽培，或盆栽欣赏。

**合欢** **学名**：*Albizia julibrissin* Durazz.

- **别名**：绒花树、马缨花、夜合树
- **科属**：豆科、合欢属
- **形态特征**：落叶乔木。树冠开展而披散。二回羽状复叶，小叶菜刀形，中脉紧靠上边叶缘。多数头状花序排成伞房状圆锥花序，花冠淡粉红色；雄蕊多数，花丝细长，粉红色。荚果扁平。花期6～7月，果期9～10月。
- **产地与分布**：分布于黄河流域至珠江流域的广大地区。
- **生态习性**：喜光，喜温暖湿润的气候与疏松肥沃、排水良好的土壤。耐轻度盐碱，但不耐水涝，对二氧化硫、氯化氢等有害气体有较强的抗性。
- **繁殖方式**：采用播种繁殖。
- **用途**：合欢树姿潇洒，绿叶婆娑，花形奇特，秀丽雅致。可孤植、丛植于草坪等开阔空间，也可列植于园路两侧、水滨林缘，在公园、小区、庭园中均适宜配植。合欢对大气污染有较强抗性，可用于厂区绿化。

**伞房决明** **学名**：*Cassia corymbosa* Lam.

- **科属**：豆科、决明属
- **形态特征**：常绿灌木。多分枝，枝条平滑。叶长椭圆状披针形，叶色浓绿，由3～5对小叶组成复叶。圆锥花序伞房状，鲜黄色，花瓣阔，3～5朵腋生或顶生。花期7～10月。荚果圆柱形，果实直挂到次年春季。
- **产地与分布**：原产于南美洲乌拉圭和阿根廷，我国华东地区广为栽培。
- **生态习性**：喜光，稍耐阴。耐瘠薄，不耐涝，适合在土壤肥力中等、疏松、排水良好的条件下栽培，在微酸性、中性、偏碱土壤中均能良好生长。耐寒性强。
- **繁殖方式**：多采用播种繁殖。
- **用途**：在园林绿化中装饰林缘，或作低矮花坛、花境的背景材料，孤植、丛植和群植均可。可用于道路两侧绿化或作色块布置，也可用于庭园绿化。

**紫荆** **学名**：*Cercis chinensis* Bunge

● **别名**：裸枝树、满条红

**科属**：豆科、紫荆属

● **形态特征**：丛生或单生灌木。树皮和小枝灰白色。叶纸质，近圆形或三角状圆形。花紫红色或粉红色，2～10余朵成束，簇生于老枝和主干上，尤以主干上花束较多，越到上部幼嫩枝条则花越少，通常先于叶开放。荚果扁狭长形，绿色。种子黑褐色，光亮。花期3～4月，果期8～10月。

● **产地与分布**：原产于我国，分布遍及黄河流域、长江流域和珠江流域。

● **生态习性**：温带及亚热带树种，喜温，较耐寒。喜光，稍耐阴。喜肥沃、排水良好的土壤，不耐湿。

● **繁殖方式**：播种繁殖为主，也可分株、压条、扦插、嫁接。

● **用途**：紫荆开花于春季，满树繁花似锦，是著名的花灌木。宜栽于庭院、草坪、岩石及建筑物前；可用于公园或小区的园林绿化，也可用于道路绿化。

**龙牙花** **学名**：*Erythrina corallodendron* L.

● **别名**：象牙红

● **科属**：蝶形花科、刺桐属

● **形态特征**：落叶灌木或小乔木。树皮粗糙，灰褐色。树干及枝条疏生粗壮的黑色瘤状皮刺，老枝无刺。叶为3出羽状复叶，互生；叶柄无毛，淡红色，有时上面和下面中脉上疏生倒钩状小皮刺，顶生小叶较侧生小叶为大；小叶菱状卵形或菱形，顶端尾状或渐尖而钝，基部有一对腺体，全缘，两面无毛，有时背面的中脉上具小皮刺。

● **产地与分布**：原产于南美洲，我国广州、桂林、贵阳（花溪）、西双版纳、杭州和台湾等地有栽培。

● **生态习性**：喜阳光充足，能耐半阴。喜温暖、湿润，能耐高温、高湿，亦稍能耐寒。对土壤肥力要求不严，但喜湿润、疏松土壤，不耐干旱。干燥土和黏重土生长不良。

● **繁殖方式**：生产上多用扦插育苗。

● **用途**：龙牙花初夏开花，枝叶扶疏，深红色的总状花序好似一串红色月牙，艳丽夺目，适用于公园和庭院栽植，也可盆栽用来点缀室内环境。

**紫穗槐** 学名：*Amorpha fruticosa* L.

- 别名：棉槐、椒条、棉条、穗花槐、紫翠槐、板条
- 科属：豆科、紫穗槐属
- 形态特征：落叶灌木。枝褐色、被柔毛。奇数羽状复叶，有线形托叶。穗状花序密被短柔毛，花有短梗；旗瓣心形，紫色。荚果下垂，微弯曲，顶端具小尖，棕褐色，表面有凸起的疣状腺点。花、果期5～10月。
- 产地与分布：原产于美国东北部和东南部，现我国各地均有栽培。
- 生态习性：喜干冷气候，耐寒性强。耐旱力强。也具有一定的耐淹能力。对光线要求充足，对土壤要求不严。
- 繁殖方式：播种或扦插繁殖。
- 用途：紫穗槐抗风力强，生长快，枝叶繁密，可作为紧密型防风林树种。萌蘖性强，根系广，侧根多，截留雨量能力强，改土作用强，是保持水土的优良植物材料。

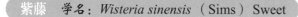

**紫藤** 学名：*Wisteria sinensis* （Sims） Sweet

- 别名：藤萝、紫藤萝
- 科属：豆科、紫藤属
- 形态特征：落叶藤本。茎右旋，枝较粗壮，嫩枝被白色柔毛。奇数羽状复叶，托叶线形，早落；小叶3～6对。总状花序，花序轴被白色柔毛；苞片披针形，早落；花萼杯状，密被细绢毛；花冠紫色，花开后反折。荚果倒披针形，悬垂枝上不脱落。花期4～5月，果期5～8月。
- 产地与分布：原产于我国，北自辽宁、内蒙古，南至广东、广西均有野生或栽培。
- 生态习性：对气候和土壤的适应性强，较耐寒，能耐水湿及瘠薄土壤，喜光，较耐阴。以土层深厚、排水良好、向阳避风的地方栽培最适宜。
- 繁殖方式：可用播种、扦插、压条、分株、嫁接等方法，以扦插为主。
- 用途：紫藤是我国的传统庭园棚架植物。春天开花时满架皆紫，十分优美；夏日里浓荫蔽日，架下清凉宜人。紫藤也常被制作成花木盆景，形色俱佳。

## 网络崖豆藤　学名：*Millettia reticulata* Benth.

- 别名：昆明鸡血藤
- 科属：豆科、崖豆藤属
- 形态特征：半常绿或落叶藤本。小枝圆形，具细棱。奇数羽状复叶，互生，小叶5～9；叶柄无毛，上面有狭沟；托叶锥形，基部向下突起成一对短而硬的距。圆锥花序顶生或着生枝梢叶腋，基部分枝，花序轴被黄褐色柔毛；花密集，单生于分枝上；花萼阔钟状至杯状，萼齿短而钝圆，边缘有黄色绢毛；花冠红紫色。荚果线形，狭长。花期6～8月。
- 产地与分布：产于江苏、安徽、浙江、江西、福建、台湾、湖北、湖南、广东、海南、广西、四川、贵州、云南。越南北部也有。
- 生态习性：喜光，较耐阴。对气候和土壤的适应性强。耐干旱、瘠薄，以深厚、肥沃、排水良好土壤最适宜。
- 繁殖方式：可用播种、扦插、分株方法。
- 用途：网络崖豆藤枝叶繁茂，夏季花色红紫诱人，可依托棚架、篱垣攀援，形成花架、绿篱；也可依傍山石、建筑种植，或作地被植物应用于斜坡、荒地。

## 红豆树　学名：*Ormosia hosiei* Hemsl. et Wils.

- 别名：鄂西红豆树
- 科属：豆科、红豆树属
- 形态特征：常绿乔木，高达20m以上。树皮灰绿色，光滑。奇数羽状复叶，互生；小叶5～9枚，薄革质，有光泽，长卵形或长卵状椭圆形，先端渐尖至急尖。圆锥花序顶生或腋生，萼钟状，花冠白色或淡红色，有香气。荚果栗褐色，卵球形、椭圆形或长椭圆形。种子扁圆形，鲜红色，有光泽。花期4～6月，果期9～11月。
- 产地与分布：产于陕西、江苏、安徽、浙江、江西、福建、湖北、四川、贵州等地。
- 生态习性：中等喜光树种，幼年喜湿、耐阴。适生于肥沃、湿润、排水良好的土壤。
- 繁殖方式：采用播种繁殖。
- 用途：红豆树树姿优雅，冠如伞盖，四季常绿，是优良的庭荫树种，也可作行道树或背景林栽植。种子色泽鲜红，寓意相思，可开发为旅游纪念品或装饰品。

**槐树** **学名**：*Sophora japonica* L.

- **别名**：国槐、槐、家槐
- **科属**：豆科、槐属
- **形态特征**：落叶大乔木。树皮灰褐色，小枝绿色，有皮孔。奇数羽状复叶，互生；叶柄基部膨大，包裹着芽；小叶7～17片，对生，先端渐尖，具小尖头，基部稍偏斜；小托叶2枚，钻形。圆锥花序顶生，花冠乳白色。荚果肉质，串珠状。花期5～6月，果期9～10月。

槐树结果状

- **变种与品种**

（1）龙爪槐（盘槐）（*S. japonica* var. *pendula* Lour.）：小枝拱曲下垂，树冠呈伞状。

（2）金枝槐（*S. japonica* cv. Golden Stem）：枝条黄色，至冬季色泽更鲜艳，枝干犹如涂了黄漆般亮泽。

- **产地与分布**：辽宁以南各省（市、区）均有分布。朝鲜、日本、越南也有。

槐树

龙爪槐

- **生态习性**：中等喜光，喜温凉气候，耐寒性较强，对高温的适应性也较强。喜深厚、疏松、肥沃、排水良好的沙质壤土，在石灰性土壤、酸性土及轻盐碱土上均能正常生长。耐烟尘，对二氧化硫、氯气等有毒气体抗性较强。
- **繁殖方式**：常用播种繁殖。龙爪槐、金枝槐等园艺变种与品种，常用嫁接育苗，其中龙爪槐宜采用高位嫁接。
- **用途**：槐树绿荫如盖，适作庭荫树和行道树。对二氧化硫、氯气等有毒气体有较强的抗性，可作工矿区绿化之用。

龙爪槐树冠伞形，宜对植于门前，或列植于园路两侧，或孤植于亭台、山石旁，或散点配植于草地一角。

金枝槐枝条呈亮黄色，在冬季园林中格外醒目，可作为赏枝干类花木配植于花境、路旁、水边、亭侧等各类绿地中。

## 锦鸡儿　*学名*：*Caragana sinica*（Buchoz）Rehd.

- **别名**：黄雀花、阳雀花、黄棘
- **科属**：豆科、锦鸡儿属
- **形态特征**：灌木。树皮深褐色。小枝有棱，无毛。托叶三角形，硬化成针刺；小叶2对，羽状，有时假掌状，具刺尖或无刺尖。花单生，花冠黄色，常带红色。荚果圆筒状。花期4～5月，果期7月。
- **产地与分布**：分布于河北、陕西、江苏、江西、浙江、福建、河南、湖北、湖南、广西、四川、贵州和云南。

- **生态习性**：喜光；抗旱，耐瘠，忌湿涝。在深厚、肥沃、湿润的沙质壤土中生长良好。
- **繁殖方式**：一般采用播种法，播种最好随采随播。
- **用途**：锦鸡儿枝叶秀丽，花色鲜艳，在园林绿化中可孤植、丛植于路旁、坡地或假山岩石旁，也可用来制作盆景。

## 白车轴草　*学名*：*Trifolium repens* L.

- **别名**：白花三叶草
- **科属**：豆科、车轴草属

- **形态特征**：多年生草本。匍匐茎，茎节处易生不定根，分枝长达40～60cm。掌状3出复叶，小叶呈倒卵形或倒心形，油绿色，叶面中部有"V"形白斑，先端凹陷或圆形，叶基部楔形，边缘有细齿。总状花序，由数十朵小花密集而成头状，着生于长花梗顶端，高出叶丛，小花白色或淡粉色。花期5～7月。
- **产地与分布**：原产于欧洲南部。
- **生态习性**：中性，喜光，亦耐阴。耐热，耐旱，耐寒，耐霜，耐践踏。喜排水良好的粉沙壤土或黏壤土，不耐盐碱。
- **繁殖方式**：播种繁殖为主，也可以分株或利用匍匐茎扦插。
- **用途**：白车轴草是一种优良的地面覆盖材料。

## 紫云英  学名：*Astragalus sinicus* L.

- 别名：红花草、草子
- 科属：豆科、黄芪属
- 形态特征：二年生草本，高10～25cm。茎纤细，基部匍匐，多分枝。奇数羽状复叶，小叶7～13枚，叶柄长2～5 cm，托叶离生；小叶片宽椭圆形或倒卵形，先端圆或凹入，基部楔形，两面有白色长柔毛。头状花序；萼齿披针形，与萼筒近等长；花冠蝶形，紫红色，稀白色。荚果线状长圆形，具喙，微弯，黑色。花期3～5月，果期4～6月。
- 产地与分布：分布于全世界亚热带以及温带地区。
- 生态习性：中性，喜光照充足、凉爽气候。喜欢排水良好、水分充足的土壤。
- 繁殖方式：播种繁殖。
- 用途：紫云英是一种重要的绿肥和蜜源植物，也是良好的地面覆盖材料，可用于花坛。

## 田菁  学名：*Sesbania cannabina*（Retz.）Poir.

- 别名：碱青、涝豆
- 科属：豆科、田菁属
- 形态特征：一年生半灌木状草本，高2～3m。茎直立，绿色，有不明显淡绿色线纹。偶数羽状复叶，具小叶40～60枚；叶轴上面具沟槽；小叶两面被紫色小腺点。总状花序腋生，花萼斜钟状，萼齿短三角形；花冠黄色。荚果细长，微弯；种子间具横隔，种子有光泽，短圆柱状。花果期7～12月。

- 产地与分布：原产于南亚、东南亚热带地区。我国海南、江苏、浙江、江西、福建、广西、云南等省区有栽培或逸为野生。
- 繁殖与传播：种子繁殖。随引种或混杂在农产品中传播扩散。
- 用途：①茎、叶可作绿肥及牲畜饲料。②耐盐性较强，是改良盐碱土的先锋作物。③可入药。④纤维发达，可代麻用。
- 危害：①是一种环境杂草，滨海地带路边、荒地常见，影响景观。②侵入农田、旱地，但危害程度较轻。

## 赤小豆　学名：*Vigna umbellata*（Thunb.）Ohwi et Ohashi

● 科属：豆科、豇豆属

● 形态特征：一年生草本。茎纤细，上部常作缠绕状。羽状3出复叶；托叶盾状着生；小托叶钻形；小叶卵形或披针形，全缘或微3裂，沿两面脉上薄被疏毛，有基出脉3条。总状花序腋生；苞片披针形，早落；花梗短，着生处有腺体；蝶形花，黄色。荚果线状圆柱形；种子长椭圆形，通常暗红色，有时为褐色、黑色或草黄色。花果期6～9月。

● 产地与分布：原产于亚洲热带地区。我国南方有野生或栽培。

● 繁殖与传播：种子繁殖。

● 用途：①种子可供食用。②有消肿利尿、解毒排脓之功效。

● 危害：①侵入果园、菜地、茶园、桑园，影响作物生长。②生于路边、荒地，常侵入草坪、绿化区，影响景观。

## 红花酢浆草　学名：*Oxalis corymbosa* DC.

● 科属：酢浆草科、酢浆草属

● 形态特征：多年生草本。地下块状根茎呈纺锤形。叶丛生状，具长柄；掌状复叶，小叶3枚；小叶倒心脏形，两面被毛，叶缘有黄色斑点，无小叶柄。伞形花序，花冠5瓣，色淡红或深桃红。花期4～11月。

● 同属植物：

（1）紫叶酢浆草（*O. triangularis* subsp. *papilionacea* Lourteig）：又叫红叶酢浆草，三角叶酢浆草。叶片为红色，花朵粉红色。

（2）关节酢浆草（*O. articulate*）：就是粉花酢浆草，花色比红花酢浆草更鲜艳、更深。

红花酢浆草

紫叶酢浆草

● 产地与分布：原产于美洲。我国各地引种栽培。

● 生态习性：中性，喜光，耐半阴。喜温暖湿润的环境。较耐旱，忌积水。土壤适应性强。

● 繁殖方式：分株繁殖为主，也可以播种。

● 用途：红花酢浆草植株整齐，叶色青翠，覆盖地面迅速，又能抑制杂草生长，是一种良好的观花地被植物。

## 天竺葵　学名：*Pelargonium hortorum* Bailey

- **别名**：入腊红、日烂红
- **科属**：牻牛儿苗科、天竺葵属
- **形态特征**：多年生草本。全株具有强烈的气味并被细柔毛。茎直立，粗壮，肉质，基部木质，有分枝。叶片圆形或肾形，叶缘7～9浅裂；叶面略带有暗褐红色环纹。花序梗与叶对生，高出叶面，顶生伞形花序，花瓣5或更多，呈各种红或白色。花期10月～翌年6月，尤以5月、10月花朵最盛。
- **同属花卉**：

  香叶天竺葵（*P. graveolens* L'Her.）：全株有黏柔毛；叶片掌状5～7裂并具有香腺，用手触摸香气浓郁。

香叶天竺葵

- **产地与分布**：原产于非洲南部，多年生草本花卉。
- **生态习性**：喜光，耐寒性较弱，也不抗高温。要求排水良好、富含腐殖质的土壤，忌水湿而稍耐干燥。
- **繁殖方式**：播种、扦插繁殖。
- **用途**：天竺葵小花团聚，大花序形似绣球，色彩鲜明，异常热闹。可用于室内装饰。

## 旱金莲　学名：*Tropaeolum majus* L.

- **别名**：金莲花、旱荷花
- **科属**：旱金莲科、旱金莲属
- **形态特征**：多年生攀援状草本。茎中空。叶片圆形似小荷叶，辐射状脉约9条；叶柄长。花单生叶腋，花萼基部合生并有1长距稍下垂；花瓣5，其中向上2枚较大，下部3枚有羽状裂片，呈黄、橙或紫色。花期2～5月。

- **产地与分布**：原产于南美秘鲁、哥伦比亚。
- **生态习性**：中性，喜光，稍耐阴。喜温暖、湿润气候，不耐寒。宜肥沃而排水良好的土壤。
- **繁殖方式**：播种繁殖、扦插繁殖。
- **用途**：旱金莲花叶俱美。盆栽可装饰阳台和窗台，或者置于室内书桌、几架上观赏；露地栽培，可布置花坛或者种植于栅篱旁、假山石旁，也可以作为地被植物或切花。

## 九里香　学名：*Murraya exotica* L.

- **别名**：石辣椒、七里香、千里香
- **科属**：芸香科、九里香属
- **形态特征**：小乔木，高可达8m。枝白灰或淡黄灰色，但当年生枝绿色。奇数羽状复叶；小叶3～7片，小叶倒卵形或倒卵状椭圆形。花序通常顶生，或顶生兼腋生，花多朵聚成伞状，为短缩的圆锥状聚伞花序；花白色，芳香。果橙黄至朱红色，果肉有黏胶质液，种子有短的棉质毛。花期4～8月，果期9～12月。
- **产地与分布**：产于云南、贵州、广东、广西、台湾等地。亚洲其他一些热带及亚热带地区也有分布。
- **生态习性**：阳性，稍耐阴。喜温暖，不耐寒。对土壤要求不严，宜选用含腐殖质丰富、疏松、肥沃的沙质土壤。
- **繁殖方式**：播种繁殖。
- **用途**：九里香树姿优美，四季常青，开花时香气宜人。台州科技职业学院常盆栽供室内观赏。

## 枳　学名：*Poncirus trifoliata*（L.）Raf.

- **别名**：枳壳、枸橘
- **科属**：芸香科、枳属
- **形态特征**：小乔木。树冠伞形或圆头形，枝有刺。花单朵或成对腋生，通常为白色。果近圆球形或梨形，汁胞有短柄，果肉甚酸且苦，带涩味。种子阔卵形，乳白或乳黄色。花期5～6月，果期9～11月。
- **常见变种**：
  飞龙枳（*P. trifoliata* var. *maonstrosa* Swingle）：树矮叶小，枝条及枝刺均弯曲。

飞龙枳

- **产地与分布**：分布范围广，产地遍及黄河流域、长江流域。
- **生态习性**：为温带树种，喜光，稍耐阴；喜温暖、湿润气候，耐寒力较酸橙强，耐热。对土壤要求不严，以肥沃、深厚之微酸性黏性壤土生长为好。对二氧化硫、氯气抗性强，对氟化氢抗性差。
- **繁殖方式**：播种繁殖为主。
- **用途**：枝条绿色而多刺，花于春季先叶开放，秋季黄果累累，可观花、观果、观叶。在园林中多栽作绿篱或者作屏障树，耐修剪，可整形为各式篱垣及洞门形状。飞龙枳树矮叶小，常作盆栽。

**金豆**　**学名**：*Fortunella venosa*（Champ. ex Benth.）Huang

- **科属**：芸香科、金柑属
- **形态特征**：常绿灌木。枝干上具刺。单叶，叶片椭圆形，稀倒卵状椭圆形，顶端圆或钝，稀短尖，基部短尖，全缘，中脉在叶面稍隆起。单花腋生。
- **同属植物**：
　　山橘（*F. hindsii*（Champ. ex Benth.）Swingle）：单身复叶，偶有单叶。
- **产地与分布**：产于华东、华中诸省。
- **生态习性**：为温带树种，喜光，稍耐阴，喜温暖、湿润气候。对土壤要求不严，中性土、微酸性土均能适应，略耐盐碱，以肥沃、深厚之微酸性黏性壤土生长为好。
- **繁殖方式**：播种、扦插繁殖。
- **用途**：金豆植株矮小，枝叶茂密，花繁果丰，常用于盆栽或制作盆景观赏。

**金弹**　**学名**：*Fortunella* × *crassfolia* Swingle

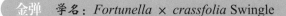

- **别名**：宁波金橘
- **科属**：芸香科、金柑属
- **形态特征**：常绿灌木。枝有刺。小叶卵状椭圆形或长圆状披针形，顶端钝或短尖，基部宽楔形。花单朵或2～3朵簇生长，花萼裂片5或4片。果圆球形，果皮橙黄至橙红色，味甜。油胞平坦或稍凸起，果肉酸或略甜。种子2～5粒，子叶及胚均绿色，单胚。花期4～5月，果期11月～翌年2月。
- **产地与分布**：产于浙江、江西、广西、广东、湖南、重庆等地。
- **生态习性**：喜光，但不宜强光暴晒。喜温暖、潮湿气候，抗寒力强。土壤适应性较广，以pH5.5～6.5的微酸性土壤最为适宜。
- **繁殖方式**：生产上以嫁接为主。
- **用途**：金弹树形美观，枝叶繁茂、四季常青，果实金黄，是观果花木中独具风格的上品。果熟于秋冬季节，可挂果过冬，为中国广东、港澳地区春节期间家庭习用的观果盆花。
　　果可鲜食或制作蜜饯。

## 长寿金柑　学名：*Fortunella × obovata* Tanaka（Pro sp.）

- **别名**：月月橘、寿星橘、四季金柑
- **科属**：芸香科、金柑属
- **形态特征**：常绿灌木或小乔木。枝开展，少分枝。单生复叶，翼叶甚窄；叶质厚，浓绿，阔卵圆形或倒卵形。单花或2～5簇生；花瓣5枚，白色，有香味。果倒卵形或阔卵形，有时略呈扁圆形，果顶部中央明显凹陷，果皮柠檬黄色至橙红色，果心实，果皮酸，果肉甚酸。花期4～5月，果期11月～翌年1月，可延至春节前后。
- **产地与分布**：我国南部及东南部有栽培，以台湾、福建、广东较常见。
- **生态习性**：喜温暖、湿润，宜阳光充足的环境，以雨量充足、冬季无冰冻的地区栽培为佳。较耐寒，耐阴，耐瘠，耐涝。适合在深厚、疏松、肥沃、富含腐殖质、排水良好的酸性壤土、沙壤土或黏壤土中生长。
- **繁殖方式**：播种、嫁接繁殖。
- **用途**：长寿金柑可盆栽或地栽，是常见的一种年宵观果植物。

## 柚　学名：*Citrus grandis*（L.）Osbeck

- **别名**：栾、抛、文旦
- **科属**：芸香科、柑橘属
- **形态特征**：常绿乔木。小枝具棱，常有刺；嫩枝、叶背、花梗、花萼及子房均被柔毛。单生复叶，翼叶发达；叶革质，深绿色，有光泽，叶片宽卵形或椭圆形，先端钝或圆而微凹，基部圆。总状花序，有时兼有腋生单花；花白色，香气浓。果皮厚，黄色或黄绿色。种子形状不规则，单胚。花期4～5月，果期9～12月。
- **产地与分布**：分布于我国热带、亚热带地区。
- **生态习性**：喜光，稍耐阴。喜温暖、湿润气候，耐寒性弱。土壤要求不严，但以土层深厚、质地疏松、有机质丰富、排水良好的微酸性至中性土壤为好，盐碱性土壤上容易出现黄化现象。
- **繁殖方式**：生产上常用嫁接繁殖，也可压条。
- **用途**：柚营养价值高，食用品质好，又耐贮藏运输，是具有重要经济意义的柑橘类果树。

  柚叶片浓绿有光泽，花洁白而芳香，果硕大而挂果期长，观赏性好，是江南庭园重要的观果树种。可作庭荫树、行道树或园景树栽植。

**佛手** **学名**：*Citrus medica* var. *sarcodactylis*（Noot.）Swingle

- **别名**：佛手柑、五指橘、五指香橼
- **科属**：芸香科、柑橘属
- **形态特征**：常绿灌木或小乔木。茎叶基有长约6cm的硬锐刺，新枝三棱形。叶互生，叶片长椭圆形，有透明油点，先端钝或微凹，叶缘有钝锯齿。总状花序或单花腋生；花冠五瓣，白色微带紫晕。果实长形，果面皱而有光泽，果顶开裂，常张开如人指或抱曲如握拳。一年多次开花结果，花期4～10月，果期7～11月。
- **产地与分布**：分布在热带、亚热带地区。
- **生态习性**：不耐严寒、冰霜及干旱，较耐瘠，耐涝。喜温暖、湿润、阳光充足的环境，以雨量充足、冬季无冰冻的地区栽培为宜。适合在深厚、疏松、肥沃、富含腐殖质、排水良好的酸性壤土、沙壤土或黏壤土中生长。
- **繁殖方式**：播种繁殖。
- **用途**：佛手果状如人手，姿态奇特，又能散发出醉人的清香，是名贵的冬季观果盆栽花木。

**柑橘** **学名**：*Citrus reticulata* Blanco.

- **别名**：宽皮橘、蜜橘
- **科属**：芸香科、柑橘属
- **形态特征**：常绿小乔木或灌木。单生复叶，叶缘至少上半段通常有钝或圆裂齿，很少全缘。花单生或2～3朵簇生。果皮甚薄而光滑，或厚而粗糙，淡黄色、朱红色或深红色，甚易或稍易剥离；橘络呈网状，易分离，通常柔嫩；中心柱大而常空，稀充实；瓤囊7～14瓣，果肉酸或甜。花期4～5月，果期10～12月。
- **产地与分布**：原产于我国，各柑橘生产区广为栽培。世界各柑橘生产国也均有栽培。
- **生态习性**：喜光，较耐阴。喜温暖气候，具有较强的抗寒性。对土壤的适应范围较广，土壤pH4.5～8均可生长，以疏松、肥沃、排水良好的微酸性至中性土壤最适宜。
- **繁殖方式**：嫁接繁殖为主。
- **用途**：柑橘栽培历史悠久，优良品种繁多，既适鲜食，又宜制罐，是最重要的常绿果树之一。柑橘赏花、观果、闻香效果俱佳，可配植于公园、小区，也可盆栽欣赏。

**棟树** 学名：*Melia azedarach* L.

- **别名**：苦棟
- **科属**：棟科、棟属
- **形态特征**：落叶乔木。树皮暗褐色。小枝粗壮，叶痕明显。2～3回奇数羽状复叶，互生；小叶对生，顶生一片通常略大，基部楔形或宽楔形，边缘有钝锯齿。复聚伞花序腋生，花淡紫色，具香气。核果黄色，宿存枝头。花期4～6月，果期10～11月。
- **产地与分布**：产于华北南部至华南地区，甘肃与西南地区也有分布。
- **生态习性**：喜光，不耐阴。喜温暖、湿润气候。土壤适应性强，在酸性、中性和碱性土壤中均能生长，耐盐碱，在含盐量0.45%以下的盐渍地上也能良好生长。耐干旱、瘠薄，在深厚、肥沃、湿润的土壤中生长较好。抗风，耐烟尘，抗二氧化硫和抗病虫害能力强。
- **繁殖方式**：常用播种繁殖。
- **用途**：棟树树形开张舒展，羽叶清疏秀气，紫花小巧，香气淡雅，丛植于缓坡地、孤植于建筑旁、列植为行道树、配植于河边池畔，均无不可。棟树抗性强，耐烟尘、抗二氧化硫，是良好的城市及工矿区绿化树种。

**香椿** 学名：*Toona sinensis*（A. Juss.）Roem.

- **别名**：椿树、椿芽
- **科属**：棟科、香椿属
- **形态特征**：落叶乔木。树皮浅纵裂，片状脱落。小枝粗壮，叶痕大，叶迹明显。偶数（稀奇数）羽状复叶，有香气，互生；小叶10～20，对生或互生，纸质，卵状披针形或卵状长椭圆形，先端尾尖，基部不对称。圆锥花序顶生，花白色。蒴果长椭圆形，5瓣裂。花期5～6月，果期8～10月。
- **产地与分布**：原产于我国中部，现辽宁南部、华北至东南到西南均有分布。
- **生态习性**：喜光，不耐阴。喜温暖、湿润气候，适宜生长于深厚、肥沃的沙质壤土，适宜的土壤酸碱度为pH5.5～8.0。对有毒气体抗性较强。
- **繁殖方式**：主要采用播种繁殖；根蘖分株、扦插等也可。
- **用途**：树干通直，树姿挺拔，羽叶清疏，嫩叶紫红。可与常绿树种及花木类搭配形成疏林，作为上层骨干树种；也可以列植为行道树，或孤植于高大建筑旁。香椿抗性较强，可作为工厂、矿区及"四旁"绿化树种。

香椿细嫩芽、叶可食，是一种木本蔬菜作物。种子可榨油食用或工业用。

## 米兰　学名：*Aglaia odorata* Lour.

- **别名**：树兰、米仔兰
- **科属**：楝科、米仔兰属
- **形态特征**：常绿灌木或小乔木。茎多小枝，幼枝顶部具有星状锈色鳞片，后脱落。奇数羽状复叶，叶轴和叶柄具狭翅，小叶3～5，厚纸质。圆锥花序腋生，稍疏散无毛。花黄色，直径约2mm，芳香。浆果，卵形或球形，成熟后红色；种子有肉质假种皮。花期5～12月，或四季开花，果期7月～翌年3月。
- **产地与分布**：产于广东、广西、福建、四川、贵州和云南等省也有栽培。东南亚各国有分布。
- **生态习性**：喜光，喜温暖，生长适温为20℃～25℃。在通常情况下，阳光充足、温度较高时，开花香气浓。喜肥力高的土壤。
- **繁殖方式**：播种繁殖。
- **用途**：米兰树姿秀丽，枝叶茂密，叶色葱绿光亮，花香似兰，宜盆栽陈设于客厅、书房、门廊。

## 乌桕　学名：*Sapium sebiferum*（L.）Roxb.

- **别名**：蜡子树、柏子树
- **科属**：大戟科、乌桕属
- **形态特征**：落叶乔木，高可达15m。树皮暗灰色，有纵裂纹，各部无毛而具乳状汁液。单叶，互生，纸质；叶片菱形或菱状卵形，先端尾尖，基部阔楔形或钝，全缘；叶柄纤细，顶端具2腺体。花单性，雌雄同株；花序穗状，花黄绿色。蒴果三棱状球形，成熟时黑色，果皮3裂；种子黑色，外被白色蜡质的假种皮。花期5～6月，果期8～10月。
- **产地与分布**：原产于我国华中、华南、西南、华东各省都有栽培。
- **生态习性**：喜光，不耐阴。喜温暖气候，较耐旱。喜深厚、肥沃的微酸性土壤，但在排水不良的洼地和间断性水淹的堤塘也能正常生长。具有较强的耐盐碱能力，抗风性强，对二氧化硫、氯化氢抗性强。
- **繁殖方式**：以播种为主，优良品种繁殖常用嫁接。
- **用途**：乌桕树姿优美，叶形独特；入秋叶色转红，艳丽夺目；初冬种实洁白，星布枝头。是兼具深秋观叶、初冬观果的优良树种。可孤植、丛植、列植、散点植、配植于亭旁、草地、路边、池畔。耐水湿，抗污染，可用于堤岸绿化和厂区绿化。

## 重阳木　*学名：Bischofia polycarpa*（Levl.）Airy -Shaw

- 别名：端阳木
- 科属：大戟科、重阳木属
- 形态特征：落叶乔木，高达15m。树皮褐色，树冠伞状；大枝斜展，小枝无毛，皮孔明显。3出复叶，互生；小叶片纸质，卵形或椭圆状卵形，先端突尖或短渐尖，基部圆或浅心形，边缘具钝细锯齿；托叶小，早落。花雌雄异株；总状花序，通常着生于新枝的下部，花序轴纤细而下垂。果实浆果状，圆球形，成熟时褐红色。花期在4～5月，果期8～10月。
- 产地与分布：产于秦岭、淮河流域以南至两广北部，在长江中下游一带栽培较多。南亚、东南亚、日本、澳大利亚也有。
- 生态习性：阳性树种，喜光，稍耐阴。喜温暖气候和湿润、肥沃土壤。耐旱，稍耐水湿，耐瘠薄。抗风力强。
- 繁殖方式：常用播种繁殖。
- 用途：重阳木树姿伟岸，冠形如伞，秋叶红艳，是优良的行道树和庭荫树。抗风耐湿，生长快速，可用于堤岸、溪边、湖畔绿化。对二氧化硫等有较强的抗性，可用于街道、厂区绿化。

## 算盘子　*学名：Glochidion puberum*（L.）Hutch.

- 别名：黎击子、野南瓜、柿子椒、算盘珠
- 科属：大戟科、算盘子属
- 形态特征：直立灌木。多分枝，小枝灰褐色。叶片纸质或近革质，长圆形、长卵形或倒卵状长圆形。花小，雌雄同株或异株，2～5朵簇生于叶腋内。蒴果扁球状，成熟时带红色。顶端具有环状而稍伸长的宿存花柱，种子近肾形，具三棱，朱红色，花期4～8月，果期7～11月。
- 产地与分布：分布于长江流域以南各地。
- 生态习性：生于山坡灌丛中，对土壤、环境适应性强。
- 繁殖方式：播种繁殖为主。
- 用途：多见于自然风景区。性耐粗放管理，可作坡地、溪流堤岸绿化。城市园林中应用较少。

## 山麻杆　学名：*Alchornea davidii* Franch.

- 别名：红荷叶、狗尾巴树，桐花杆
- 科属：大戟科、山麻杆属
- 形态特征：落叶丛生小灌木。茎干直立而分枝少；幼枝密被绒毛，后脱落，老枝光滑。单叶互生，叶广卵形或圆形，叶缘有齿牙状锯齿，叶薄纸质，阔卵形或近圆形，边缘具粗锯齿或具细齿。雌花序总状，顶生，花梗短。蒴果近球形，具3圆棱。花期3～5月，果期6～7月。
- 产地与分布：分布于陕西、四川、重庆、云南、贵州、广西、河南、湖北、湖南、江西、江苏、福建等省区。
- 生态习性：喜光照，稍耐阴。喜温暖、湿润的气候环境，抗旱力较弱。对土壤的要求不严，以深厚、肥沃的沙质壤土生长最佳。
- 繁殖方式：多以分株繁殖，也可扦插或播种。
- 用途：早春嫩叶初放时红色，醒目美观，茎干丛生，茎皮紫红，是一个良好的观茎、观叶树种。宜丛植于庭院、路边或山石之旁，具有丰富色彩的效果。

## 一叶萩　学名：*Flueggea suffruticosa*（Pall.）Baill.

- 别名：叶底珠
- 科属：大戟科、白饭树属
- 形态特征：灌木。多分枝，小枝浅绿色，近圆柱形，有棱槽。全株无毛。叶片纸质，全缘或间中有不整齐的波状齿或细锯齿。花小，雌雄异株，簇生于叶腋。蒴果三棱状扁球形，成熟时淡红褐色。种子卵形而侧扁压状，褐色而有小疣状凸起。花期3～8月，果期6～11月。
- 产地与分布：分布于黑龙江、吉林、辽宁、河北、陕西、山东、江苏、安徽、浙江、江西、台湾、河南、湖北、广西、四川、贵州等地。蒙古、俄罗斯、朝鲜、日本也有。
- 生态习性：多生长于山坡或路边。
- 繁殖方式：主要以种子繁殖。
- 用途：①茎皮纤维坚韧，可作纺织原料。②叶、花和果实均可入药，对中枢神经及心脏有兴奋作用，能加强心脏收缩。

## 变叶木 学名：*Codiaeum variegatum*（L.）A. Juss.

- **别名**：洒金榕
- **科属**：大戟科、变叶木属
- **形态特征**：灌木或小乔木。枝条无毛，有明显叶痕。叶薄革质，形状大小变异很大，两面无毛，叶色有绿色、紫红色、紫红与黄色相间等。总状花序腋生，淡黄色。蒴果近球形。花期9～10月。
- **产地与分布**：原产于印度尼西亚、澳大利亚。
- **生态习性**：喜高温、湿润和阳光充足的环境，越冬温度要在5℃以上。以疏松、肥沃、排水良好的壤土为宜。
- **繁殖方式**：播种、扦插繁殖。
- **用途**：变叶木是自然界植物中叶色、叶形、叶斑变化最多的观叶植物。在气候温暖的庭园中可丛植。一般为盆栽或插花材料。

## 铁苋菜 学名：*Acalypha australis* L.

- **别名**：榎草、海蚌含珠
- **科属**：大戟科、铁苋菜属
- **形态特征**：一年生草本，高30～60cm。茎直立，多分枝，被贴伏毛。单叶互生，膜质；叶片卵形、近菱状卵形或阔披针形，边缘具圆锯齿；基出脉3条，侧脉3对；叶柄细长，具短柔毛；托叶披针形。花雌雄同序，穗状花序腋生稀顶生；雄花生于花序上部，雌花生于花序下部，有叶状肾形苞片。蒴果三角状半球形，被毛。花期7～9月，果期8～10月。
- **产地与分布**：除西部高原或干燥地区外，大部分省区均产。俄罗斯远东地区、朝鲜、日本、菲律宾、越南、老挝也有分布。
- **繁殖方式**：种子繁殖。
- **用途**：①以全草或地上部分入药，具有清热解毒、利水消肿、止血、止痢、止泻等功效。②嫩叶可以食用，富含蛋白质、脂肪、胡萝卜素和钙，为南方民间野菜品种之一。
- **危害**：①路边、水畔常见杂草，常侵入绿化带，影响景观。②侵入旱地作物栽培区，为害蔬菜、瓜果、花生、玉米、甘蔗等作物。

## 叶下珠　学名：*Phyllanthus urinaria* L.

- **科属**：大戟科、叶下珠属
- **形态特征**：一年生草本，高20～60cm。茎直立，基部多分枝，具翅状纵棱。单叶互生，因叶柄扭转而呈2列状；叶片长圆形，基部常偏斜；叶柄极短；托叶卵状披针形。花雌雄同株，单被花；雄花2～4朵簇生上部叶腋，通常仅上面1朵开花，雌花单生于中下部叶腋内。蒴果扁球状，表面具小突起，有宿存的花柱和萼片。花期5～7月，果期7～10月。

- **产地与分布**：分布于长江流域及华南地区。
- **繁殖与传播**：种子繁殖。随农事活动和产品运输扩散。种子耐水性强，能借助水力传播。
- **用途**：全草入药，具清肝明目、泻火消肿、收敛利水、解毒消积等功效。
- **危害**：常见杂草，多发于路旁、荒地、山坡、水边，侵入绿化带、草地、农田，影响栽培植物生长，破坏景观。

## 火殃勒　学名：*Euphorbia antiquorum* L.

- **别名**：彩云阁、龙骨
- **科属**：大戟科、大戟属
- **形态特征**：植株呈多分枝的灌木状。分枝肉质，轮生于主干周围，且全部垂直向上生长，具3～4棱，棱缘波形，突出处有坚硬的短齿，先端具红褐色对生刺。茎表皮绿色，有黄白色"V"形晕纹。叶绿色，质极薄，着生于分枝上部的每条棱上。花为杯状聚伞花序，在盆栽的条件下很难开放。
- **产地与分布**：原产于非洲南部纳米比亚的热带地区。
- **生态习性**：喜阳光充足、温暖、干燥的环境，不耐寒，生长适温为20℃～28℃，冬季温度不低于5℃。耐干旱，怕积水，喜欢肥沃、湿润、排水良好的土壤。
- **繁殖方式**：扦插繁殖。
- **用途**：分枝繁多，且垂直向上，给人以挺拔向上的感觉。可将其培养成不同大小的植株，用不同规格的花钵栽种，装饰厅堂、卧室及会议场所等处，也可与仙人掌类及别的多肉植物合栽，制成组合盆景。

**彩春峰**　　**学名**：*Euphorbia lactea f. cristata cv. Albavariegata*

- 别名：春峰锦、春峰之辉锦
- 科属：大戟科、大戟属
- 形态特征：彩春峰是多年生肉质植物春峰之辉的彩化变种，而春峰之辉又是春峰的斑锦变异品种，春峰则是帝锦的缀化（带化）变异品种。彩春峰茎干表面皱缩，色彩有红色、紫色、绿色等。

- 产地与分布：原产于斯里兰卡、印度一带的热带干旱地区。
- 生态习性：喜阳光充足、温暖、干燥的环境，耐干旱，稍耐半阴；忌阴湿，不耐寒。喜欢肥沃、湿润、排水良好的土壤。
- 繁殖方式：嫁接繁殖。
- 用途：具有较高的观赏价值。用其装饰家居、厅堂，虽无绚丽的花朵和翠绿的叶片，但它那似奇石、像山峦、如鸡冠的肉质茎古朴雅致，在各种观赏植物中独树一帜、颇有特色，是一种深受人们喜爱的新潮时尚花卉。

**一品红**　　**学名**：*Euphorbia pulcherrima* Willd.ex Klotzsch

- 别名：圣诞花
- 科属：大戟科、大戟属
- 形态特征：常绿灌木。茎叶含白色乳汁。茎光滑，嫩枝绿色，老枝深褐色。单叶互生，卵状椭圆形，全缘或波状浅裂，有时呈提琴形，顶部叶片较窄，披针形；叶面有毛，叶质较薄，脉纹明显；顶端靠近花序之叶片呈苞片状，开花时株红色，为主要观赏部位。杯状花序聚伞状排列，顶生；总苞淡绿色，边缘有齿及1～2枚。自然花期12月～翌年2月。

- 产地与分布：原产于墨西哥塔斯科地区。
- 生态习性：喜阳光充足、温暖的环境，不耐寒；喜欢肥沃、湿润、排水良好的土壤。
- 繁殖方式：扦插繁殖。
- 用途：一品红花色鲜艳，花期长，开花正值圣诞、元旦，是冬春重要的盆花与切花材料。常用于布置花坛、会场，或装饰会议室、会客厅等。

## 铁海棠　　学名：*Euphorbia milii* Ch. des Moulins

- 别名：虎刺梅、麒麟刺、麒麟花
- 科属：大戟科、大戟属
- 形态特征：茎多分枝，具纵棱，密生硬而尖的锥状刺，常呈3～5列排列于棱脊上。叶互生，无叶柄。聚伞花序2～4个，生于枝条顶端；总苞钟形，具4腺体；苞片鲜红色，阔卵形或肾形，长期不落。蒴果扁圆形。花果期全年。
- 产地与分布：原产于非洲马达加斯加。我国南北方均有栽培。
- 生态习性：喜阳光充足、温暖、湿润的环境，稍耐阴，但怕高温，较耐旱，不耐寒。以疏松、排水良好的腐叶土为最好。
- 繁殖方式：播种、扦插繁殖。
- 用途：铁海棠花形美丽，颜色鲜艳，茎枝奇特，适宜作盆花观赏。因多刺，宜陈设在高处。

## 黄杨　　学名：*Buxus sinica*（Rehd. et Wils.）Cheng ex M.cheng

- 别名：黄杨木、瓜子黄杨
- 科属：黄杨科、黄杨属
- 形态特征：灌木或小乔木。枝圆柱形，有纵棱，灰白色；小枝四棱形。叶革质，叶面光亮，中脉凸出，下半段常有微细毛。花序腋生，头状，花密集，雄花约10朵，无花梗。蒴果近球形。花期3月，果期5～6月。
- 产地与分布：产于江苏、甘肃、湖南、湖北、四川、贵州、广西、广东、江西、浙江、安徽、山东各省区。
- 生态习性：喜半阴，喜温暖、湿润气候，稍耐寒。喜肥沃、疏松的壤土，微酸性土或微碱性土均能适应。稍耐湿，忌长时间积水。
- 繁殖方式：播种、扦插繁殖。
- 用途：黄杨株形矮小而紧凑，枝叶茂密而常绿，园林中常作矮篱栽培、基础种植；也常修剪成球形，丛植于草坪、建筑四周、大型花坛边沿，或用于点缀山石。树姿优美，叶小如豆瓣，质厚而有光泽，是树桩盆景的优良材料。

### 雀舌黄杨　　学名：*Buxus bodinieri* Levl.

- **科属**：黄杨科、黄杨属
- **形态特征**：灌木。枝圆柱形，小枝四棱形。叶薄革质，叶面绿色，光亮，叶背苍灰色，侧脉极多。花序腋生，头状，花密集。蒴果卵形。花期2月，果期5～8月。
- **产地与分布**：产于长江流域至华南、西南一带。
- **生态习性**：喜温暖、湿润和阳光充足环境，较耐寒，耐干旱和半阴。要求疏松、肥沃和排水良好的沙壤土。
- **繁殖方式**：主要用扦插和压条繁殖。
- **用途**：雀舌黄杨枝叶繁茂，叶形别致，四季常青，是一种小巧精致的观叶树种。植株矮小，耐修剪，生长缓慢，多用于矮篱、基础种植，或整成各种形状配植于路边、石旁，布置于花坛边缘，也常点缀于小庭院和入口处。

　　雀舌黄杨耐半阴，可盆栽于室内，或作盆景。

### 尖叶黄杨　　学名：*Buxus sinica* ssp. *aemulans* M.Cheng

- **科属**：黄杨科、黄杨属
- **形态特征**：常绿灌木或小乔木。叶对生，厚革质，深绿色有光泽；叶片先端渐尖，锐尖的或稍在顶部钝的。蒴果。
- **产地与分布**：分布于安徽、重庆、福建、广东、广西、湖北、湖南、江西、四川、浙江。
- **生态习性**：尖叶黄杨生于溪边林下，生长于海拔600～2 000m地区。
- **繁殖方式**：播种、扦插繁殖。
- **用途**：尖叶黄杨树形低矮，生长缓慢，枝叶繁茂，四季常绿，适宜用作矮篱材料，也可配作林下灌木带，或者用作花境材料。节间短，叶型小，枝条韧，耐修剪，易蟠扎，是一种优良的盆景桩材。

## 清香木　学名：*Pistacia weinmannifolia J.Poisson ex Franch.*

- 别名：清香树、细叶楷木、香叶子
- 科属：漆树科、黄连木属
- 形态特征：灌木或小乔木，株高可达8m。树干粗壮直立，树皮灰色；有分枝，小枝被灰黄色柔毛。羽状复叶互生；叶质如皮革，叶形为长圆形，叶面上有灰色微柔毛，并能释放一定的香气。雌雄异株；花序腋生，与叶同出；花小，紫红色，无梗。球形核果小，成熟时为红色。花期为3～4月，果熟期在秋季。
- 产地与分布：产于云南、西藏、四川、贵州、广西。
- 生态习性：阳性，但亦稍耐阴，喜温暖，成年植株能耐-10℃低温，但幼苗的抗寒力不强。要求深厚、不易积水的土壤。
- 繁殖方式：播种繁殖、扦插繁殖。
- 用途：清香木枝叶青翠，适合庭植美化、绿篱种植或盆栽。全株具浓烈胡椒香味，有净化空气、驱赶蚊蝇作用。

## 南酸枣　学名：*Choerospondias axillaris*（Roxb.）Burtt et Hill.

- 别名：五眼果
- 科属：漆树科、南酸枣属
- 形态特征：落叶乔木，高10～20m。树皮片状剥落，小枝暗紫褐色，具皮孔。奇数羽状复叶，互生；小叶7～13片，叶轴无毛，叶柄基部略膨大；小叶先端长渐尖，基部宽楔形或近圆形，多少偏斜，全缘或幼株叶边缘具粗锯齿。花单性或杂性异株。核果成熟时黄色，果顶周围有5个小黑点，对应着果核顶端的5个萌发孔。花期4～5月，果期10月。
- 产地与分布：分布于浙江、江西、湖南、湖北、广东、广西、云南、贵州、福建、西藏等省区。中南半岛、印度、日本也有。
- 生态习性：性喜阳光，喜温暖、湿润气候，不耐寒。适生于深厚、肥沃、排水良好的酸性或中性土壤，不耐涝，不耐盐碱。对二氧化硫、氯气抗性强。
- 繁殖方式：通常播种繁殖。
- 用途：生长迅速，冠大荫浓，是良好的庭荫树与行道树，也较适于工厂、矿区绿化。果可食，可入药。

## 大叶冬青　学名：*Ilex latifolia* Thunb.

- **别名**：宽叶冬青、苦丁茶
- **科属**：冬青科、冬青属
- **形态特征**：常绿大乔木。全株无毛。树皮灰黑色，小枝黄褐色，具纵棱及槽，叶痕明显。单叶，互生；叶片厚革质，长圆形或卵状长圆形，先端钝或短渐尖，基部圆形或阔楔形，边缘具疏锯齿，中脉在叶面凹陷，在背面隆起，侧脉在叶面明显，背面不明显。雌雄异花，花淡黄绿色，4基数。果球形，成熟时红色。花期4～5月，果期6～11月。

- **产地与分布**：分布于长江流域各省及福建、广东、广西。日本也有分布。
- **生态习性**：喜光，亦耐阴。喜暖湿气候，耐寒性不强。喜深厚、肥沃土壤，不耐积水。病虫害少。
- **繁殖方式**：播种或扦插繁殖。
- **用途**：大叶冬青树姿雄伟，冠大荫浓，叶片亮绿，花黄果红，挂果期长，具有很高的观赏价值。在园林中，既可在向阳处作庭荫树配植，也可以在背阴处作背景树栽培。木材可作细工原料，树皮可提栲胶，嫩叶可制苦丁茶，叶、果俱有药用价值。

## 龟甲冬青　学名：*Ilex crenata* cv. Convexa

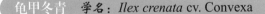

- **别名**：豆瓣冬青、龟背冬青
- **科属**：冬青科、冬青属
- **形态特征**：常绿小灌木。多分枝，小枝有灰色细毛。叶小而密，叶面凸起，厚革质，椭圆形至长倒卵形。花白色。果球形，黑色。
- **产地与分布**：产于华南、华东、华北部分地区。
- **生态习性**：喜光，稍耐阴，喜温暖、湿润气候，较耐寒。喜湿润、肥沃的微酸性黄土，中性土壤亦能正常生长。
- **繁殖方式**：扦插繁殖为主。
- **用途**：龟甲冬青四季常绿，叶厚，革质，有光泽，有较好的观赏价值。园林多成片栽植作为地被树，也常用于基础种植。可植于花坛、树坛及园路交叉口，也可作盆栽。

**构骨**　　**学名**：*Ilex cornuta* Lindl. et Paxt.

- **别名**：构骨、猫儿刺、老虎刺、八角刺、鸟不宿
- **科属**：冬青科、冬青属
- **形态特征**：树皮灰白色，幼枝具纵脊及沟。叶片厚革质，四角状长圆形或卵形，先端具3枚尖硬刺齿，中央刺齿常反曲，叶面深绿色。花序簇生，花淡黄色。果球形，成熟时鲜红色。花期4～5月，果期10～12月。
- **常见变种**：

    无刺构骨（*I. cornuta* var. *fortunei* S.Y.Hu）：全缘，叶尖为骤尖。
- **产地与分布**：产于长江流域及其以南地区。
- **生态习性**：喜光，也能耐阴；喜温暖、湿润气候，稍耐寒。喜疏松、肥沃、排水良好的酸性土壤，不耐盐碱。
- **繁殖方式**：播种、扦插繁殖。
- **用途**：构骨枝叶稠密，叶形奇特，深绿光亮，入秋红果累累，经冬不凋，是良好的观叶、观果树种。宜作基础种植及岩石园材料，也可孤植于花坛中心，对植于前庭、路口，或丛植于草坪边缘；同时又是很好的绿篱（兼有果篱、刺篱的效果）及盆栽材料。

**扶芳藤**　　**学名**：*Euonymus fortunei*（Turcz.）Hand.-Mazz.

- **别名**：爬地卫矛
- **科属**：卫矛科、卫矛属
- **形态特征**：常绿攀援灌木。茎具吸附根。小枝绿色，微具棱。叶片对生，椭圆形，薄革质，边缘有钝齿。聚伞花序；花小，白绿色。蒴果粉红色，果皮光滑，近球状，开裂时翻出红色假种皮。花期5～6月，果期10～11月。
- **产地与分布**：分布于我国中南部地区。日本、朝鲜半岛也有。
- **生态习性**：喜阳光，亦耐阴。喜暖湿气候，不甚耐寒。抗干旱，耐水湿，耐瘠薄，对土壤酸碱性适应较广。
- **繁殖方式**：扦插繁殖为主。
- **用途**：扶芳藤生长旺盛，终年常绿，是庭院中常见地面覆盖植物，适宜点缀在墙角、山石等。可对植株加以整形，使之成悬崖式盆景，置于书桌、几架上，给居室增加绿意。

## 冬青卫矛　学名：*Euonymus japonicus* L.

- **别名**：大叶黄杨、正木
- **科属**：卫矛科、卫矛属
- **形态特征**：灌木或小乔木。小枝四棱形，光滑、无毛。叶革质或薄革质，卵形；叶面光亮，仅叶面中脉基部及叶柄被微细毛，其余均无毛。
- **常见的品种**：

　　（1）金边大叶黄杨（*E. japonicus* cv. Aureomarginatus）：叶缘黄色。

　　（2）银边大叶黄杨（*E. japonicus* cv. Albomarginatus）：叶缘白色。

　　（3）金心大叶黄杨（*E. japonicus* cv.Aureovariegatus）：叶面近中脉部分黄色。

- **产地与分布**：原产于日本。我国南北各地均有栽培。
- **生态习性**：喜光，稍耐阴，有一定耐寒力。对土壤要求不严，在微酸、微碱土壤中均能生长，在肥沃和排水良好的土壤中生长迅速。

金边大叶黄杨

- **繁殖方式**：可采用扦插、嫁接、压条繁殖，以扦插繁殖为主。
- **用途**：优良的园林绿化树种，可栽植绿篱及背景种植材料，也可单株栽植在花境内，将它们整成低矮的巨大球体。

## 白杜　学名：*Euonymus maackii* Rupr.

- **别名**：丝棉木、明开夜合、华北卫矛
- **科属**：卫矛科、卫矛属
- **形态特征**：落叶乔木。小枝细长，绿色，无毛，微四棱。叶片缘具细锐锯齿。二歧聚伞花序，花4数，淡白绿色或黄绿色。蒴果成熟后粉红色。种皮棕黄色，假种皮橙红色。花期5～6月，果期8～10月。
- **产地与分布**：产地北起东北，南至长江流域，遍及我国。
- **生态习性**：白杜为温带树种，喜光，稍耐阴，耐寒，耐旱，也耐水湿，有较强的适应能力。对土壤要求不严，最适宜栽植在深厚、疏松、肥沃、湿润而排水良好的土壤中。
- **繁殖方式**：可用播种、分株及硬枝扦插繁殖。
- **用途**：白杜枝叶秀丽，蒴果粉红色，假种皮橙红色，且挂果期较长，具有良好的观赏价值。在园林中可作景观树配植于林缘路旁、水滨亭侧，也可用于厂区绿化。

## 鸡爪槭　学名：*Acer palmatum* Thunb.

- **别名**：鸡爪枫、槭树
- **科属**：槭树科、槭树属
- **形态特征**：落叶小乔木。树冠伞形。树皮平滑，深灰色。叶掌状，常7深裂，密生尖锯齿。花紫色，杂性，雄花与两性花同株，伞房花序。幼果紫红色，熟后褐黄色，两翅成钝角。花果期5~9月。
- **常见的变种与品种**：

（1）小鸡爪槭（*A. palmatum* var. *thunbergii* Pax）：直径4~6cm，常7深裂，翅果及小坚果均较小，约为鸡爪槭的1/2。

（2）红枫（*A. palmatum* cv. Atropurpureum）：又名紫红鸡爪槭。叶掌状深裂达基部，新叶鲜红色。

红枫

鸡爪槭

小鸡爪槭

小鸡爪槭

（3）羽毛枫（*A. palmatum* cv. Dissectum）：又名细叶鸡爪槭。叶掌状深裂达基部，兀自狭长且有羽状细裂，树冠开展而枝略下垂。

（4）红羽毛枫（*A. palmatum* cv. Dissectum Ornatum）：叶形、树姿类似羽毛枫，但叶色常年呈古铜红色。

（5）赤枫：新叶稍呈黄色，落叶后枝条逐渐转为红色。

红羽毛枫

红枫

- **产地与分布**：分布于长江流域及山东、河南等省。日本、朝鲜亦有栽培。
- **生态习性**：喜疏阴的环境，惧暴晒。喜暖湿气候，抗寒性强。较耐旱，不耐水涝。适宜于湿润和富含腐殖质的微酸性至中性土壤。
- **繁殖方式**：一般原种用播种法繁殖，而园艺变种常用嫁接法繁殖。
- **用途**：鸡爪槭叶形美观，入秋后转为鲜红色，色艳如花，灿烂如霞，为优良的观叶树种，可作行道和观赏树栽植。植于山麓、池畔，以显其潇洒、婆娑的绰约风姿；配以山石、则具古雅之趣；以盆栽用于室内美化，也极为雅致。

赤枫

**毛脉槭** 学名: *Acer pubinerve* Rehd.

- **科属**: 槭树科、槭树属
- **形态特征**: 落叶乔木。树皮深灰色,平滑。枝圆柱形,无毛,皮孔稀少。叶纸质,外貌近于圆形,裂片卵形、长圆卵形。花期4月下旬,果期10月。
- **产地与分布**: 产于江西、浙江、福建、安徽等省。
- **生态习性**: 生于海拔500~1 200m的疏林中。对环境要求不严,适应能力强。
- **繁殖方式**: 播种、嫁接繁殖。
- **用途**: 树冠开展,树体高大,可作行道树、庭院树种,也可列植为行道树。

**橄榄槭** 学名: *Acer olivaceum* Fang et P. L. Chiu

- **科属**: 槭树科、槭树属
- **形态特征**: 落叶乔木,高5~10m。树皮粗糙,紫绿色或浅褐色。小枝近于圆柱形,紫色或紫绿色。叶近于革质或厚纸质,基部近于心脏形或近于截形,叶片的宽度大于长度。花序短圆锥状或圆锥伞房状,淡紫绿色。翅果嫩时淡紫色,成熟后淡黄色;小坚果近于球形,直径约5mm,脉纹显著。花期4月下旬,果期9月。
- **产地与分布**: 分布于浙江、安徽南部和江西东部。
- **生态习性**: 稍喜光,但也耐一定的阴。较耐寒,喜温暖、湿润气候。较耐旱,也耐一定的水湿。适生于偏酸或中性土壤,在微碱性土中也可生长。
- **繁殖方式**: 常用播种繁殖。
- **用途**: 橄榄槭树干婆娑,枝叶浓密,入秋叶猩红色,颇为美丽,为优良秋色叶树种之一。宜在公园、庭院、别墅、道路两旁,或在湖畔、溪边、谷地或草坪上种植,或点缀于亭廊、山石间。

## 三角槭　　学名：*Acer buergerianum* Miq.

- 别名：三角枫
- 科属：槭树科、槭树属
- 形态特征：落叶乔木，高达15m。树皮片状脱落；当年生枝具明显皮孔。单叶，对生；叶片纸质，卵状椭圆形至倒卵形，先端尖至短渐尖，基部楔形至近圆形，常3浅裂，上部边缘具锯齿或全缘。伞房花序顶生，有短柔毛。翅果无毛，两翅张开成锐角或平行。花期4月中旬，果期10月下旬。

- 产地与分布：分布于我国东部、中部与南部地区。日本也有栽培。
- 生态习性：弱阳性树种，喜光，稍耐阴。喜温暖、湿润气候，亦较耐寒。适生于中性至酸性土壤，较耐水湿。
- 繁殖方式：播种繁殖为主。
- 用途：三角槭树冠高大，主干挺直，枝叶繁茂，适宜作庭荫树、行道树。根系发达，抗风力强，适宜作护岸树。入秋叶色转为红色或黄色，可作秋色叶树种。萌芽力强，耐修剪，适宜作盆景桩材及绿篱栽培。

## 七叶树　　学名：*Aesculus chinensis* Bunge

- 别名：天师栗
- 科属：七叶树科、七叶树属
- 形态特征：落叶乔木。树皮深褐色或灰褐色。小枝圆柱形，无毛或嫩时有微柔毛，有皮孔；冬芽具4棱。掌状复叶，小叶5～7枚，先端短渐尖，边缘有钝尖的细锯齿。花序圆筒形，有微柔毛；花杂性，雄花与两性花同株。果实球形或倒卵形，具很密的斑点。花期5月，果期9～10月。

- 产地与分布：秦岭地区有野生。黄河流域及东部各省有栽培。
- 生态习性：喜光，但忌烈日，稍耐阴。喜温暖气候，也能耐寒。喜深厚、肥沃、湿润而排水良好之土壤。
- 繁殖方式：常用播种繁殖，也可用扦插、高压繁殖。
- 用途：七叶树树姿挺秀，冠大荫浓，盛花时节，满树白花，蔚为壮观，是优良的园林景观树种，可作人行步道、公园、广场绿化树种。七叶树也是佛教用树之一，多见于佛寺绿化。

## 无患子　学名：*Sapindus mukorossi* Gaertn.

- 别名：黄金树、木患子、肥皂树
- 科属：无患子科、无患子属
- 形态特征：落叶乔木。小枝圆柱形，无毛。一回羽状复叶，小叶5～8对。圆锥花序顶生，花小。果近球形，橙黄色。花期5～6月，果期9～10月。
- 产地与分布：原产于我国长江流域以南地区。中南半岛、印度、日本与朝鲜均有栽培。
- 生态习性：喜光，稍耐阴。喜温暖、湿润气候，较耐干旱，不耐水湿。对土壤要求不严，喜质地疏松的沙质壤土。深根性，抗风力强。对二氧化硫抗性较强。
- 繁殖方式：常用播种繁殖。
- 用途：无患子树体高大，枝叶稠密，冠大荫浓，入秋则叶色金黄，绚丽夺目，果实成串，缀生枝头，观叶、赏果效果俱佳。园林中可用作行道树、庭荫树，也可配植于草坪一角、建筑一侧，或大片林植，以赏秋色。无患子对二氧化硫抗性较强，适于厂矿区绿化。

## 栾树　学名：*Koelreuteria paniculata* Laxm.

- 科属：无患子科、栾树属
- 形态特征：落叶乔木。树冠近球形。小枝无顶芽，具柔毛，皮孔明显。一回至二回羽状复叶，小叶对生于叶轴上，长圆形或卵形，边缘有不规则粗锯齿，近基部常3深裂。大型圆锥花序顶生，花小，色黄。蒴果三角状卵形，棕红色。花期8～9月，果期10～11月。
- 产地与分布：产于我国东北、华东、西南各省，陕西、甘肃南部亦有分布。
- 生态习性：喜光，耐半阴。喜温暖，耐寒。喜湿润，耐干旱，能耐短期水涝。土壤适应性强，耐瘠薄，耐盐渍。对粉尘、二氧化硫和臭氧均有较强的抗性。
- 繁殖方式：常用播种繁殖。
- 用途：栾树树冠高大，春季嫩叶紫红，夏季黄花满树，入秋叶黄果红，季相特征明显，宜做庭荫树、行道树及园景树。

## 全缘叶栾树　　学名：*Koelreuteria bipinnata* var. *integrifoliola*（Merr.）T.Chen

- **别名**：黄山栾树
- **科属**：无患子科、栾树属
- **形态特征**：落叶乔木。小枝红棕色，密生锈色皮孔。二回羽状复叶，互生；小叶7～11枚，互生，小叶片纸质或坚纸质，长椭圆形或卵状长椭圆形，先端渐尖至长渐尖，基部宽楔形至近圆形，略偏斜，通常全缘，偶有稀疏锯齿。大型圆锥花序顶生，花小，色黄。蒴果三角状卵形，棕红色。花期8～9月，果期10～11月。
- **产地与分布**：产于浙江及皖南。
- **生态习性**：喜温暖、湿润气候，耐寒性较弱。土壤要求不严。病虫害少，对大气污染抗性强。
- **繁殖方式**：常用播种繁殖。
- **用途**：全缘叶栾树树姿端庄，枝叶繁茂，夏季黄花满树，深秋小灯笼似的红果与金黄色的秋叶相得益彰，绚丽多姿，作庭荫树、行道树及园景树均很适宜。黄山栾根系发达，可用作防护林、水土保持及荒山绿化树种。

## 凤仙花　　学名：*Impatiens balsamina* L.

- **别名**：指甲花、小桃红、透骨草
- **科属**：凤仙花科、凤仙花属
- **形态特征**：一年生草本，高30～80cm。茎肉质，少分枝，节部膨大，有时红褐色。单叶互生，叶片宽披针形，叶柄有腺体。花单生或数朵簇生叶腋，侧向开放；花萼3，绿色，下方1枚较大呈囊状并后伸成距；花瓣5，呈白、粉红、玫红、红、紫、紫红等色。蒴果纺锤形，熟后果皮瓣裂向上翻卷，种子弹落。花期6～8月，果期7～9月。

- **产地与分布**：原产于我国南部、印度、马来西亚，现广泛栽培。
- **生态习性**：阳性，喜光，耐热，不耐寒。适生于疏松、肥沃、微酸形土壤，亦耐瘠薄。
- **繁殖方式**：播种繁殖。
- **用途**：凤仙花是美丽的花坛植物，也可以盆栽。

**雀梅藤　　学名**：*Sageretia thea*（Osbeck）Jhonst.

- **别名**：对节刺、雀梅
- **科属**：鼠李科、雀梅藤属
- **形态特征**：藤状或直立灌木。小枝具刺，互生或近对生，褐色。叶纸质，近对生或互生，通常椭圆形，矩圆形或卵状椭圆形。花无梗，黄色，有芳香；花瓣匙形，顶端2浅裂，常内卷。核果近圆球形，成熟时黑色或紫黑色。花期7～11月，果期翌年3～5月。
- **产地与分布**：原产于长江流域及东南沿海。日本和印度也有分布。
- **生态习性**：喜光，也较耐阴。喜温暖、湿润气候，不甚耐寒。耐旱，耐水湿，耐瘠薄。对土壤要求不严。
- **繁殖方式**：播种、扦插繁殖为主。
- **用途**：雀梅藤根干自然奇特，树姿苍劲古雅，自古以来就是制作盆景的重要材料，素有盆景"七贤"之一的美称。雀梅藤在园林中可用作绿篱、垂直绿化材料，也适合配植于山石中。

**枣　　学名**：*Ziziphus jujuba* Mill.

- **科属**：鼠李科、枣属
- **形态特征**：落叶乔木。枝条有长枝、短枝和脱落性小枝之分，长枝常具托叶刺；果树生产上，把枝条分为枣头一次枝、永久性二次枝、脱落性二次枝（枣吊）与枣股四类。叶片基部偏斜，边缘具圆锯齿，3出脉。花两性，2～4朵簇生叶腋，或组成短聚伞花序。核果熟时红色，中果皮肉质，果核坚硬。花期5～6月，果期9～10月。
- **产地与分布**：原产于黄河中下游一带，国内分布极广，除西藏与东北高寒地带外，其他地区均有栽培。欧洲东南部、蒙古、日本也有栽培。
- **生态习性**：喜光，对光照不足较敏感。喜夏季空气干燥、冬季冷凉的气候，但耐热性与耐寒性均较强。对水分条件的适应能力较强，耐旱又耐涝。对土壤的适应性强，耐瘠薄，耐盐碱，在pH5.5～6的酸性土或pH7.8～8.2的碱性土均可正常生长。
- **繁殖方式**：果树生产上常用嫁接繁殖，也可采用根蘖分株或根插法。
- **用途**：枣是我国栽培历史悠久的果树，是著名的"铁杆庄稼"。枣果可鲜食，可干制，可糖制。果实营养丰富，还含有黄酮类等药物成分，具有较高的医疗保健功能。
  枣树季相变化鲜明，是生产与观赏功能俱佳的树种，可作庭荫树、行道树栽培。

## 枳椇　学名：*Hovenia acerba* Lindl.

- 别名：拐枣、鸡爪梨
- 科属：鼠李科、枳椇属
- 形态特征：落叶乔木，高可达25m。小枝褐色或黑紫色，无毛。叶互生，纸质，阔卵形或椭圆状卵形，先端渐尖，基部心形或近圆形，边缘具钝锯齿，基部3出脉。聚伞圆锥花序，顶生和腋生；花两性，黄绿色。核果近球形，无毛，成熟时黄褐色或棕褐色；花序轴肉质膨大；种子暗褐色或黑紫色。花期5～7月，果期9～10月。
- 产地与分布：我国华北南部至长江流域及其以南地区普遍分布，印度、尼泊尔、不丹和缅甸北部也有分布。
- 生态习性：喜光，有一定的耐寒能力。对土壤要求不严，喜土层深厚、湿润而排水良好的环境。
- 繁殖方式：主要用播种繁殖，也可用扦插、分株。
- 用途：枳椇树干通直，冠大荫浓，生长迅速，适于作庭荫树、行道树。肉质肥大的花序轴经霜味甜，可鲜食、酿酒、制糖。

## 三叶崖爬藤　学名：*Tetrastigma hemsleyanum* Diels et Gilg

- 别名：三叶青、金线吊葫芦
- 科属：葡萄科、崖爬藤属
- 形态特征：多年生草质藤本。小枝纤细，有纵棱纹，卷须不分叉，相隔2节间断与叶对生。掌状复叶；小叶3枚，纸质，狭卵形或披针形，先端渐尖，有小尖头，上面绿色，下面浅绿色，两面均无毛。花序腋生，长1～5cm，花瓣4，黄绿色。花期4～6月，果期8～11月。
- 产地与分布：产于湖南、浙江及以南各省；西藏也有分布。
- 生态习性：阴性，耐寒，不耐热。适生于疏松、肥沃、微酸性土壤。
- 繁殖方式：扦插繁殖。
- 用途：三叶崖爬藤适宜作为疏林处的垂直绿化，也可以盆栽。

## 葡萄　学名：*Vitis vinifera* L.

- **别名**：欧洲种葡萄
- **科属**：葡萄科、葡萄属
- **形态特征**：木质藤本。树皮成长片状剥落。小枝圆柱形，有纵棱纹，无毛或被稀疏柔毛。叶卵圆形，3～5裂，边缘有粗齿，基部心形，两侧常靠拢或相互重叠。圆锥花序；花小，黄绿色；花萼盘形，开花时花冠帽状脱落。浆果球形或椭圆形。花期4～5月，果期8～10月。
- **常见杂交种**：

　　**欧美杂交种葡萄**：叶片茸毛较多，果皮易剥，汁液较多。
- **产地与分布**：原产于亚洲西部，世界各地均有栽培。
- **生态习性**：喜光，光照不足时，易感病，产量低，品质差。温度与水分是影响葡萄生产的重要因素。生长季，高温多雨容易引起植株徒长，并诱发严重病害。对土壤的适应性强，最适宜在疏松、肥沃的壤土或沙壤土上栽培。
- **繁殖方式**：扦插、压条、嫁接繁殖。
- **用途**：葡萄栽培历史悠久，营养价值高，鲜食品质好，又适合加工果酒、果干，是受人青睐而具有重要经济意义的水果。除了作果树栽培外，葡萄可以用于庭院棚架栽培，也可以盆栽观赏。

## 秃瓣杜英　学名：*Elaeocarpus glabripetalus* Merr.

- **科属**：杜英科、杜英属
- **形态特征**：常绿乔木。树皮灰褐色，嫩枝无毛，有棱。单叶，互生，叶片倒披针形，先端渐尖，基部变窄而下延，侧脉7～8对，边缘有锯齿。总状花序纤细，花序轴有微毛；花瓣5片，白色，先端较宽，撕裂为14～18条，基部窄，外面无毛。核果椭圆形，内果皮薄骨质，表面有浅沟纹。花期7月，果期10～11月。

- **产地与分布**：产于我国东南沿海各省（市、区）。东南亚一带也有分布。
- **生态习性**：中等喜光，较耐阴。喜温暖、湿润，适生于土层深厚、排水良好、呈酸性至近中性的红黄壤地区。根系发达，抗风力较强。

- **繁殖方式**：常用播种繁殖。
- **用途**：秃瓣杜英树姿直立，冠形端正，四季常青，但常年可见零星红叶点缀于茂密的绿叶丛中，鲜艳悦目。园林上，可作行道树列植于园路两侧，可密植成绿墙遮挡视线，也可丛植于草坪一隅或作花木的背景树。

## 玫瑰茄　学名：*Hibiscus sabdariffa* L.

- **别名**：洛神花、牙买加酸模
- **科属**：锦葵科、木槿属
- **形态特征**：一年生草本，高1～2m。茎直立，粗壮，淡紫色，无毛。叶异形，下部叶卵形，不分裂；上部叶矩圆形，3裂，边缘有锯齿，先端渐尖或钝，基部圆至宽楔形。花单生于叶腋；花萼肉质，杯形，紫红色；花冠大，深黄色。蒴果卵球形。10月开花，秋末冬初结果。
- **产地与分布**：原产于东半球热带地区，现全世界热带地区均有栽培。
- **生态习性**：阳性，喜光，耐热，不耐寒。对土壤要求不十分严格。
- **繁殖方式**：播种繁殖。
- **用途**：玫瑰茄花冠与花萼美丽别致，是美化效果很好的观赏植物。

## 木槿　学名：*Hibiscus syriacus* L.

- **别名**：槿漆
- **科属**：锦葵科、木槿属
- **形态特征**：落叶灌木。小枝密被黄色星状绒毛。叶菱形至三角状卵形，具深浅不同的3裂或不裂。木槿花单生于枝端叶腋间，花萼钟形，裂片5，三角形；花朵色彩有纯白、淡粉红、淡紫、紫红等，花形呈钟状，有单瓣、复瓣、重瓣几种。蒴果卵圆形，密被黄色星状绒毛。种子肾形，背部被黄白色长柔毛。花期7～10月。
- **产地与分布**：原产于我国中部。除华北、西北、东北的部分省区外，国内均有分布。
- **生态习性**：喜光，稍耐阴。喜温暖、湿润气候，耐热又耐寒。对土壤要求不严格，较耐干燥和贫瘠，好水湿而又耐旱。
- **繁殖方式**：播种、压条、扦插、分株。
- **用途**：夏、秋季的重要观花灌木，也是一种在庭园很常见的灌木花种，在园林中可做花篱式绿篱，在路旁、草坪孤植和丛植均可。木槿对二氧化硫与氯化物等有害气体具有很强的抗性，同时还具有很强的滞尘功能，是有污染工厂的主要绿化树种。

## 木芙蓉　学名：*Hibiscus mutabilis* L.

- 别名：芙蓉花、拒霜花
- 科属：锦葵科、木槿属
- 形态特征：落叶灌木或小乔木。叶宽卵形至圆卵形或心形，常5～7裂，裂片三角形，先端渐尖，具钝圆锯齿，上面疏被星状细毛和点，下面密被星状细绒毛。花于枝端叶腋间单生，花初开时白色或淡红色，后变深红色。蒴果扁球形。
- 产地与分布：原产于我国西南部，华南至黄河流域以南广为栽培。
- 生态习性：喜光，稍耐阴。喜温暖、湿润，不耐寒。忌干旱，耐水湿。对土壤要求不高，瘠薄土地亦可生长。
- 繁殖方式：扦插、压条、分株繁殖。
- 用途：木芙蓉花大而色丽，多在庭园栽植。特别宜于配植水滨，开花时波光花影，相映益妍，分外妖娆。可孤植、丛植于庭院、坡地、路边、林缘及建筑前，或栽作花篱。

## 朱槿　学名：*Hibiscus rosa-sinensis* L.

- 别名：佛槿、扶桑、佛桑
- 科属：锦葵科、木槿属
- 形态特征：常绿大灌木或小乔木。茎直立而多分枝，高可达6m。叶互生，先端突尖或渐尖，叶缘有粗锯齿或缺刻，基部近全缘，叶似桑叶。腋生喇叭状花朵，有单瓣和重瓣，最大花径达25cm，单瓣者漏斗形，重瓣者非漏斗形，呈红、黄、粉、白等色。花期全年，夏秋最盛。
- 产地与分布：原产于我国南部。
- 生态习性：强阳性，不耐阴，宜在阳光充足、通风的场所生长。喜温暖、湿润气候，不耐寒霜，适于冬季温度不低于5℃的地区栽培。对土壤要求不严，但在肥沃、疏松的微酸性土壤中生长最好。
- 繁殖方式：扦插繁殖。
- 用途：朱槿花大色艳，花期特长，四季开花不绝，是著名的观赏花卉。在台州常盆栽欣赏。

## 蜀葵　*学名*：*Althaea rosea*（L.）Cavan.

- 别名：一丈红、熟季花、端午锦
- 科属：锦葵科、蜀葵属
- 形态特征：多年生宿根花卉。茎直立，少分枝，株高可达2.5～3m。单叶互生，叶片近圆形，叶基心脏形，叶缘有5～7裂，叶柄长。花腋生，单瓣种花瓣5枚，重瓣种除外轮花瓣为平瓣外，内部有很多皱瓣。花有红、白、紫红、粉红等色。花期6～8月。
- 产地与分布：原产于我国，现在世界各地均有栽培。
- 生态习性：中性，喜光，耐半阴，在疏阴环境下生长最强壮。耐寒，喜冷凉气候。宜肥沃、深厚的土壤，忌盐碱和水涝。
- 繁殖方式：多用播种繁殖，也可以扦插、分株繁殖。
- 用途：蜀葵是一种很好的园林背景材料，可作为花坛、花境的背景，也可以在墙下、篱边种植，或者作为庭院边缘的绿化材料。

## 马拉巴栗　*学名*：*Pachira macrocarpa* Walp.

- 别名：发财树
- 科属：木棉科、瓜栗属
- 形态特征：常绿小乔木。茎干肥大，树冠较松散，幼枝无毛。掌状复叶；小叶7～11枚，小叶片长圆至倒卵圆形，中脉正面平坦，背面强烈隆起，先端渐尖，基部楔形，全缘，具短柄或近无柄。花单生枝顶叶腋，花瓣淡黄绿色。花期在5～11月。
- 产地与分布：原产于中美墨西哥至哥斯达黎加。我国西双版纳有栽培。
- 生态习性：喜高温、高湿气候，耐寒力差。喜肥沃、疏松、透气、保水的沙壤土。较耐水湿，也稍耐旱。喜酸性土，忌碱性土或黏重土壤。
- 繁殖方式：播种、扦插繁殖。
- 用途：马拉巴栗形似伞状，树干苍劲古朴，茎基部膨大肥圆，其上车轮状的绿叶辐射平展，枝叶潇洒婆娑，极其自然美，观赏价值很高。在台州常盆栽用于家庭、商场、宾馆、办公室等室内绿化美化装饰，寓意"发财"给人以美好的祝愿。

## 梧桐　学名：*Firmiana platanifolia*（L. f.）Marsili

- **别名**：青桐、中国梧桐
- **科属**：梧桐科、梧桐属
- **形态特征**：落叶乔木，高达15m以上。树皮青绿，光滑。小枝粗壮，绿色，芽鳞被锈色柔毛。单叶，互生；叶片宽大，掌状3～5裂，基部心形，裂片宽三角形，全缘；叶柄与叶片近等长。圆锥花序顶生，被短绒毛；花单性，花萼裂片5，无花瓣。蓇葖果纸质，匙形，具明显网脉，在成熟前即开裂，呈小艇状，种子生在边缘。花期6月，果期10～11月。
- **产地与分布**：原产于我国和日本。我国华北至华南、西南广泛栽培。
- **生态习性**：阳性树种，喜光。喜温暖、湿润气候，耐寒性不强。耐旱力较强，不耐积水，宜土层深厚而排水良好之处栽培，不宜在低洼地种植。喜钙质土，在酸性、中性土上均能良好生长，但不适宜在盐碱地栽种。对多种有毒气体有较强抗性。树冠高，怕强风。
- **繁殖方式**：常用播种繁殖，也可扦插或分根繁殖。
- **用途**：梧桐树干通直，分枝点高，冠形圆整，枝青翠而光洁，叶宽大而清疏，果形奇特而种子可食，是我国栽培历史悠久而文化内涵丰富的著名庭园树种。常作为庭荫树种植于庭院、宅前，或作为行道树列植于园路街坊，或作为风景树配植于草坪、湖畔。梧桐对有毒气体抗性强，可作厂区绿化树种。

## 木荷　学名：*Schima superba* Gardn. et Champ.

- **别名**：回树、横柴
- **科属**：山茶科、木荷属
- **形态特征**：大乔木，高达20m。树皮纵裂，枝暗褐色，具皮孔，常无毛。叶革质或薄革质，卵状椭圆形或长椭圆形，先端急尖至渐尖，基部楔形或宽楔形，边缘有钝齿。花单生于叶腋，或数朵集生于枝顶，白色，具芳香。蒴果褐色，扁球形。花期6～7月，果期10～11月。
- **产地与分布**：分布于我国华东、中南诸省区。
- **繁殖方式**：常用播种繁殖。
- **用途**：木荷树干挺直，分枝点高，树冠荫质浓郁，花朵洁白而芳香，是优良的园林绿化树种。可配植于庭院、公园作庭荫树，也可配植于道路两侧作行道树。树体单宁物质含量高，耐火性好，可作防火树种。

**山茶**　*学名*：*Camellia japonica* L.

- *别名*：茶花、红山茶
- *科属*：山茶科、山茶属
- *形态特征*：常绿灌木或小乔木。叶厚革质。花瓣为碗形，分单瓣或重瓣，单瓣茶花多为原始花种，重瓣茶花的花瓣可多达60片。茶花有不同程度的红、紫、白、黄各色花种，甚至还有彩色斑纹茶花。花期较长，从10月～翌年5月都有开放，盛花期通常在1～3月。
- *产地与分布*：原产于我国、日本。我国秦岭、淮河以南为露地栽培区。
- *生态习性*：喜侧阴，夏天宜适当遮光。喜温暖、湿润气候，不耐热，不耐严寒。喜排水良好、疏松、肥沃的微酸性沙质壤土，pH5.5～6.5最佳。
- *繁殖方式*：有性繁殖和无性繁殖均可采用，无性繁殖包括扦插、靠接、芽接等，栽培品种宜无性繁殖。
- *用途*：山茶四季常绿，分布广泛，树姿优美，是中国南方重要的植物造景材料之一。可孤植、群植于城市绿地、公园和住宅小区，可人工整形或制作盆景，是庭园绿化和居室美化的良好材料。

**茶梅**　*学名*：*Camellia sasanqua* Thunb.

- *别名*：茶梅花
- *科属*：山茶科、山茶属
- *形态特征*：常绿灌木或小乔木。嫩枝有毛。叶革质，椭圆形，上面发亮，下面褐绿色，网脉不显著，边缘有细锯齿，叶柄稍被残毛。花大小不一，苞片及萼片被柔毛；花瓣阔倒卵形，雄蕊离生，子房被茸毛。蒴果球形，种子褐色，无毛。花期自11月～翌年3月。
- *产地与分布*：分布于我国长江流域以南地区。
- *生态习性*：喜光而稍耐阴，忌强光，属半阴性植物。喜温暖、湿润环境，不耐严寒。宜生长在排水良好、富含腐殖质、湿润的微酸性土壤。
- *繁殖方式*：可用扦插、嫁接繁殖。
- *用途*：茶梅树形优美、花叶茂盛，可散植于庭院和草坪中。较低矮的茶梅可与其他花灌木配置花坛、花境，或作配景材料，植于林缘、角落、墙基等处作点缀装饰；亦可作基础种植及常绿篱垣材料，开花时可为花篱，落花后又可为绿篱；还适宜盆栽，摆放于书房、会场、厅堂、门边、窗台等处。

## 单体红山茶　　学名：*Camellia uraku* Kitamura

- **别名**：美人茶
- **科属**：山茶科、山茶属
- **形态特征**：常绿灌木和小乔木，株高可达5m。叶光亮。花单瓣，粉红色，花期从12月～翌年3月。

- **产地与分布**：原产于日本。湖北、浙江等省有栽培。
- **生态习性**：喜半阴、忌烈日。喜温暖气候，较抗寒，能耐−10℃的低温，在淮河以南地区均能安全越冬。喜酸性土壤，但对偏碱性土壤的适应性较强。
- **繁殖方式**：主要用扦插和嫁接繁殖。
- **用途**：单体红山茶四季常绿，冬季开花，观赏性强。可与山茶、茶梅等搭配，辟为茶花专类园，也可应用于花坛、花境。可丛植于草坪、林缘、建筑旁侧，也可孤植或对植于园路入口，点缀于山石之间。

## 尖萼红山茶　　学名：*Camellia edithae* Hance

- **科属**：山茶科、山茶属
- **形态特征**：灌木或小乔木。叶革质，先端长尖或尖尾状。花红色，1～2朵生枝顶，无柄。种子半圆形，褐色。花期4～7月。
- **产地与分布**：产于广东东部及江西南部。
- **生态习性**：喜温暖、湿润，耐阴，忌强光。宜生长在排水良好、富含腐殖质、湿润的微酸性土壤。抗性较强，病虫害少。
- **繁殖方式**：扦插繁殖为主。
- **用途**：尖萼红山茶枝叶常绿，花色红艳，是美丽的常绿越冬观花植物，适于庭院、校园、公园种植。

**厚皮香** 学名：*Ternstroemia gymnanthera*（Wight et Arn.）Sprague

- **别名**：猪血柴、水红树
- **科属**：山茶科、厚皮香属
- **形态特征**：常绿灌木或小乔木。全株无毛。树皮灰褐色，平滑。嫩枝浅红褐色或灰褐色，小枝灰褐色。叶通常聚生于枝端；叶片椭圆形、椭圆状倒卵形至长圆状倒卵形，上面深绿色或绿色，下面浅绿色，中脉在上面稍凹下，下面隆起。花淡黄白色，浓香。果实圆球形，小苞片、萼片和花柱均宿存，成熟时肉质假种皮红色。花期5～7月，果期8～10月。
- **产地与分布**：广泛分布于我国南方地区。越南、柬埔寨、印度等国也有分布。
- **生态习性**：喜阴湿环境，较耐寒。适宜于微酸性土壤，也适应中性至微碱性土壤。抗风力强。
- **繁殖方式**：播种繁殖为主，也可扦插。
- **用途**：厚皮香枝叶茂密而层次分明，叶色浓绿而有光泽，入冬则叶色转红，花有芳香，是优良的园林树种。可片植于林缘、对植于门口、列植于园路两旁、丛植于草坪一角。对二氧化硫等有毒气体抗性强，可用于厂区绿化。

**金丝桃** 学名：*Hypericum monogynum* L.

- **别名**：金丝海棠、金丝莲、土连翘
- **科属**：藤黄科、金丝桃属
- **形态特征**：半常绿灌木。小枝纤细且多分枝。叶纸质，无柄，对生，长椭圆形。集合成聚伞花序着生在枝顶，花色金黄。花期6～7月。
- **产地与分布**：分布于河北、陕西、山东、江苏、安徽、江西、福建、台湾、河南、湖北、湖南、广东、广西、四川、贵州等地。日本也有引种。
- **生态习性**：温带树种，喜半阴、湿润之地，稍耐寒。喜排水良好、湿润、肥沃的沙质壤土，忌积水。
- **繁殖方式**：常用分株、扦插和播种法繁殖。
- **用途**：金丝桃花叶秀丽，是南方庭院的常用观赏花木。可群植于林荫树下、庭院角隅，点缀于假山石旁、草坪花坛；可作绿篱栽植，也可作地被应用。

## 柽柳　学名：*Tamarix chinensis* Lour.

● **别名**：西河柳、西湖柳、红柳

● **科属**：柽柳科、柽柳属

● **形态特征**：落叶小乔木或灌木。老枝暗褐红色，幼枝深绿色，小枝稠密细弱，常开展而下垂。叶互生，叶片钻形或卵状披针形，背面有龙骨状突起。总状花序集合成大型而松散的圆锥花序，常纤弱而下垂；花萼三角状卵形；花瓣5，粉红色。花期4～5月、8～9月各一次。

● **产地与分布**：野生于辽宁、河北、河南、山东、江苏（北部）、安徽（北部）等省，栽培于我国东部至西南部各省区。日本、美国也有栽培。

● **生态习性**：喜光树种，不耐阴，耐烈日暴晒。耐高温和严寒，耐干又耐水湿。抗风又耐碱土，能在含盐量1%的重盐碱地上生长。

● **繁殖方式**：主要有扦插、播种、压条和分株繁殖。

● **用途**：柽柳枝条细柔，姿态婆娑，适于水滨、池畔、桥头、河岸种植，也可应用于林缘、草地或建筑旁边。抗风、耐湿又耐盐碱，可用于滨海涂地绿化与改良。

## 三色堇　学名：*Viola tricolor* L.

● **别名**：蝴蝶花、猫脸花

● **科属**：堇菜科、堇菜属

● **形态特征**：二年生草本。多分枝，稍匍匐状生长。基生叶近心脏形，茎生叶较狭长，边缘浅波状，托叶大而宿存。花大，腋生，通常具紫、白、黄三色，栽培品种有各种纯色及杂色。蒴果椭圆形。花期11月～翌年6月。个别品种在阴凉条件下，可以全年开花。

三色堇

● **同属植物**：

　　角堇（*V. cornuta* L.），多年生草本，茎丛生。花堇色、白色等，花型较小，微有香气。原产西班牙。

角堇

● **产地与分布**：原产于北欧，现广泛栽培。

● **生态习性**：中性，耐半阴，耐寒，喜凉爽气候，畏烈日高温。喜疏松、肥沃、湿润而排水良好的沙质土壤。

● **繁殖方式**：播种繁殖。

● **用途**：三色堇多用于布置花坛，也可盆栽。

## 柞木　学名：*Xylosma japonica* A.Gray

- 别名：百鸟不立
- 科属：大风子科、柞木属
- 形态特征：常绿灌木或乔木，高2～16m。树皮棕灰色，幼时有枝状短刺或无刺，枝条近无毛或有疏短毛。单叶，互生；叶片薄革质，卵形、菱状椭圆形至卵状椭圆形，先端渐尖或微钝，基部楔形或圆形，边缘有锯齿，两面无毛或在近基部中脉有污毛。总状花序腋生；花小，单性，单被花。浆果黑色，球形，顶端有宿存花柱。花期9月，果期10～11月。
- 产地与分布：分布于陕西秦岭以南和长江以南各省区。朝鲜、日本也有分布。
- 生态习性：喜光，稍耐阴。喜温暖、湿润气候，有较强的耐寒性。土壤适应强，在酸性、中性至微碱性土壤中均能生长。
- 繁殖方式：常用播种繁殖。
- 用途：柞木四季常绿，枝叶茂密，耐修剪，有枝刺，适宜作刺篱栽培，也适于修剪成球形，配植于草坪、门前、花境等各类绿地，但在儿童游乐场所等处配植要慎重。

## 毛叶山桐子　学名：*Idesia polycarpa* var. *vestita* Diels

- 科属：大风子科、山桐子属
- 形态特征：落叶乔木。树皮平滑，小枝有明显的皮孔。叶片卵形或卵状心形，先端渐尖或锐尖，基部通常心形，边缘有锯齿，叶背密被短柔毛，掌状网脉5～7出；叶柄上有2～4个紫色、扁平腺体。花单性异株或杂性；花单被，有芳香，排列成顶生下垂的圆锥花序。浆果长圆形至圆球状，成熟期红色。花期4～5月，果熟期10～11月。
- 产地与分布：产于华中、华东、华南、西南各省（市、区）及陕西、甘肃、河南南部。
- 生态习性：适生于光照充足、土质疏松、排水良好的向阳环境。喜温暖气候，耐高温，有一定的抗寒力。耐旱，耐瘠，在弱酸性、中性和弱碱性沙质土壤里均能正常生长。
- 繁殖方式：播种繁殖。
- 用途：毛叶山桐子树形优美，树冠广展，挂果期可达数月；果熟时节，红果成串缀满枝头，艳丽夺目，极具观赏性。可作独赏树、行道树、庭荫树、风景林，宜在公园、庭园、小区、风景区等各类城乡绿地种植。毛叶山桐子生长迅速，适应性强，果实富含油脂，为山地营造速生混交林和经济林的优良树种。

### 四季海棠 学名：*Begonia cucullata* Willd.

- 别名：蚬肉秋海棠、瓜子洋海棠、四季秋海棠
- 科属：秋海棠科、秋海棠属
- 形态特征：多年生常绿草本，常作二年生栽培，株高20～40cm。茎直立，肉质、光滑，多分枝。单叶互生，叶片卵圆形，先端短尖，边缘有锯齿，基部偏斜，亮淡绿色；叶柄短；托叶大，膜质。聚伞花序腋生，花单性，雌雄同株。
- 同属植物：

    斑叶竹节秋海棠（*B. maculata* Reddi）：多年生草本。茎粗壮、光滑，节部膨大，形如细竹。叶片斜卵形，叶面散生少量银白色较大的斑点，叶背红色。花朵暗红色或白色。
- 产地与分布：原产于巴西，现我国各省都有引种。
- 生态习性：中性，喜光，稍耐阴，夏季需要遮阴处理。喜温暖，不耐寒。对土壤要求不高，但忌积水。
- 繁殖方式：播种、扦插、分株繁殖。
- 用途：四季秋海棠为小型盆栽花卉，其花、叶美丽娇嫩，适宜于家庭书桌、茶几、案头和商店橱窗等装饰。有些品种还可以配植花坛和花墙。

### 仙人掌 学名：*Opuntia dillenii*（Ker-Gawl.）Haw.

- 科属：仙人掌科、仙人掌属
- 形态特征：多肉植物，常丛生成大灌木。茎基部近木质，圆柱形，茎节扁平，倒卵形至椭圆形，幼时鲜绿色，老时灰绿色。齿座幼时被褐色或白色短绵毛，不久脱落。刺密集，黄色。叶钻状，早期脱落。花单生，鲜黄色。浆果肉质，倒卵形或梨形，无刺，红色或紫色。夏季开花。
- 产地与分布：原产于南北美洲热带、亚洲热带大陆及附近一些岛屿。
- 生态习性：阳性，喜光。喜温暖，不耐寒。适宜在中性、微碱性土壤生长。耐旱，忌涝湿。
- 繁殖方式：播种、扦插繁殖。
- 用途：仙人掌形态奇特，观赏性强，可用于庭院绿化或盆栽观赏。

**金边瑞香** *学名：Daphne odora* f. *marginata* Makino

- 科属：瑞香科、瑞香属
- 形态特征：常绿直立灌木。枝粗壮，通常二歧分枝，小枝近圆柱形，紫红色或紫褐色，无毛。叶互生，纸质，光滑而厚，叶缘金黄色，全缘；叶柄粗短。花外面淡紫红色，内面肉红色，无毛，数朵至12朵组成顶生头状花序，花色紫红鲜艳，香味浓郁。果实红色。花期2～3月，果期7～8月。

- 产地与分布：分布于长江流域及以南地区。
- 生态习性：喜半阴，不耐强光暴晒。喜温凉通风环境，不耐高温、高湿，耐寒性差。较喜肥，要求排水良好、富含腐殖质的土壤。
- 繁殖方式：扦插繁殖为主，也可压条、嫁接繁殖。
- 用途：金边瑞香四季常绿，绿叶金边，花香浓郁，是瑞香中的珍品。宜配植于建筑物、假山、林下及花境之中。花期正值新春佳节，常作盆栽美化居室，为新春增添祥瑞之兆。

**结香** *学名：Edgeworthia chrysantha* Lindl.

- 别名：打结花、打结树、黄瑞香
- 科属：瑞香科、结香属
- 形态特征：落叶灌木。小枝粗壮，褐色，常作三叉分枝，幼枝常被短柔毛，极柔软而坚韧，叶痕大。叶长圆形、披针形至倒披针形，先端短尖，基部楔形或渐狭。花黄色，有浓香。果卵形，状如蜂窝。花期12月～翌年3月，果期5～6月。

- 产地与分布：原产于我国，分布于陕西、河南及长江流域以南各省区。
- 生态习性：喜半阴，耐晒。喜温暖湿润气候和肥沃而排水良好土壤，耐寒性较强。根肉质，忌积水。
- 繁殖方式：分株、扦插、压条繁殖。
- 用途：结香树冠球形，枝条柔软，适于弯曲造型。可孤植、丛植、对植于庭院、路边、草坪等处，或点缀于山石之间，也可盆栽观赏。

    结香茎皮纤维发达，可做高级纸及人造棉原料。全株入药。

## 胡颓子　学名：*Elaeagnus pungens* Thunb.

- **别名**：蒲颓子、三月枣、羊奶子
- **科属**：胡颓子科、胡颓子属
- **形态特征**：常绿直立灌木。具枝刺，枝刺顶生或腋生；幼枝微扁棱形，密被锈色鳞片；老枝鳞片脱落，黑色，具光泽。叶革质，两端钝形或基部圆形，边缘微反卷或皱波状，上面幼时具银白色和少数褐色鳞片，成熟后脱落，具光泽，下面密被银白色和少数褐色鳞片。花白色，1～3朵腋生。果椭圆形，熟时棕红色。花期9～12月，果期翌年4～6月。

金边胡颓子

- **常见的品种与变种**：

    金边胡颓子（*E. pungens* var. *aurea*）：又名花叶胡颓子，叶缘金黄色。
- **产地与分布**：产于长江流域以南各地。
- **生态习性**：喜光，亦耐阴。喜温暖气候，抗寒力比较强。对土壤要求不严，从酸性至微碱性土壤均能适应。耐干旱、瘠薄，不耐水涝。
- **繁殖方式**：播种、扦插繁殖为主。
- **用途**：株形自然，枝叶茂密，红果下垂，观赏性好。适于草地丛植，也用于林缘、树群外围作自然式绿篱。金边胡颓子叶背银色，叶缘金黄，异常美丽，可作色块布置。胡颓子可盆栽点缀居室，也适宜制作盆景欣赏。

## 细叶萼距花　学名：*Cuphea hyssopifolia* H.B.K.

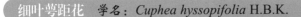

- **别名**：满天星、细叶雪茄花
- **科属**：千屈菜科、萼距花属
- **形态特征**：小灌木，高30～60cm。分枝多而铺散。叶多而密集，对生，线状披针形。花单生于叶腋，淡紫色；花萼基部一侧膨大成距状，花瓣6。蒴果长圆形，一侧开裂。花果期5～10月。
- **产地与分布**：原产于墨西哥与危地马拉，我国有引种栽培。
- **生态习性**：耐热，不耐寒。喜光，也耐半阴，在全日照、半日照条件下均能正常生长。喜排水良好的沙质土壤。
- **繁殖方式**：扦插繁殖为主，亦可播种繁殖。
- **用途**：细叶萼距花枝繁叶茂，叶色浓绿，四季常青，花形小巧而美丽，周年开花不断，有较强的观赏价值。株形精致，枝节短促，叶小而密，非常适于盆栽，可用于阳台绿化与室内绿化。宜于庭园石块旁作矮绿篱，也宜于花丛、花坛边缘种植。

## 紫薇　学名：*Lagerstroemia indica* L.

- **别名**：痒痒树、百日红、无皮树
- **科属**：千屈菜科、紫薇属
- **形态特征**：落叶小乔木。树皮平滑，灰色或灰褐色。枝干多扭曲，小枝纤细。叶互生或有时对生，纸质，椭圆形、阔矩圆形或倒卵形。圆锥花序顶生，花有红色、紫色和白色。花期6～9月，果期9～12月。
- **产地与分布**：原产于亚洲南部及澳洲北部，我国华东、华中、华南及西南均有分布。
- **生态习性**：喜光，略耐阴。喜暖湿气候，有一定的抗寒力。喜深厚、肥沃的沙质壤土，耐干旱，忌水涝。具有较强的抗污染能力，对二氧化硫、氟化氢及氯气的抗性较强。

- **繁殖方式**：常用播种和扦插繁殖。
- **用途**：紫薇花色鲜艳美丽，花期长，是夏秋重要的观花树种，广泛用于公园、庭院、道路、街区的绿化与美化，可栽植于建筑物前、院落内、池畔、河边、草坪等处。具有较强的抗污染能力，可用于厂矿绿化。

## 福建紫薇　学名：*Lagerstroemia limii* Merr.

- **别名**：浙江紫薇
- **科属**：千屈菜科、紫薇属
- **形态特征**：灌木或小乔木。小枝圆柱形，密被灰黄色柔毛，叶互生至近对生，革质至近革质，顶端短渐尖或急尖。花为顶生圆锥花序，花轴及花梗密被柔毛。蒴果卵形，顶端圆形，褐色，光亮，有浅槽纹。花期5～6月，果期7～8月。
- **产地与分布**：属我国特有植物，产于福建、浙江和湖北等省。
- **生态习性**：喜暖湿气候，喜光，略耐阴。喜肥，尤喜深厚、肥沃的沙质壤土，耐干旱，忌涝。具有较强的抗污染能力，对二氧化硫、氟化氢及氯气的抗性较强。
- **繁殖方式**：播种、扦插繁殖为主。
- **用途**：福建紫薇具有较高的观赏价值，宜丛植或群植于山坡、平地或风景区内，可配植于水滨、池畔、院落、路边。

### 石榴　　学名：*Punica granatum* L.

- **别名**：安石榴、若榴木
- **科属**：石榴科、石榴属
- **形态特征**：落叶小乔木或灌木。叶片常对生或簇生，无托叶。花顶生或近顶生，单生或几朵簇生或组成聚伞花序，近钟形，裂片5～9，花瓣5～9，多皱褶，覆瓦状排列。浆果近球形，顶端有宿存花萼裂片，果皮厚。种子多数。果熟期9～10月。
- **品种类型**：根据石榴的栽培用途，可以分为花石榴与果石榴两大类。

　　（1）花石榴：赏花兼观果的一类观赏性品种。常见的有玛瑙石榴、月季石榴、黄石榴等。

　　（2）果石榴：以食用为主，兼有观赏价值的一类品种。

玛瑙石榴

- **产地与分布**：原产于地中海地区。我国除严寒地带外均有栽培。
- **生态习性**：喜温暖向阳的环境，耐旱、耐寒，也耐瘠薄，但不耐水涝和荫蔽。对土壤要求不严，但喜肥沃湿润、排水良好的石灰质土壤。
- **繁殖方式**：扦插为主，也可压条、分株、嫁接繁殖。
- **用途**：石榴是一种重要的水果。树姿优美，枝叶秀丽，盛夏繁花似锦，秋季硕果累累。可孤植或丛植于庭院、草地，对植于门庭、出入口，也宜做成桩景观赏。

### 喜树　　学名：*Camptotheca acuminata* Decne.

- **别名**：旱莲木、旱莲子、千丈树
- **科属**：蓝果树科、喜树属
- **形态特征**：落叶乔木。小枝有稀疏皮孔，髓心片状分隔。叶片卵状椭圆形至卵状矩圆形，先端渐尖，基部近圆形或宽楔形，全缘，中脉在上面微下凹，在下面凸起，侧脉弧状平行。花单性同株，头状花序近球形。果长圆形，顶端具宿存的花盘，两侧具窄翅。花期7月，果期9～11月。
- **产地与分布**：产于长江流域及以南省（市、区）。
- **生态习性**：喜光，稍耐阴。喜温暖、湿润，不耐严寒和干旱。在酸性、中性、碱性土壤中均能生长，不耐瘠薄。对有毒气体与烟尘的抗性较弱。
- **繁殖方式**：常用播种繁殖。
- **用途**：树体高大，树干通直，生长迅速，是优良的行道树和庭荫树。

## 南美稔　学名：*Feijoa sellowiana* Berg.

- **别名**：菲吉果、菲油果、费约果、凤榴
- **科属**：桃金娘科、南美稔属
- **形态特征**：常绿灌木或小乔木。叶厚革质，椭圆形对生，深绿色，具油脂光泽，四季常绿，叶背面有银灰色细绒毛。枝叶修剪时散发出令人愉快的芳香，有益人体健康。花单生，花瓣倒卵形，紫红色，外被白色绒毛；花两性，雄蕊和花柱红色，顶端黄色，花色艳丽，且可食用。初花期为5～6月。
- **产地与分布**：原产于南美洲，在全球亚热带气候温暖地区广泛种植。
- **生态习性**：喜光，喜温暖气候，较耐寒。对土壤要求不严，耐旱，耐碱，但最适宜有机质丰富的酸性土壤。
- **繁殖方式**：扦插、播种繁殖。
- **用途**：南美稔富含维生素C、叶酸、植物纤维以及多种苷类和黄酮类物质，且具有排毒养颜、降血脂、抗癌等功效，被称为"水果中的中华鲟"。

　　南美稔株形圆整，花色艳丽，可作为花灌木配植于园林中。

## 香桃木　学名：*Myrtus communis* L.

- **科属**：桃金娘科、香桃木属
- **形态特征**：常绿灌木。枝四棱，幼嫩部分稍被腺毛。叶芳香，革质，叶片卵形至披针形，顶端渐尖，基部楔形。花芳香，中等大，被腺毛，花梗细长，花瓣5片，白色或淡红色，较大，倒卵形。浆果圆形或椭圆形，大如豌豆，蓝黑色或白色，顶部有宿萼。

- **产地与分布**：原产于地中海地区，分布于东南亚与我中国南部地区。
- **生态习性**：喜温暖、湿润气候，喜光，亦耐半阴。适应中性至偏碱性土壤。
- **繁殖方式**：播种、扦插繁殖。
- **用途**：香桃木盛花期繁花满树，清香宜人，适于园林观赏。可作为花境背景树，栽于林缘或向阳的围墙前，形成绿色屏障；也可用于居住小区或道路作树篱种植；还可以作地被使用用于各类绿地。

## 赤楠　学名：*Syzygium buxifolium* Hook. et Arn.

- 别名：鱼鳞木、赤兰
- 科属：桃金娘科、蒲桃属
- 形态特征：灌木或小乔木。嫩枝有棱。叶对生，叶片革质，阔椭圆形至椭圆形，有时阔倒卵形。聚伞花序顶生，有花数朵。果实球形。花期6~8月。
- 产地与分布：产于长江流域及以南各省山区。越南、也有分布。
- 生态习性：对光照的适应性较强，较耐阴。喜温暖、湿润气候，耐寒力较差。适生于腐殖质丰富、疏松肥沃而排水良好的酸性沙质土壤。
- 繁殖方式：播种、扦插繁殖。
- 用途：赤楠可配植于庭园、假山、草坪林缘观赏，亦可修剪造型为球形灌木，或作色叶绿篱片植。叶小节密，形肖黄杨，也常作盆景树种。

## 山桃草　学名：*Gaura lindheimeri* Engelm.et A.Gray

- 别名：千鸟花、白桃花、白蝶花
- 科属：柳叶菜科、山桃草属
- 形态特征：多年生粗壮草本，株高100~150cm。茎直立，多分枝，全株具短毛。叶互生，无柄；叶片披针形或匙形，先端渐尖或钝尖，叶缘具波状齿，外卷。穗状花序或圆锥花序顶生；萼片线状披针形，淡粉红色；花瓣白色或粉红色。蒴果坚果状，狭纺锤形。花期5~9月，果期8~9月。
- 产地与分布：原产于美国。北京、山东、南京、浙江、江西、香港等有引种。
- 生态习性：中性，耐半阴。耐寒，喜凉爽及半湿润气候。要求肥沃、疏松及排水良好的沙质土壤。
- 繁殖方式：播种繁殖。
- 用途：山桃草花形小巧而美观，植株较为高大，具有较高的观赏性，常用于花坛、花境、地被、草坪中点缀装饰，也可配植于池畔、水边、建筑角隅。

## 八角金盘  学名：*Fatsia japonica*（Thunb.）Decne. et Planch.

- 别名：手树、金刚纂
- 科属：五加科、八角金盘属
- 形态特征：常绿灌木。茎光滑无刺。叶片大，革质，近圆形，掌状7～9深裂。圆锥花序顶生；伞形花序黄白色，无毛。果实近球形，直径5mm，熟时黑色。花期10～11月，果熟期翌年4月。
- 产地与分布：原产于日本南部。我国华北、华东及云南等地均有分布。
- 生态习性：喜温暖、湿润气候，耐阴，不耐干旱，有一定耐寒力，宜排水良好而湿润的沙质壤土。
- 繁殖方式：用扦插、播种和分株繁殖。
- 用途：八角金盘耐阴性好，适于林缘、墙隅、建筑背阴处等光照较弱的环境配植，也可用于盆栽，室内观叶。对二氧化硫抗性较强，可用于工厂矿区绿化。

## 常春藤  学名：*Hedera helix* L.

- 别名：长春藤、洋常春藤
- 科属：五加科、常春藤属
- 形态特征：多年生常绿攀援灌木，具气生根。单叶互生；叶二型，花枝上的叶卵形至菱形，营养枝上的叶三角状卵形，常3～5裂。伞形花序球状，通常再组成总状花序；花淡黄白色。果实圆球形，熟时黑色。花期9～10月，果期翌年4～5月。

- 产地与分布：原产于欧洲，现我国江南地区广泛栽培。
- 生态习性：阴性藤本植物，耐阴性强。在温暖、湿润的气候条件下生长良好，不耐寒。对土壤要求不严，喜湿润、疏松、肥沃的土壤，在酸性至中性土壤上生长良好，不耐盐碱。
- 繁殖方式：通常采用扦插繁殖。
- 用途：常春藤枝叶稠密，气生根发达，耐阴性好，适于背阴处种植，在庭院中可用以攀援假山、岩石，或在建筑阴面作垂直绿化材料；也可以用于林下、立交桥下等荫蔽环境绿化；还可以盆栽，是室内垂吊栽培、组合栽培、绿雕栽培的重要素材。

## 鹅掌柴　学名：*Schefflera octophylla*（Lour.）Harms

- 别名：鸭脚木
- 科属：五加科、鹅掌柴属
- 形态特征：常绿灌木或小乔木。分枝多，枝条紧密。掌状复叶，小叶5～8枚，长卵圆形，革质，深绿色，有光泽。圆锥状花序，小花淡红色。浆果深红色。

花叶鹅掌柴

- 常见品种：

　　花叶鹅掌柴（*S. octophylla* cv. Variegata）：叶面具不规则乳黄斑、白斑。
- 产地与分布：分布于西藏（察隅）、云南、广西、广东、浙江、福建和台湾。
- 生态习性：喜半阴，忌阳光直射。喜温暖、湿润气候。稍耐瘠薄，喜湿，怕干，宜深厚、肥沃、排水良好的酸性沙质壤土。
- 繁殖方式：播种繁殖和扦插繁殖。
- 用途：鹅掌柴耐阴，可作盆栽植物应用于室内绿化，也可孤植或丛植于半阴的庭院角隅、林缘、屋角。

## 吕宋鹅掌柴　学名：*Schefflera microphylla* Merr.

- 别名：昆士兰伞木、澳洲鸭脚木、伞树、大叶伞
- 科属：五加科、鹅掌柴属
- 形态特征：常绿乔木，高可达30～40m。茎干直立，干光滑，少分枝，初生嫩枝绿色，后呈褐色，平滑，逐渐木质化。掌状复叶；小叶片革质，长椭圆形，先端钝，叶面浓绿色，有光泽，叶背淡绿色；叶柄红褐色，长5～10cm。圆锥状花序，花小型。浆果，圆球形，熟时紫红色。
- 产地与分布：原产于澳大利亚及太平洋中的一些岛屿。
- 生态习性：喜光，喜温暖、湿润、通风良好的环境，生长适温20℃～30℃。适于排水良好、富含有机质的沙土。
- 繁殖方式：播种繁殖、扦插繁殖。
- 用途：吕宋鹅掌柴叶片阔大，柔软下垂，形似伞状，株形优雅轻盈，常盆栽，适于客厅的墙隅与沙发旁边置放。

## 天胡荽　学名：*Hydrocotyle sibthorpioides* Lam.

- 别名：破铜钱、落地梅花、遍地金
- 科属：伞形科、天胡荽属
- 形态特征：多年生草本，有气味。茎细长而匍匐，节上生根，平铺于地面。叶片圆形或肾圆形，常5裂，每裂片再2～3浅裂；具叶柄；托叶略呈半圆形。伞形花序单生于节上或双生于枝顶；总花梗纤细；伞形花序有花5～18，花无柄或有极短柄，花瓣卵形，绿白色。果实略呈心形，两侧压扁，中棱在果熟时极为隆起。花期4～5月，果期9～10月。
- 产地与分布：产于陕西、江苏、安徽、浙江、江西、福建、湖南、湖北、广东、广西、台湾、四川、贵州、云南等省区。朝鲜、日本、东南亚至印度也有分布。
- 繁殖方式：人工栽培常用播种或扦插法繁殖。
- 用途：①全草入药，具清热解毒、化痰止咳等功效。②可用作地被植物。
- 危害：常侵入草坪，也可见于果园、菜地，影响栽培植物生长，破坏草坪景观。

## 红瑞木　学名：*Cornus alba* L.

- 别名：凉子木、红瑞山茱萸
- 科属：山茱萸科、梾木属
- 形态特征：落叶灌木。老干暗红色，枝桠血红色。叶对生，椭圆形。聚伞花序顶生，花乳白色。花期5～6月；果实乳白或蓝白色，成熟期8月～10月。
- 产地与分布：分布于我国北方地区。俄罗斯、朝鲜也有。
- 生态习性：喜光照充足、潮湿、温暖的生长环境，适宜的生长温度是22℃～30℃。喜肥，在排水通畅、养分充足的环境生长速度非常快。
- 繁殖方式：可用播种、扦插和压条法繁殖。
- 用途：红瑞木秋叶鲜红，小果洁白，落叶后枝干红艳如珊瑚，是少有的观茎植物，可丛植草坪上或与常绿乔木相间种植，得红绿相映之效果。冬季枝条色泽红艳，又耐修剪，是良好的切枝材料。

　　红瑞木根系发达，又耐潮湿，植于河边、湖畔，具有护岸固土的作用。

## 花叶青木　*学名*：*Aucuba japonica* cv. Variegata

- **别名**：洒金珊瑚、洒金东瀛珊瑚
- **科属**：山茱萸科、桃叶珊瑚属
- **形态特征**：常绿灌木。丛生，树冠球形。树皮初时绿色，平滑，后转为灰绿色。叶对生，肉革质，矩圆形，缘疏生粗齿牙，两面油绿而富光泽，叶面黄斑累累，酷似洒金。花单性，雌雄异株，为顶生圆锥花序，花紫褐色。核果长圆形，红色。

- **产地与分布**：原产于我国、日本。我国长江中下游地区广泛栽培，华北地区多为盆栽。
- **生态习性**：阴性树种，性喜温暖、阴湿环境，不甚耐寒。在林下疏松肥沃的微酸性土或中性壤土生长繁茂。对烟害的抗性很强。
- **繁殖方式**：扦插繁殖为主。
- **用途**：花叶青木枝叶繁茂，四季常绿，是耐阴性强的常色叶树种。宜配植于有适当遮阴的院落、墙隅、林缘、亭旁，也可以盆栽，用于室内绿化。

## 锦绣杜鹃　*学名*：*Rhododendron pulchrum* Sweet

- **别名**：毛鹃、春鹃
- **科属**：杜鹃花科、杜鹃花属
- **形态特征**：半常绿灌木。枝开展，淡灰褐色，被淡棕色糙伏毛。叶薄革质，椭圆状长圆形至椭圆状披针形或长圆状倒披针形，先端钝尖，基部楔形，全缘，被毛。伞形花序顶生，有花1～5朵；花梗密被淡黄褐色长柔毛；花萼绿色，裂片披针形；花冠玫瑰紫色，阔漏斗形，

裂片5；雄蕊10。蒴果长圆状卵球形，花萼宿存。花期4～5月，果期9～10月。
- **产地与分布**：产于江苏、浙江、江西、福建、湖北、湖南、广东和广西等省区。
- **生态习性**：喜凉爽、湿润、阳光充足的环境，耐寒，怕热，耐半阴，不耐长时间强光曝晒。以肥沃、疏松、排水良好的酸性沙质壤土为宜。
- **繁殖方式**：扦插、压条、播种繁殖。
- **用途**：锦绣杜鹃是园林中应用最多的杜鹃花之一。常作地被成片栽植于草坪、林缘或道路绿化带中，也可丛植于假山石旁、建筑四周，可以与其他杜鹃花搭配，建成杜鹃专类园，也可作为盆栽装饰场景。

**夏鹃** *学名：Rhododendron* spp.

- 夏鹃泛指江南5～6月开花的品种，其主要亲本是皋月杜鹃（*Rhododendron indicum*（L.）Sweet）。

- 别名：紫鹃

- 科属：杜鹃花科、杜鹃花属

- 形态特征：常绿或半常绿灌木。分枝多。叶集生枝端，近于革质，有棕红色毛。花生于枝顶，花冠阔漏斗形，色彩多样。蒴果长圆状卵球形。花期5～6月。

- 产地与分布：原产于日本。现我国广为栽培。

- 生态习性：喜半阴环境，忌烈日。喜温暖、湿润气候。要求疏松、肥沃、偏酸性土壤。

- 繁殖方式：扦插繁殖为主。

- 用途：夏鹃花期较晚，是初夏优秀的观花植物。植株矮小，枝叶密集，适于群植疏林之下、花坛之中，也可修剪成球形、伞形，布置于阳台、庭院，还适宜盆栽或制作成盆景。

**东鹃** *学名：Rhododendron* spp.

- 东鹃也称东洋鹃，包括石岩杜鹃（*Rhododendron obtusum*（Lindl.）Planch.）及其杂交后代在内的系列品种。

- 科属：杜鹃花科、杜鹃花属。

- 形态特征：树冠矮小，株形紧凑。枝条细软，分枝繁多，常呈假轮生状。叶膜质，常簇生枝端。3月～4月开花。

- 产地与分布：原产于日本。我国东部、东南部地区园林常见栽培。

- 生态习性：耐寒性强，也适应湿热环境。抗旱性好，较耐瘠薄，土壤适应性广。

- 繁殖方式：扦插繁殖为主。

- 用途：东鹃株形低矮，枝密叶茂。在园林中，常作为地被使用，也是花境、花篱的良好材料，也可以盆栽观赏或制作成盆景。

## 蓝莓　学名：*Vaccinium* spp.

- 别名：笃斯、越橘
- 科属：杜鹃花科、越橘属
- 形态特征：多年生灌木，常绿或落叶。根呈纤维状，常具内生菌根。叶互生，全缘或有锯齿。总状花序，花冠坛状、钟状或筒状。果实呈蓝色，外被一层白色果粉，种子极小。
- 产地与分布：世界各地均有，主要分布在气候温凉、阳光充足地区。生产上常见的优良品种多来自美国。
- 生态习性：蓝莓不同品种间对环境的要求相差较大。其中，矮丛蓝莓抗旱、抗寒性均很强，需冷量大，适于东北高寒地区栽培；南高丛蓝莓喜温暖、湿润的气候，需冷量低，抗寒力较弱，适于长江流域及西南等地发展；兔眼蓝莓对土壤要求不严，需冷量低，抗旱力强、耐湿热，也适于南方地区栽培；北高丛蓝莓、半高丛蓝莓喜冷凉气候，抗寒力较强，适于北方地区栽培。
- 繁殖方式：组织培养是大规模育苗的主要方式，常规育苗以绿枝扦插为主。
- 用途：蓝莓是第三代水果的佼佼者，果实富含多种维生素、微量元素等在内的营养物质和抗氧化物质，具有较高的保健功能与药用价值。果肉细嫩，风味可口，还可加工果汁、果酒等。

蓝莓株形矮小，花形独特，果实诱人，可在门前屋后、阳台、屋顶栽种，也可盆栽或制作盆景，食用与观赏兼顾。

## 老鸦柿　学名：*Diospyros rhombifolia* Hemsl.

- 别名：山柿子、野山柿、野柿子、丁香柿
- 科属：柿科、柿属
- 形态特征：落叶灌木。树皮灰色，平滑。多枝，分枝低，有枝刺；枝深褐色或黑褐色，无毛，散生椭圆形的纵裂小皮孔。果单生，球形，嫩时黄绿色，有柔毛，后变橙黄色，熟时橘红色，有蜡样光泽，无毛。花期4～5月，果期9～10月。
- 产地与分布：产于我国华东各省。园艺品种多来自日本。
- 生态习性：喜光，较耐阴，喜温暖、湿润的气候条件。适于疏松肥沃、排水良好的微酸性土壤。
- 繁殖方式：可用播种或分株繁殖，但栽培品种常用嫁接或扦插繁殖。
- 用途：老鸦柿果形小巧，果色多样而艳丽，挂果期长而无鸟害，是理想的观果树种。可用于庭院、小区绿化，也可制作盆景造型，美化家居。

## 乌柿　学名：*Diospyros cathayensis* Steward

- 科属：柿科、柿属。
- 形态特征：常绿或半常绿小乔木。树冠开展。枝圆筒形，深褐色至黑褐色；小枝纤细，褐色至带黑色。叶薄革质，长圆状披针形；叶柄短，有微柔毛。雄花聚伞花序，极少单生，雌花单生。果球形。种子褐色，长椭圆形。花期4～5月，果期8～10月。
- 产地与分布：原产于我国长江流域。
- 生态习性：喜光，喜温暖、湿润气候，耐寒性不强。对土壤适应性较强，沿河两岸冲积土、平原水稻土，低山丘陵黏质红壤、山地红黄壤都能生长。以深厚、湿润、肥沃的冲积土生长最好。能耐短期积水，亦耐旱。
- 繁殖方式：可采用嫁接、扦插、分株、种子繁殖。
- 用途：乌柿在园林中可作绿篱或基础栽植，也可对植于门厅两侧、丛植于屋角墙隅。乌柿花果俱美，树形紧凑，也是一种很好的盆景植物。

## 柿树　学名：*Diospyros kaki* Thunb.

- 科属：柿科、柿属
- 形态特征：落叶乔木。小枝初被毛，后脱落无毛。叶片椭圆形、宽椭圆形、卵状椭圆形或倒卵形，全缘。雌雄异株或杂性同株；雄花3朵集成聚伞花序，花冠黄白色；雌花单生于叶腋，花萼4裂，花冠白色，坛状。花期5～6月，果期9～10月。
- 产地与分布：原产于我国长江流域，栽培分布极广。涩柿生产以陕西、山西、河北、内蒙古、甘肃等北方省区为主，甜柿则在浙江、湖北等南方省区发展较多。
- 生态习性：柿是喜光树种，光照不足对柿果品质影响很大。柿栽培分布广，不同品种对温度要求不一，在年均温9℃～23℃地区均有栽培。喜湿润气候，但抗旱力较强。土壤适应性强，最适于土层深厚、疏松而保水性好的壤土或黏壤土，以中性土壤生长结果为佳，微酸性和微碱性土壤也能正常生长。
- 繁殖方式：果树生产上常用嫁接繁殖。
- 用途：柿栽培历史悠久，其果具有良好的鲜食品质与加工性能，药用价值也较高，是具有重要经济栽培意义的落叶果树。

　　柿树树冠开张，叶片有光泽，秋季落叶前会转红色，成熟果实可长期挂于树上，是观叶观果性状俱佳的树种。

对节白蜡　*学名*：*Fraxinus hupehensis* Chu, Shang et Su.

● *别名*：湖北白蜡，湖北梣

● *科属*：木犀科、梣属

● *形态特征*：落叶大乔木。树皮深灰色，老时纵裂。营养枝常呈棘刺状。奇数羽状复叶，叶轴具狭翅，小叶着生处有关节，小叶7～9（～11）枚。花杂性。翅果匙形。花期2～3月，果期9月。

● *产地与分布*：产于湖北，是我国特有种，有"活化石"之称。

● *生态习性*：喜光，稍耐阴。喜温暖、湿润，稍耐寒。耐干旱、瘠薄，适应性强。

● *繁殖方式*：以播种和扦插繁殖方式为主，嫁接、分株、压条等方式也可以。

● *用途*：对节白蜡树干挺直，冠形优美，叶色苍翠，可作行道树、庭荫树、独赏树，是庭园、公园、住宅区、风景区等优良的绿化树种。枝节密集，小叶精致，耐修剪造型，是制作树木盆景的优良材料。

丁香　*学名*：*Syringa oblata* Lindl.

● *别名*：紫丁香、百结、华北紫丁香

● *科属*：木犀科、丁香属

● *形态特征*：落叶灌木或小乔木。树皮灰褐色，小枝黄褐色，初被短柔毛，后渐脱落。叶片卵形、倒卵形或披针形。圆锥花序，花淡紫色、紫红色或蓝色。花期5～6月。

● *常见变种*：

　　白丁香（*S. oblata* var. *alba* Rehd.）：与紫丁香主要区别是叶较小，叶面有疏生绒毛，花为白色。

● *产地与分布*：以秦岭为中心，东北、华北、西南地区以及陕西、甘肃、山东诸省均有。广泛栽培于世界各温带地区。

● *生态习性*：喜光，稍耐阴，喜温暖、湿润，较耐旱，不耐积水。对土壤要求不严，喜肥沃，耐瘠薄。

● *繁殖方式*：播种、扦插、嫁接、分株、压条繁殖。

● *用途*：属我国特有的名贵花木，植株丰满秀丽，具独特的观赏价值。常丛植于建筑前，散植于园路两旁、草坪之中，或与其他种类丁香配植成专类园。

## 木犀（桂花）　　学名：*Osmanthus fragrans*（Thunb.）Lour.

- **别名**：八月桂
- **科属**：木犀科、木犀属
- **形态特征**：常绿乔木，高10～15m。树皮灰褐色，不裂，上有显著皮孔。小枝无毛，芽叠生。叶片革质，椭圆形、长椭圆形或椭圆状披针形，先端急尖或渐尖，基部楔形或宽楔形，全缘或上半部具锯齿，两面无毛。花小，黄色、白色或橙色，香气浓，簇生或呈聚伞状生于叶腋。核果椭圆形，紫黑色。花期9～10月。
- **常见的品种与变种**：
    （1）丹桂（*O. fragrans* var. *aurantiacus*）：花橙黄色或橙红色，香味浓。
    （2）金桂（*O. fragrans* var. *thunbergii*）：花金黄色，香味浓或极浓。
    （3）银桂（*O. fragrans* var. *latifolius*）：花黄白色或淡黄色，香味浓或极浓。
    （4）四季桂（*O. fragrans* var. *semperflorens*）：花淡黄色或白色，香味淡。
    （5）珍珠彩桂（*Osmanthus fragrans* cv.Zhenzhu Caigui）：幼嫩芽、叶为紫红色，后转为桃红，再转金黄色至白色，而后再由中央主叶脉开始向两边渐变绿色。
- **产地与分布**：原产于我国西南部，现广泛栽培于长江流域各省区，华北多盆栽。
- **生态习性**：喜光，稍耐阴。喜温暖、湿润气候，耐寒性较弱。喜质地疏松、排水良好的沙壤土，忌积水洼地和黏重土壤。对二氧化硫、氯气有一定的抗性。
- **繁殖方式**：常用嫁接繁殖，压条、扦插也可。
- **用途**：桂花是我国十大名花之一，用途广泛，文化内涵丰富。旧时人家，喜欢庭园中对植桂花，称"两桂当庭"或"双桂留芳"；也有以桂花与玉兰、牡丹、海棠配植，寓意"玉堂富贵"。在园林中，桂花常种植于亭台楼阁附近，或配植于假山、点石一旁，或群植成林，或孤植成景。桂花对有害气体二氧化硫、氟化氢有一定的抗性，也是适于工矿区绿化的观赏树木。珍珠彩桂叶色多变，是良好的观叶树种。

| 丹桂 | 金桂 | 银桂 | 四季桂 |

### 女贞　学名：*Ligustrum lucidum* Ait.

- 别名：大叶女贞、冬青、蜡树
- 科属：木犀科、女贞属
- 形态特征：常绿乔木，高达10m以上。树皮灰色，光滑。小枝无毛，具皮孔。单叶，对生；叶片卵形、长卵形至卵状披针形，先端锐尖至渐尖，基部圆形、近圆形或宽楔形，全缘，两面无毛；叶柄上面具沟，无毛。圆锥花序顶生，花序轴及分枝轴无毛；花小，白色，近无梗。核果长圆状或近肾形，成熟时呈红黑色。花期6～7月，果期10月～翌年3月。
- 产地与分布：产于我国长江流域以南至华南、西南各省区，华北南部、陕甘南部也有栽培。
- 生态习性：喜光，稍耐阴。喜温暖、湿润气候，适应性强。适于沙质壤土至黏质壤土栽培，不耐瘠薄。对二氧化硫、氯气、氟化氢等有毒气体有较强抗性，也能忍受较高的粉尘、烟尘污染。
- 繁殖方式：常用播种繁殖，也可扦插。
- 用途：女贞树形圆整，枝叶茂密，四季常绿，可作庭荫树或园景树配植于庭院、公园，亦可作为行道树列植于园路两旁。女贞生长快而耐修剪，可用作绿篱。对大气污染抗性较强，可用于工厂矿区绿化。可作为砧木，嫁接繁殖桂花、丁香等园林树木。

### 金叶女贞　学名：*Ligustrum ovalifolium* cv. Vicaryi

- 别名：黄叶女贞
- 科属：木犀科、女贞属
- 形态特征：落叶灌木。嫩枝带有短毛。叶革薄质，单叶对生，椭圆形或卵状椭圆形，先端尖，基部楔形，全缘；新叶金黄色，老叶黄绿色至绿色。总状花序，花白色。核果紫黑色，椭圆形。花期5～6月，果期10月。
- 产地与分布：原产于美国加州。我国于20世纪80年代引种栽培，分布于华北南部、华东、华南等地区。
- 生态习性：喜光，稍耐阴，耐寒能力较强，不耐高温、高湿。对土壤要求不严格，以疏松、肥沃、通透性良好的沙壤土地块栽培为佳。
- 繁殖方式：采用扦插或嫁接繁殖。
- 用途：金叶女贞在生长季节叶色呈鲜丽的金黄色，可与红叶的紫叶小檗、红花檵木、绿叶的龙柏、黄杨等组成灌木状色块，形成强烈的色彩对比，具极佳的观赏效果；也可修剪成球形。

## 日本女贞　学名：*Ligustrum japonicum* Thunb.

- 科属：木犀科，女贞属
- 形态特征：常绿灌木。小枝灰褐色或淡灰色，疏生圆形或长圆形皮孔。叶片厚革质，椭圆形或宽卵状椭圆形，稀卵形，先端锐尖或渐尖，基部楔形、宽楔形至圆形，叶缘平或微反卷，上面深绿色，光亮，下面黄绿色，具不明显腺点，两面无毛。圆锥花序塔形，花序轴和分枝轴具棱；花梗极短。果长圆形或椭圆形。花果期6～11月。
- 常见品种：

　　金森女贞（*L. japonicum* cv. Howardii）：春季新叶鲜黄色，冬季转成金黄色，部分新叶沿中脉两侧或一侧局部有翳状浅绿色斑块，色彩悦目。

金森女贞

- 产地与分布：原产于日本关东及我国台湾地区。
- 生态习性：喜光，稍耐阴，生于低海拔的林中或灌丛中。
- 繁殖方式：扦插、播种繁殖。
- 用途：日本女贞枝叶繁茂，宜作绿篱使用，以界定空间、遮挡视线，也可植于墙边、林缘等半阴处，遮挡建筑基础，丰富林缘景观的层次。金森女贞是优良的色叶地被树种，广泛用于城市园林中。

## 小蜡　学名：*Ligustrum sinense* Lour.

- 别名：黄心柳、水黄杨、千张树
- 科属：木犀科、女贞属
- 形态特征：半常绿灌木或小乔木。小枝圆柱形，幼时被淡黄色短柔毛或柔毛，老时近无毛。叶片纸质或薄革质，先端锐尖、短渐尖至渐尖。圆锥花序，小花白色，花梗明显。核果近球形。花期3～6月，果期9～12月。
- 产地与分布：产于华东、华中、华南与西南各省。越南等国也有分布。
- 生态习性：喜光，稍耐阴，较耐寒。对土壤湿度较敏感，干旱瘠薄处生长不良。
- 繁殖方式：常用播种、扦插繁殖。
- 用途：适宜丛植、片植于空旷地块、水边或建筑旁，也可应用于林缘或列植于路两旁，或应用于庭院绿化。

> **金钟花** 学名：*Forsythia viridissima* Lindl.

- **别名**：土连翘
- **科属**：木犀科、连翘属
- **形态特征**：落叶灌木。枝棕褐色或红棕色，直立，小枝绿色或黄绿色，呈四棱形。叶片长椭圆形至披针形，通常上半部具不规则锐锯齿或粗锯齿，稀近全缘，两面无毛。花1～3朵着生于叶腋，先于叶开放，花冠深黄色。果卵形或宽卵形。花期3～4月，果期8～11月。
- **产地与分布**：产于江苏、安徽、浙江、江西、福建、湖北、湖南及云南。
- **生态习性**：喜光，耐半阴。喜温暖、湿润，较耐寒。耐瘠薄，耐干旱，忌湿涝。对土壤要求不严。
- **繁殖方式**：播种或扦插繁殖为主。
- **用途**：金钟花枝条拱形展开，早春先花后叶，满枝金黄，艳丽可爱，宜植于草坪、角隅、岩石假山下，或在路边、阶前作基础栽培；可孤植、丛植，也可与多种花卉及灌木搭配栽植。

> **云南黄馨** 学名：*Jasminum mesnyi* Hance

- **别名**：野迎春、南迎春
- **科属**：木犀科、素馨属
- **形态特征**：常绿蔓性灌木。枝绿色，四棱形，具沟，光滑无毛，拱形下垂。3出复叶对生，顶生小叶较侧生小叶大。花黄色，常重瓣，单生于枝条下部叶腋。花期3～4月。
- **同属常见种**：
- **迎春花**（ *J. nudiflorum* Lindl. ）：落叶灌木，花先叶开放。
- **产地与分布**：原产于云南等省，现南方各地广为栽培。
- **生态习性**：喜光，稍耐阴。喜温暖、湿润气候，不耐寒。
- **繁殖方式**：扦插法繁殖为主，亦可分株、压条繁殖。

迎春花

云南黄馨

- **用途**：云南黄馨小枝细长而拱形下垂，在坡面、台地、堤岸、假山中上部作悬垂栽培，具有很好的美化效果。可以与乔木类配合，列植于园路两侧，也可以应用于花境等处。

**浓香茉莉** 学名：*Jasminum odoratissimum* L.

- 科属：木犀科、素馨属
- 形态特征：常绿灌木。枝条细长小枝有棱角，有时有毛，略呈藤本状。奇数羽状复叶，互生，小叶5～7枚。聚伞花序顶生，花浓香，鲜黄色。花期5～6月，果期10～11月。
- 产地与分布：原产于大西洋玛德拉群岛。我国华东一带有栽培。
- 生态习性：喜光，耐半阴，喜温暖、湿润气候。耐旱，要求肥沃、湿润而排水良好的土壤。
- 繁殖方式：以绿枝扦插为主。
- 用途：浓香茉莉四季常绿，初夏时节花香四溢，黄花绿叶相得益彰，具有很高的观赏价值。既适宜于庭院栽培，也适于公园、道路绿化。可作绿篱栽培，也可片植于林缘、草地。

**非洲茉莉** 学名：*Fagraea ceilanica* Thunb.

- 别名：灰莉、鲤鱼胆
- 科属：马钱科、灰莉属
- 形态特征：常绿灌木或小乔木。树皮灰色。小枝稍肉质，圆柱形；老枝上有突起的叶痕与托叶痕。单叶对生，长15cm，广卵形或长椭圆形，先端突尖，厚革质，全缘，表面暗绿色。伞房状聚伞花序腋生；花冠高脚碟状，先端5裂，白色。花期4～8月。
- 产地与分布：原产于我国南部及东南亚等国。
- 生态习性：喜光，但要求避开夏日强烈的阳光直射；喜温暖，不耐寒。喜空气湿度高、通风良好的环境。在疏松、肥沃，排水良好的壤土上生长最佳。
- 繁殖方式：扦插、分株繁殖。
- 用途：非洲茉莉株型丰满圆润，枝叶青翠有亮泽，是常见的室内观叶植物。花形大，具芳香，花期在夏季，也有良好的赏花价值。

　　非洲茉莉不耐严寒，在台州露地栽培容易受冻。

## 夹竹桃　学名：*Nerium indicum* Mill.

- 别名：柳叶桃、洋桃梅
- 科属：夹竹桃科、夹竹桃属
- 形态特征：常绿直立大灌木。枝条灰绿色，嫩枝条具棱。叶3～4枚轮生，叶面深绿，叶背浅绿色，中脉在叶面陷入。聚伞花序顶生，花冠漏斗状，深红色或粉红色。花期几乎全年，夏秋为最盛。
- 产地与分布：原产于印度、伊朗和尼泊尔。我国南方各省区广泛栽培。
- 生态习性：喜光，能适应荫蔽的环境。喜温暖、湿润，不耐严寒。对土壤适应性强，耐干旱瘠薄。
- 繁殖方式：压条、水插、扦插繁殖均可。
- 用途：夹竹桃的叶片如柳似竹，花色胜桃，花期绵长，夏秋花开不绝，且有特殊香气，是著名的绿化树种。公园、风景区及街头绿地常见栽培。全株有毒，不适宜儿童乐园、幼儿园、小学等处种植。

## 黄金锦络石　学名：*Trachelospermum asiaticum* cv. Ougonnishiki

- 别名：黄金络石、金叶络石
- 科属：夹竹桃科、络石属
- 形态特征：小枝、叶下面和嫩叶柄被短柔毛。叶革质，第一轮新叶橙红色，或叶边缘暗色斑块，每枝多数为一对，少数2～3对橙红色叶；新叶下有数对叶为黄色或叶边缘有大小不一的绿色斑块，且绿斑有逐渐扩大的趋势，呈不规则状；多数叶脉呈绿色或淡绿色，从新叶到老叶叶脉绿色也逐渐加深。
- 产地与分布：由日本育成。现浙江、上海、江苏等地均有栽培。
- 生态习性：喜光、强耐阴植物。喜欢空气温差较大的环境。喜排水良好的酸性至中性土壤，具有较强的耐干旱、抗短期洪涝与抗寒能力。
- 繁殖方式：扦插繁殖为主。
- 用途：黄金络石有较强的吸附攀缘能力，叶色美丽，既可作地被植物材料，用于色块拼植，又可作为垂直绿化植物，覆盖墙面、山石，还是优良的盆栽植物材料，用于家庭垂挂观赏。

## 络石　学名：*Trachelospermum jasminoides*（Lindl.）Lem.

五彩络石

络石

花叶络石

- 别名：万字花、万字茉莉
- 科属：夹竹桃科、络石属
- 形态特征：常绿木质藤本，常攀援在树木、岩石墙垣上生长。茎赤褐色，幼枝被黄色柔毛，有气生根。叶革质或近革质，椭圆形至卵状椭圆形或宽倒卵形，顶端锐尖至渐尖或钝，有时微凹或有小凸尖，基部渐狭至钝，叶面无毛，叶背被疏短柔毛，老渐无毛。二歧聚伞花序腋生或顶生，花白色，芳香，花冠呈高脚碟状风旋形。花期4～5月。
- 常见变种与品种：

（1）花叶络石（*T. jasminoides* cv. Variegatum）：老叶近绿色或淡绿色，第一轮新叶粉红色，少数有2～3对粉红叶，第二至第三对为纯白色叶，在纯白叶与老绿叶间有数对斑状花叶。

（2）五彩络石（*T. jasminoides* var. *variegate*）：在全光照情况下，从早春发芽开始，有咖啡色、粉红、全白、绿白相间等色彩，冬季以褐红色为主。在半阴条件下生长也很好，但叶色以绿白相间为主。

- 产地与分布：络石产于我国东南部及日本、朝鲜和越南等地区，现黄河以南地区均有栽培。
- 生态习性：喜弱光，亦耐烈日。耐寒冷，亦耐暑热，但忌严寒。喜湿润的环境。对土壤要求不严，抗污染。
- 繁殖方式：扦插繁殖为主。
- 用途：络石匍地性强，在园林中多作地被使用，可用于林下、建筑物周边或乱石堆等处，也可种植于假山、石壁、墙垣、坡面，形成绿色覆盖。花叶络石、五彩络石等是色叶藤本的新秀，用途价值更高。

## 长春花　学名：*Catharanthus roseus*（L.）G. Don

- 别名：四时春、日日新
- 科属：夹竹桃科、长春花属
- 形态特征：亚灌木，略有分枝，高达60cm。茎近方形，有条纹。叶片膜质，倒卵状长圆形，先端浑圆，有短尖头，基部渐狭而成叶柄。聚伞花序腋生或顶生，花冠红色，高脚碟状，花冠筒圆筒状，长约2.6cm，花冠裂片宽倒卵形。蓇葖果双生，种子黑色，长圆状圆筒形。花果期几乎全年。
- 产地与分布：原产于亚洲南部、非洲东部。我国长江以南地区均有栽培。
- 生态习性：中性，喜阳光充足、温暖、湿润的环境。怕严寒，忌干热，夏季应该充分灌水。
- 繁殖方式：播种繁殖。
- 用途：长春花适合盆栽，也可以作花坛、花境的材料。在温暖地区可种植在疏林下作地被植物。

## 蔓长春花　学名：*Vinca major* L.

- **别名**：长春蔓
- **科属**：夹竹桃科、蔓长春花属
- **形态特征**：常绿蔓性半灌木，矮生，枝条匍匐生长，长达2m以上。小叶对生，椭圆形，质薄，全缘，亮绿色，有光泽，具叶柄。花茎短而直立；花萼5深裂，裂片线形；花冠蓝色，漏斗状，5裂。蓇葖果双生，直立。花期3~4月，果期5~6月。
- **常见的品种**：

  花叶蔓长春花（*V. major* cv.Variegata）：叶面黄白色斑，叶缘乳黄色。
- **产地与分布**：原产于地中海沿岸、印度。我国长江流域以南地区广泛栽培。
- **生态习性**：中性，喜光，稍耐阴。能耐低温。土壤适应性强，耐干旱，但忌水湿。
- **繁殖方式**：可用扦插、压条、分株繁殖，极易生根。

花叶蔓长春花

- **用途**：蔓长春花叶色深绿，四季常青。花叶蔓长春花叶镶银边，春末夏初开出的朵朵蓝花显得十分幽雅。在园林绿化中常作为地被植物材料，也可以盆栽或者吊盆布置于室内、窗前或阳台，是一种很好的垂直观叶植物。

## 马蹄金　学名：*Dichondra repens* Forst.

- **别名**：小金钱草、荷苞草
- **科属**：旋花科、马蹄金属
- **形态特征**：多年生匍匐小草本。茎细长，被灰色短柔毛，节上生根。叶肾形至圆形，直径4~25mm，先端宽圆形或微缺，基部阔心形，全缘；具长的叶柄，叶柄长3~5cm。花单生叶腋；萼片倒卵状长圆形至匙形；花冠钟状，黄色。蒴果近球形。花期4~5月，果期7~8月。
- **产地与分布**：原产于我国江南地区及台湾省。
- **生态习性**：中性，喜光，耐半阴。喜温暖、湿润的环境，亦耐寒。喜生长在肥沃、湿润的土壤，耐高温、干旱，不耐碱性土壤。耐轻度践踏。
- **繁殖方式**：播种繁殖。
- **用途**：马蹄金常作为地被植物，也可以盆栽欣赏。

## 茑萝　学名：*Quamoclit pennata* Bojer

- **别名**：羽叶茑萝、茑萝松、绕龙花
- **科属**：旋花科、茑萝属
- **形态特征**：一年生蔓性草本，茎长达4m多，光滑、柔弱。单叶互生，叶片羽状细裂，裂片线形、整齐；托叶和叶片同形。聚伞花序腋生，着花一至数朵，花小；花萼5；花冠高脚碟状，边缘5裂，形似五角星，鲜红色。蒴果卵圆形，种子黑色。花果期7～10月。
- **产地与分布**：原产于美洲热带，现在广泛栽种于全世界。
- **生态习性**：中性，喜光。不耐寒，能自播。
- **繁殖方式**：播种繁殖。
- **用途**：茑萝可用于篱垣、棚架等绿化，又可用于遮盖表面不美观的物体。盆栽可搭架攀援，整成各种形状。

## 三裂叶薯　学名：*Ipomoea triloba* L.

- **别名**：小花假番薯、红花野牵牛
- **科属**：旋花科、番薯属
- **形态特征**：草质藤本。茎缠绕或有时平卧，无毛或散生毛。叶宽卵形至圆形，全缘或有粗齿或深3裂，基部心形；叶柄无毛或有时有小疣。伞形状聚伞花序，有时为单花，腋生；花梗具棱，无毛；苞片小；外萼片背部有疏柔毛，边缘有缘毛，内萼片无毛或散生毛；花冠漏斗状，淡红色或淡紫红色；子房有毛。蒴果近球形，被细刚毛。
- **产地与分布**：原产于美洲热带地区，20世纪70年代前后引入我国台湾，现江苏、浙江、福建、广东、香港、台湾均有分布。
- **繁殖与传播**：种子繁殖。曾作为观赏植物引种栽培而在各地逸生扩散，交通、旅行等也协助其传播。
- **用途**：有一定的观赏价值。
- **危害**：是一种入侵性强的外来植物，广泛分布于农田、荒地、路边、林缘，生长势强，能短时间内对地面或其他植物形成覆盖，危及农作物及本土植物生存与生长。

## 牵牛　学名：*Pharbitis nil* Choisy

- 别名：裂叶牵牛、喇叭花、大花牵牛
- 科属：旋花科、牵牛属
- 形态特征：一年生蔓性草本，茎长达3m多，全株被粗硬毛。单叶互生，叶片卵状心形，3裂，中央裂较大；叶柄长。花1～3朵腋生，总梗短于叶柄，花径达10cm；花萼5；花冠漏斗状，顶端5浅裂，呈红、紫红、蓝、蓝紫、白等色。蒴果球形，种子卵状三棱形。花期7～8月，果期9～11月。
- 产地与分布：原产于美洲热带，现广泛栽种于全世界。
- 生态习性：中性，喜光，耐半阴，不耐寒。喜肥沃，但能耐干旱及瘠薄土壤。
- 繁殖方式：播种繁殖。
- 用途：牵牛花最适合用在花架，或攀援在篱垣上。清晨开花，9时后凋谢，为大众所喜爱。盆栽欣赏，亦别有风趣。

## 菟丝子　学名：*Cuscuta chinensis* Lam.

- 别名：中国菟丝子、无根草
- 科属：旋花科、菟丝子属
- 形态特征：一年生寄生草本。缠绕茎肉质，纤细如丝，黄色，无叶。花簇生于枝侧，形成球状的伞形或团伞花序；苞片及小苞片鳞片状；花萼杯状，中部以下连合，裂片顶端钝；花冠白色，壶形，裂片三角状卵形，向

外反折，宿存。蒴果球形，直径约3mm，几乎全为宿存的花冠所包围，成熟时整齐的周裂。种子淡褐色，卵形。花果期7～10月。
- 产地与分布：原产于美洲。我国分布于黑龙江、吉林、辽宁、河北、山西、陕西、宁夏、甘肃、内蒙古、新疆、山东、江苏、安徽、河南、浙江、福建、四川、云南等省区。
- 繁殖方式：主要以种子繁殖，但其营养体再生能力强，也可行营养繁殖。
- 用途：可入药，具有补肝肾、益精髓、明目、安胎等功效。
- 危害：典型的茎叶寄生性杂草，寄主范围很广，常引起寄主植物营养不良、长势衰退甚至大面积死亡。

## 针叶天蓝绣球　学名：*Phlox subulata* L.

● 别　名：丛生福禄考

● 科　属：花荵科、天蓝绣球属

● 形态特征：多年生矮小草本。茎丛生，铺散，多分枝，被柔毛。叶对生或簇生于节上；叶片钻状线形或线状披针形，长1～1.5cm，先端锐尖，被开展的短缘毛；无叶柄。花数朵生枝顶，成简单的聚伞花序；花萼外面密被短柔毛，萼齿线状披针形，与萼筒近等长；花冠高脚碟状，白、粉红、深粉、粉紫以及有条纹等。花期4月，果期5月。

● 产地与分布：原产于北美东部，现我国华东地区引种栽培。

● 生态习性：喜温暖、湿润及光照充足的环境，不耐热，耐寒。对土壤要求不严，耐瘠，耐旱，耐盐碱。

● 繁殖方式：扦插、分株或压条繁殖。

● 用　途：针叶天蓝绣球植株矮小，可作为地被植物，作为花坛、花境以及岩石园的植物材料，也可以作为盆栽供室内装饰。

## 马缨丹　学名：*Lantana camara* L.

● 别　名：五色梅、臭花簕、如意草

● 科　属：马鞭草科、马缨丹属

● 形态特征：直立或蔓性的灌木，高1～2m。茎枝均呈四方形，有短柔毛，通常有短而倒钩状刺。单叶对生，揉烂后有强烈的气味，叶片卵形至卵状长圆形，边缘有钝齿，表面有粗糙的皱纹和短柔毛，背面有小刚毛。花序梗粗壮；苞片披针形；花萼长约1.5mm；花冠黄色或橙黄色，开花后不久转为深红色。果圆球形。全年开花。

● 产地与分布：原产于巴西，现在广泛分布在热带和亚热带各地。

● 生态习性：中性，喜光，喜温暖、湿润，耐干旱，不耐寒。宜栽在肥沃、疏松的沙质壤土中。

● 繁殖方式：播种、扦插繁殖。

● 用　途：马缨丹主要用于盆栽或者庭园观赏。

## 细叶美女樱　学名：*Verbena tenera* Spreng.

- 别名：羽叶马鞭草
- 科属：马鞭草科、马鞭草属
- 形态特征：茎基部稍木质化，匍匐生长，节部生根。枝条细长四棱，微生毛。叶对生，二回羽状深裂，裂片线性，两面疏生短硬毛，叶有短柄。穗状花序顶生短缩呈伞房状；花冠筒状，花色丰富，有白、粉红、玫瑰红、大红、紫、蓝等色。花期4~10月。
- 产地与分布：原产于巴西、秘鲁和乌拉圭等美洲热带地区。
- 生态习性：喜湿润、光照，生性强健，耐寒。能在长江流域露地越冬，亦耐酷暑。
- 繁殖方式：用扦插或播种繁殖。
- 用途：细叶美女樱可作为花坛、花径和盆栽的材料，也可以在林缘、草坪成片栽种，还可以作切花材料。

## 牡荆　学名：*Vitex negundo* var. *cannabifolia*（Sieb. et Zucc.）Hand.-Mazz.

- 科属：马鞭草科、牡荆属
- 形态特征：落叶灌木或小乔木。小枝方形，密生灰白色绒毛。叶对生，掌状复叶，小叶5，少有3；小叶片边缘有多数锯齿，无毛或稍有毛。圆锥花序顶生；花萼钟形，顶端有5齿裂；花冠淡紫色，顶端有5裂片。果实近球形，黑色。花期6~7月，果期8~11月。
- 产地与分布：产于秦岭、淮河以南各省区。
- 生态习性：喜光，较耐阴，耐寒，土壤适应性强。
- 繁殖方式：播种、扦插、压条等方法繁殖。
- 用途：牡荆是台州乡土植物，可用于丘陵山地绿化，以防止水土流失。夏季蓝花满树，具有一定的观赏价值，可用于自然风景区的绿化，也可用于庭院美化。还可作为盆景材料。

## 大青　学名：*Clerodendrum cyrtophyllum* Turcz.

- **别名**：野靛青
- **科属**：马鞭草科、大青属
- **形态特征**：灌木或小乔木。幼枝被短柔毛，枝黄褐色，髓坚实。叶片纸质，全缘，两面无毛或沿脉疏生短柔毛，背面常有腺点。伞房状聚伞花序，生于枝顶或叶腋，花小，有桔香味；花冠白色，外面疏生细毛和腺点。果实球形或倒卵形，径5～10mm，绿色，成熟时蓝紫色，为红色的宿萼所托。花果期6月～次年2月。
- **产地与分布**：分布于华东及湖南、湖北、广东、广西、贵州、云南等地。
- **生态习性**：对环境要求不高，耐粗放管理，生于海拔1 700m以下的平原、路旁、丘陵、山地林下或溪谷旁。
- **繁殖方式**：扦插繁殖为主。
- **用途**：根、叶有清热、泻火、利尿、凉血、解毒的功效。园林用途较少。

## 一串红　学名：*Salvia splendens* Ker.-Gawl.

- **别名**：西洋红、爆仗红
- **科属**：唇形科、鼠尾草属
- **形态特征**：亚灌木状草本，高可达90cm及以上。茎钝四棱形，具浅槽，无毛。叶片卵圆形或三角状卵圆形，长2.5～7cm，宽2～4.5cm，先端渐尖，基部截形或圆形，边

缘具锯齿，上面绿色，下面较淡，两面无毛，下面具腺点。花萼钟形，花后增大，红色，萼檐2唇形；花冠唇形，红色。花期4～11月。
- **产地与分布**：原产于南美巴西，宿根花卉，常作一二年生栽培应用。
- **生态习性**：中性，喜光，稍耐阴。喜温暖、湿润的气候，生长适温20℃～25℃，不耐霜寒。喜欢疏松、肥沃、排水良好的中性至弱碱性土壤。其矮性品种，抗热性差，对高温、阴雨特别敏感。
- **繁殖方式**：播种、扦插繁殖。
- **用途**：一串红常用作布置花坛，也可以作盆栽；高秆品种可作花篱。

## 留兰香　学名：*Mentha spicata* L.

- 别名：绿薄荷、香薄荷、荷兰薄荷
- 科属：唇形科、薄荷属
- 形态特征：多年生草本。茎直立，高40～130cm，无毛或近于无毛，绿色，钝四棱形。叶无柄或近于无柄，叶片卵状长圆形或长圆状披针形，先端锐尖，基部宽楔形至近圆形，边缘具尖锐而不规则的锯齿，草质，上面绿色，下面灰绿色，侧脉6～7对，与中脉在上面多少凹陷下面明显隆起且带白色。花期7～9月。
- 产地与分布：原产于南欧，在我国新疆有野生，河南、河北、浙江等地有栽培或逸为野生。
- 生态习性：温度适应范围大，喜湿润，喜光，适宜弱酸性土壤。
- 繁殖方式：播种、扦插、分枝和根茎繁殖。
- 用途：留兰香植株低矮，具有芳香气味，可作地被植物，能快速铺地形成景观，也可以与其他芳香植物搭配，用于芳香植物专类园栽培。

    留兰香是一种芳香植物，可提取多种芳香物质，用于牙膏、香皂、口香糖等的加香。叶片可用于食物的调味品。

## 绒毛香茶菜　学名：*Plectranthus hadiensis* var. *tomentosus*（Benth.ex E.Mey.）Codd

- 别名：碰碰香、一抹香、楚留香
- 科属：唇形科、延命草属
- 形态特征：灌木状草本植物。全株被有细密的白色绒毛。蔓生，多分枝，茎枝呈棕色，嫩茎绿色或泛红晕。叶肉质，交互对生；叶片卵形或倒卵形，绿色，边缘有些疏齿，叶片表面多凹凸不平。花冠裂成3个裂片，花有深红、粉红及白色、蓝色等。

- 产地与分布：原产于非洲好望角、欧洲及西南亚地区。
- 生态习性：喜阳光，全年可全日照培养，但也较耐阴。喜温暖，怕寒冷，越冬温度需要0℃以上。喜疏松、排水良好的土壤，不耐水湿。
- 繁殖方式：扦插繁殖。
- 用途：绒毛香茶菜多用作盆栽欣赏，还可以作为芳香植物专类园栽种。

## 花叶香妃草　学名：*Plectranthus glabratus* cv. Marginatus

- 别名：斑叶香妃草、烛光草、白边延命草
- 科属：唇形科、延命草属
- 形态特征：灌木状草本植物。蔓生，茎枝棕色，嫩茎绿色或具红晕。叶卵形或倒卵形，光滑，厚革质，边缘具疏齿。伞形花序，花有深红、粉红及白色等，花期为8～10月。
- 产地与分布：原产于欧洲，现世界各地均有分布。
- 生态习性：喜阳光，但也较耐阴。喜欢温暖的生长环境，耐热但不耐寒。耐干旱，不耐涝，对土壤要求不严格。
- 繁殖方式：扦插繁殖。
- 用途：花叶香妃草既有良好的观叶效果，又有一定的闻香功能，是一种具多方面欣赏价值的芳香植物。常用作盆栽欣赏，也可以作地被植物。

## 五彩苏　学名：*Coleus scutellarioides* Benth.

- 别名：彩叶草、锦紫苏
- 科属：唇形花科、鞘蕊花属
- 形态特征：草本。茎通常紫色，四棱形。叶膜质，其大小、形状及色泽变异很大，通常卵圆形，先端钝至短渐尖，基部宽楔形至圆形，边缘具圆齿状锯齿或圆齿，叶色有黄、暗红、紫及绿色，观叶期从3～10月。轮伞花序多花，花时径约1.5cm，花萼钟形，花冠浅紫至紫或蓝色。小坚果宽卵圆形或圆形，压扁，褐色。花期7～9月。
- 产地与分布：原产于东南亚，宿根花卉，常作一二年生栽培。
- 生态习性：中性，喜光，稍耐阴，光线充足能使叶色鲜艳。喜温暖气候，冬季温度不低于10℃，夏季高温时稍加遮荫。

- 繁殖方式：播种繁殖。
- 用途：五彩苏叶色丰富多彩，为优良的观叶植物。可盆栽，也可配植花坛。枝叶可作切花材料。

**珊瑚豆** 学名：*Solanum pseudocapsicum* var. *diflorum*（Vell.）Bitter

- 别名：冬珊瑚、辣头
- 科属：茄科、茄属
- 形态特征：直立分枝小灌木，高0.3～1.5m。小枝幼时被树枝状簇绒毛，后渐脱落。叶在枝条上端近双生，大小不相等；叶片椭圆状披针形，长2～5cm或稍长，宽1～1.5cm；叶面无毛，叶下面沿脉常有树枝状簇绒毛；叶柄长2～5mm。花白色，成熟的果实为深橙红色。
- 产地与分布：原产于欧洲、亚洲热带，现各地均有栽培。
- 生态习性：中性，喜欢温暖向阳的环境和排水良好的土壤。
- 繁殖方式：播种、扦插繁殖。
- 用途：珊瑚豆在秋冬季果实橙红，和绿叶相衬托，很是美丽。适合布置在花坛、树缘，也适合盆栽观赏。

**碧冬茄** 学名：*Petunia hybrida* Vilm.

- 别名：矮牵牛、撞羽朝颜
- 科属：茄科、碧冬茄属
- 形态特征：多年生草本，常作一二年生栽培，高20～45cm。茎匍地生长，被有黏质柔毛。叶质柔软，卵形，全缘，互生，上部叶对生。花单生，呈漏斗状，重瓣花球形，花色紫红、红、粉红、蓝、乳白、杂色等，非常美丽。蒴果，种子细小。花期4～11月。
- 产地与分布：原产于南美洲巴西南部。
- 生态习性：喜温暖和阳光充足的环境，不耐霜冻。属长日照植物，生长期要求阳光充足。在低温短日照条件下，茎叶生长很茂盛，但着花很难；当春季进入长日照下，很快就从茎叶顶端分化花蕾。耐干旱、瘠薄，忌积水，宜于肥力适中土壤栽培；若土壤过肥，则生长过旺致使枝条徒长倒伏。
- 繁殖方式：播种繁殖。
- 用途：矮牵牛株形矮，花酷似牵牛，品种繁多，花色鲜艳，花期长，开花繁茂，是一种观赏性很好的草花。多用于布置花坛，或盆栽后布置室内。大花重瓣种可用作切花。

**五彩椒**　**学名：** *Capsicum annum* cv. Cerasiforme

- **别名：** 观赏辣椒、指天椒、佛手椒
- **科属：** 茄科、辣椒属
- **形态特征：** 多年生半木质性植物，但常作一年生栽培，株高30～60cm。茎直立，分枝多。单叶互生。花单生叶腋或簇生枝梢顶端，花冠白色，形小。果实簇生于枝端。同一株果实可有红、黄、紫、白等各种颜色，有光泽，盆栽观赏很逗人喜爱。花期5月初～7月底。

- **产地与分布：** 原产于美洲热带，现各国广为栽培。
- **生态习性：** 中性，不耐寒，喜欢温热、光照充足，在潮湿、肥沃的土壤中生长良好。
- **繁殖方式：** 播种繁殖。
- **用途：** 五彩椒属于观果植物，果实鲜艳具有光泽，点缀绿叶中，小巧可爱，是夏秋季盆栽供室内观赏的好材料，也适用于花坛、花境。

**枸杞**　**学名：** *Lycium chinensis* Mill.

- **科属：** 茄科、枸杞属
- **形态特征：** 落叶小灌木。多分枝，枝条细弱，弓状弯曲或俯垂，幼枝有棱角，枝顶与叶腋有棘刺。单叶互生或2～4枚簇生于短枝上，叶片全缘，侧脉不明显。花单生或2～4朵簇生；花冠漏斗状，淡紫色。浆果红色，卵状。花期6～9月，果期7～11月。
- **产地与分布：** 我国南北各省均有分布。朝鲜、日本、欧洲也有。
- **生态习性：** 喜光，喜冷凉气候，耐寒力很强。根系发达，抗旱能力强，在干旱荒漠地仍能生长。土壤适应性强，山坡、荒地、丘陵地、盐碱地均能生长。
- **繁殖方式：** 扦插繁殖为主。
- **用途：** 枸杞树形婀娜，叶绿花紫，果实鲜红，观赏价值高。既适合庭院栽植，也可作盆景材料。

　　果实可食，具有药用价值。嫩叶可作蔬菜食用。

## 鸳鸯茉莉 学名：*Brunfelsia Latifolia* Benth.

- 别名：番茉莉、二色茉莉
- 科属：茄科、鸳鸯茉莉属
- 形态特征：多年生常绿灌木，植株高可达70～150cm。茎皮成深褐色或灰白色，分枝力强。单叶互生，叶长5～7cm，宽1.7～2.5cm，纸质。花单朵或数朵簇生，有时数朵组成聚伞花序。花冠五裂，花瓣锯齿明显。花初含苞待放时为蘑菇状、深紫色，初开时蓝紫色，以后渐成淡雪青色，最后变成白色，单花可开放3～5天，花香浓郁。花期为4～10月。
- 产地与分布：原产于中美洲及南美洲热带。
- 生态习性：喜光，耐半阴，在充足的日照条件下开花繁茂。喜温暖，不耐寒。耐干旱，不耐涝，不耐瘠薄，要求肥沃、疏松、排水良好的微酸性土壤。
- 繁殖方式：扦插、分株繁殖。
- 用途：鸳鸯茉莉多作盆花栽培，是良好的冬季室内盆花。在气候温暖的地方，可露地栽种。

## 蓝猪耳 学名：*Torenia fournieri* Linden. ex Fourn.

- 别名：夏堇、花公草
- 科属：玄参科、蝴蝶草属
- 形态特征：矮生性丛生植物，高15～30cm，株形整齐，全株无毛。茎呈四棱形，自然分枝极多。叶对生；叶片卵形或卵状心形，叶缘有细锯齿；无托叶。顶生总状花序，花序柄略长于叶；萼稍肿胀，具5条多少下延的翅；花冠管青紫色，喉部有黄色斑点，檐部2唇形，花色有白、粉红、紫红、紫蓝、蓝等。花果期6～12月。
- 产地与分布：原产于我国华南以及东南亚，分布在浙江、台湾、广东、广西、贵州等地。
- 生态习性：中性，喜光，喜温暖、湿润环境，耐高温，不耐寒。土壤适应性较强，以排水良好的中性或微碱性土壤为宜。
- 繁殖方式：播种繁殖。
- 用途：蓝猪耳常用于夏季的花坛，也可盆栽欣赏。

## 陌上菜　学名：*Lindernia procumbens*（Krock.）Philcox.

- 科属：玄参科、母草属
- 形态特征：一年生草本，高5～20cm。茎直立，基部多分枝，无毛。叶对生，无柄；叶片椭圆形至矩圆形，顶端钝至圆头，全缘或有不明显的钝齿，两面无毛，叶脉3～5条基出。花单生于叶腋，花梗纤细，比叶长；花萼5深裂，裂片条状披针形，外面微被短毛；花冠粉红色或紫色，2唇形。蒴果球形或卵球形。种子多数，有格纹。花果期7～10月。
- 产地与分布：分布于四川、云南、贵州、广西、广东、湖南、湖北、江西、浙江、江苏、安徽、河南、河北、吉林以及黑龙江等省区。日本、马来西亚及欧洲南部也有。
- 繁殖方式：种子繁殖。
- 用途：全草入药，具清泻肝火、凉血解毒、消炎退肿等功效。
- 危害：喜湿，常见于水边及潮湿处，为稻田及湿润旱地常见杂草，危害较重。

## 金鱼草　学名：*Antirrhinum majus* L.

- 别名：龙头花、狮子花、洋彩雀
- 科属：玄参科、金鱼草属
- 形态特征：多年生直立草本，茎基部有时木质化，高可达80cm。茎基部无毛，中上部被腺毛。下部叶对生，上部的常互生，具短柄；叶片无毛，披针形至矩圆状披针形，全缘。总状花序顶生，密被腺毛；花萼5深裂；花冠筒状唇形，颜色多种，有紫、红、粉、黄、橙、白等。花果期5～11月。
- 产地与分布：原产于地中海沿岸和北非。
- 生态习性：中性，喜光，耐半阴。喜凉爽，较耐寒。喜欢疏松、肥沃、排水良好的土壤，稍耐石灰质土壤。
- 繁殖方式：播种繁殖。
- 用途：金鱼草花色浓艳丰富，花型奇特，花茎挺直，是初夏花坛优良的配景草花，也可切花作瓶插和花篮等用。矮生种宜盆栽，作室内装饰用。

## 楸树　学名：*Catalpa bungei* C. A. Mey.

- 科属：紫葳科、梓树属
- 形态特征：落叶乔木。树皮灰褐色。叶对生，叶片三角状卵形或卵状椭圆形，先端长渐尖，基部截形、宽楔形或心形，全缘，叶面深绿色，叶背脉腋间有腺体。伞房状总状花序顶生；花冠淡红色，内面具有2黄色条纹及暗紫色斑点。蒴果线形。花期4~6月，果期6~10月。

- 产地与分布：分布于我国黄河流域与长江流域。
- 生态习性：喜光树种，幼苗耐阴。喜温暖、湿润，不耐严寒。适生于深厚、湿润、肥沃、疏松的中性土、微酸性土和钙质土，在轻盐碱土中也能正常生长；不耐干旱、也不耐水湿。对二氧化硫、氯气等有毒气体有较强抗性。
- 繁殖方式：常用种子繁殖，但自花不育，异花授粉才能产生正常种子。
- 用途：楸树树形高大，干直荫浓，花朵艳丽。在园林上，可作庭荫树、行道树及园景树，可孤植于草坪，也可与建筑物、假山、点石配合造景。

## 美国凌霄　学名：*Campsis radicans*（L.）Seem.

- 别名：厚萼凌霄、美洲凌霄、洋凌霄
- 科属：紫葳科、凌霄属
- 形态特征：落叶攀援藤本。茎具气生根。奇数羽状复叶，对生，小叶9~11枚，小叶片椭圆形至卵状椭圆形，边缘具齿，上面深绿色，下面淡绿色，被毛。顶生短圆锥花序；花萼棕红色，5裂至1/3处；花冠漏斗状，橙红色至鲜红色。蒴果

长圆柱形，顶端具喙尖，沿缝线具龙骨状突起，具柄，硬壳质。花期7~10月。
- 产地与分布：原产于美国西南部。我国各地有引种栽培。
- 生态习性：喜光，稍耐阴。喜温暖、湿润，较耐寒。耐干旱，也较耐水湿。喜质地疏松、排水良好的土壤。
- 繁殖方式：常用扦插繁殖，播种、压条、分株均可。
- 用途：美国凌霄生长旺盛，攀援能力强，花色艳丽，是良好的垂直绿化材料。可用于制作花架、花门，也可攀援老树、覆盖山石，还可用于居室墙面绿化，既能美化环境，又可遮挡夏日强烈的阳光，降低室内温度。

## 菜豆树　　学名：*Radermachera sinica*（Hance）Hemsl.

- **别名**：幸福树、辣椒树、绿宝
- **科属**：紫葳科、菜豆树属
- **形态特征**：乔木，高可达10m。树皮浅灰色，深纵裂，块状脱落。2回至3回羽状复叶，互生；小叶卵形至卵状披针形，全缘，两面无毛。顶生圆锥花序，直立；花冠钟状漏斗形，白色或淡黄色，长6～8cm，裂片圆形，具皱纹，长约2.5cm。蒴果革质，呈圆柱状长条形，似菜豆，稍弯曲、多沟纹。花期5～9月。
- **产地与分布**：产于台湾、广东、海南、广西、贵州、云南等地。
- **生态习性**：喜高温、多湿、阳光充足的环境。畏寒冷，忌干燥。栽培宜用疏松、肥沃、排水良好、富含有机质的壤土和沙质壤土。
- **繁殖方式**：播种、扦插、分株繁殖。
- **用途**：菜豆树树形美观，树姿优雅，花期长且花朵大，花香淡雅，具有很高的观赏价值。在华南等地，常被作为城镇、街道、公园、庭院等园林绿化的优良树种。在台州常盆栽作为室内摆设。

## 爵床　　学名：*Rostellularia procumbens*（L.）Nees

- **别名**：小青草
- **科属**：爵床科、爵床属
- **形态特征**：一年生草本，高20～50cm。茎基部匍匐，通常具6棱及槽，沿棱有短毛。单叶，对生；叶片椭圆形至椭圆状长圆形，先端锐尖或钝，基部宽楔形，全缘，两面常被短硬毛；叶柄短，被短硬毛。穗状花序顶生或生上部叶腋，圆柱状；花萼4深裂，线形或线状披针形，有膜质边缘和缘毛；花冠二唇形，粉红色、紫红色或白色。蒴果线形，上部具4粒种子，下部实心似柄状。种子表面有瘤状皱纹。花期8～11月，果期10～11月。
- **产地与分布**：分布于山东、浙江、江西、湖北、四川、福建及台湾等地。
- **繁殖方式**：种子繁殖。
- **用途**：①可入药，具清热解毒、消肿利尿之功效，可治感冒、咳嗽、疟疾、痢疾等。②浙江文成一带用其茎叶制作茶饮。
- **危害**：常见于路边荒地、山坡草丛，可侵入草坪、花坛、菜地等，为害栽培植物。

## 黄脉爵床　学名：*Sanchezia speciosa* J. Leonard

- **别名：** 金脉爵床、金叶木
- **科属：** 爵床科、黄脉爵床属
- **形态特征：** 株高可达150cm，但盆栽株高
  一般为50～80cm。叶对生，无叶柄，叶片
  阔披针形，长15～30cm，宽5～10cm，先
  端渐尖，基部宽楔形，叶缘有钝锯齿，叶
  片嫩绿色，叶脉粗壮呈橙黄色。夏秋季开
  出黄色的花，花冠管状，长4～5cm，簇生
  于短花茎上，每簇 8～10朵，整个花簇为1
  对鲜红色的苞片包围。

- **产地与分布：** 原产于南美、墨西哥，现世界各地都有温室栽培。
- **生态习性：** 中性，忌强光直射，夏季一般需遮阴50%。喜温暖、湿润，生长期适温为
  20℃～30℃，越冬温度为10℃以上。喜欢富含腐殖质、疏松肥沃、排水良好的沙质壤土。
- **繁殖方式：** 扦插繁殖。
- **用途：** 黄脉爵床一般作盆栽欣赏，在华南温暖地区还可用于装饰花坛等。

## 金苞花　学名：*Pachystachys lutea* Nees

- **别名：** 黄虾花、珊瑚爵床、金包银
- **科属：** 爵床科、金苞花属
- **形态特征：** 多年生常绿草本植物，株高
  30～50cm。茎直立，节部膨大，多分枝。
  单叶对生；叶片长椭圆形至椭圆形，亮绿
  色，有明显的叶脉。通常在每个枝条的顶
  端产生花序，呈塔形，花序上苞片密集，
  呈金黄色；花冠2唇形，白色。

- **产地与分布：** 原产于秘鲁，世界各地都有温室栽培。
- **生态习性：** 中性，喜光。喜高温、高湿、阳光充足的环境，比较耐阴。冬季要保持5℃以上
  才能安全越冬。适宜生长于肥沃，排水良好的轻壤土。
- **繁殖方式：** 扦插繁殖。
- **用途：** 金苞花通常在每个枝条的顶端产生巨大的花序，整个花序很像一座金黄色的宝塔或
  虾，花序上生有数量很多、密集而发达的金黄色苞片和洁白的花朵，花型奇异，观花期长，
  欣赏价值高，适作会场、厅堂、居室及阳台装饰。华南等温暖地区常用于布置花坛。

## 车前草　学名：*Plantago asiatica* L.

- **别名**：车前、蛤蟆草
- **科属**：车前草科、车前草属
- **形态特征**：多年生草本。全体无毛。根状茎肥短，下生须根。叶丛生于根茎上；叶片卵形至宽卵形，先端钝，基部楔形，全缘或有波状浅齿；叶柄与叶近等长。穗状花序数条至10多条；花细小，绿白色；苞片与花萼均有绿色的龙骨状突起；花冠裂片三角状长圆形。蒴果卵形至椭圆形。花果期5～9月。
- **产地与分布**：分布几乎遍及全国。
- **繁殖方式**：种子繁殖。
- **用途**：全草与种子可入药，具清热、利尿、止咳之功效。
- **危害**：常见于路边荒地、苗圃、菜地等，为害栽培植物。

## 栀子　学名：*Gardenia jasminoides* Ellis

- **别名**：黄栀子
- **科属**：茜草科、栀子属
- **形态特征**：常绿灌木。单叶对生或三叶轮生，叶片倒卵形，革质，翠绿有光泽。浆果卵形，黄色或橙色。花期5～7月，果期5月～翌年2月。
- **常见变种与品种**：

　　玉荷花（*G.jasminoides* var.*fortuniana* Hara）：花重瓣。

- **产地与分布**：主要分布于四川、湖北、浙江等地。
- **生态习性**：喜光也能耐阴，喜温暖、湿润气候，耐热也稍耐寒。喜肥沃、排水良好、酸性的轻黏壤土，也耐干旱、瘠薄。抗二氧化硫能力较强。
- **繁殖方式**：常用扦插、压条繁殖。
- **用途**：栀子叶色亮绿，四季常青，花大洁白，芳香馥郁，又有一定耐阴和抗有毒气体的能力，故为良好的绿化、美化、香化的材料。可成片丛植或配植于林缘、庭前、庭隅、路旁，也可用于街道和厂矿绿化。可列植作花篱，也可孤植于阳台绿化，还可以盆栽或制作盆景。

**水栀子**　学名：*Gardenia jasminoides* var. *radicans*（Thunb.）Makino

- 别名：雀舌栀子、小叶栀子花、雀舌花
- 科属：茜草科、栀子属
- 形态特征：常绿灌木，常呈匍匐状。干灰色，小枝绿色。叶对生或三叶轮生，叶片倒卵状长椭圆形，全缘。花单生枝顶或叶腋，白色，浓香。花期6～8月，果熟期10月。
- 产地与分布：我国长江以南大部分省区均有分布和人工栽培，主产于江西、湖南、湖北、浙江、福建、四川等省。
- 生态习性：喜温暖、湿润气候，不耐寒。喜光，但忌强光照射，适宜在稍蔽阴处生长。适宜生长在疏松、肥沃、排水良好的酸性轻黏质土壤中。
- 繁殖方式：以扦插繁殖为主，也可播种、压条繁殖。
- 用途：水栀子叶色亮绿，花色素雅，是优良的夏季观花树种。既适用于阶前、池畔和路旁配植，也可用作花篱和盆栽观赏。

**六月雪**　学名：*Serissa japonica* Thunb.

- 科属：茜草科、六月雪属
- 形态特征：常绿或半常绿小灌木。多枝而繁密，小枝灰白色，幼枝被短柔毛。叶小，对生，叶片薄革质，全缘；叶柄极短；托叶宿存。花单生或数朵丛生于小枝顶部或腋生，花冠淡红色或白色。花期5～7月。
- 常见变种与品种：

    （1）金边六月雪（*S. japonica* cv. Aureo-marginata）：叶缘金黄色。

    （2）重瓣六月雪（*S. japonica* cv. Crassiramea）：花重瓣。

- 产地与分布：我国分布于长江流域及以南各省。日本也有。
- 生态习性：喜光，耐半阴，畏强光。喜温暖、湿润气候，不耐严寒。耐旱力强，对土壤要求不严，喜富含腐殖质、质地疏松、通透性强的微酸性土壤。
- 繁殖方式：常采用扦插和分株繁殖。
- 用途：六月雪枝叶密集而细小，花形小巧而素雅，适于制作小、微型盆景。地栽时适宜作花坛境界、花篱和下木，或配植在山石、岩缝间。

## 鸡矢藤　**学名：** *Paederia scandens*（Lour.）Merr.

- **别名：** 鸡屎藤
- **科属：** 茜草科、鸡矢藤属
- **形态特征：** 多年生半木质缠绕性藤本。茎灰褐色，幼时被柔毛，后渐脱落。单叶，对生，叶形变化较大，通常卵形、长卵形或卵状披针形，先端急尖或短渐尖，叶基浅心形、圆形或截形，全缘，叶脉两面隆起。圆锥状聚伞花序顶生或腋生，被疏柔毛；萼筒陀螺形，萼檐5裂；花冠浅紫色，先端5裂。果球形，蜡黄色。花期7～8月，果期9～11月。
- **产地与分布：** 产于我国长江流域及以南省区。日本、印度等国有分布。
- **繁殖与传播：** 种子繁殖。随农事活动、交通运输及植物引种等扩散。
- **用途：** ①以根或全草入药，具活血镇痛、祛风燥湿、解毒杀虫等功效。②幼嫩茎叶可供食用。③花、果均具有良好的观赏性，可用于垂直绿化。④茎皮可用于造纸。
- **危害：** ①常见于山坡、谷地、溪边、路旁、林缘，覆盖灌木及小乔木，影响树木光合作用，破坏景观。②侵入果园、茶园、园林苗圃等，与栽培植物争夺阳光与土壤营养，导致植物生长不良、长势衰退。

## 珊瑚树　**学名：** *Viburnum odoratissimum* var. *awabuki*（K Koch）Zabel ex Rumpl.

- **别名：** 法国冬青、日本珊瑚树
- **科属：** 忍冬科、荚蒾属
- **形态特征：** 常绿灌木。枝干挺直，树皮灰褐色，具有圆形皮孔。叶对生，长椭圆形或倒披针形，表面暗绿色光亮，背面淡绿。圆锥状伞房花序顶生，3～4月间开白色钟状小花，芳香。果实初为橙红，之后红色渐变紫黑色，形似珊瑚。
- **产地与分布：** 产于浙江、台湾等省。长江下游各地常见栽培。
- **生态习性：** 喜光，稍耐阴。喜温暖，稍耐寒。在潮湿、肥沃的中性土壤中生长迅速旺盛，也能适应酸性或微碱性土壤。对有毒气体抗性强。
- **繁殖方式：** 扦插、播种繁殖为主。
- **用途：** 珊瑚树枝繁叶茂，遮蔽效果好，又耐修剪，而红果形如珊瑚，绚丽可爱，故在绿化中被广泛应用。在规则式庭园中常整修为绿墙、绿门、绿廊；在自然式园林中多孤植、丛植装饰墙角，用于隐蔽或遮挡。

## 欧洲荚蒾  学名：*Viburnum opulus* L.

- **别名**：欧洲琼花、欧洲绣球、雪球
- **科属**：忍冬科、荚蒾属
- **形态特征**：落叶灌木。叶片通常掌状3裂，轮廓圆卵形至广卵形或倒卵形，无毛，具3出脉，边缘具不整齐粗牙齿。复伞形式聚伞花序，具总花梗；第一级辐射枝6～8条，花生于第二至第三级辐射枝上，花梗极短；周围有大型的不孕花，花冠白色，辐状，花药黄白色。果实红色，近圆形。5～6月开花，果熟期9～10月。
- **产地与分布**：产于我国新疆西北部，俄罗斯远东地区、高加索等地。
- **生态习性**：性喜光，稍耐阴，较耐寒。怕旱又怕涝，以湿润、肥沃、排水良好的壤土为宜。
- **繁殖方式**：扦插、压条繁殖为主。
- **用途**：欧洲荚蒾花色素雅，果实红艳，是观花、观果俱佳的园林树木。既适于城市公园、住宅小区绿化，也适合疗养院、医院、学校等地方栽植。可栽植于乔木下做下层花灌木，也可孤植或丛植于一隅，形成视觉焦点。

## 地中海荚蒾  学名：*Viburnum tinus* L.

- **科属**：忍冬科、荚蒾属
- **形态特征**：常绿灌木。树冠呈球形。叶对生，卵形至椭圆形，深绿色。聚伞花序，单花小，花蕾粉红色，盛开后花白色。果卵形，深蓝黑色。在原产地，花期从11月直到翌年4月。
- **产地与分布**：原产于地中海地区的欧洲南部及北非。
- **生态习性**：喜光，也耐阴，能耐-10℃～15℃的低温。对土壤要求不严，较耐旱，忌土壤过湿。
- **繁殖方式**：播种、扦插繁殖为主。
- **用途**：地中海荚蒾冠形优美，花蕾殷红，花开时满树繁花，一片雪白。可孤植或群植，用作树球或庭院树，可列植为开花绿篱，也可于林缘成片自然式栽植，观赏效果均佳。

## 锦带花 学名：*Weigela florida* （Bunge）A. DC.

- 别名：五色海棠、路边花
- 科属：忍冬科、锦带花属
- 形态特征：落叶灌木。枝条开展，有些树枝会弯曲到地面，小枝细弱，稍呈方形。叶椭圆形或卵状椭圆形，先端锐尖，基部圆形至楔形，缘有锯齿，脉上有毛，背面尤密。聚伞花序有花1～4朵；花冠漏斗状钟形，玫瑰红色或粉红色，裂片5。蒴果柱形。花期4～6月，果期10月。
- 产地与分布：分布于黑龙江、吉林、辽宁、内蒙古、山西、陕西、河南、山东北部、江苏北部等地。俄罗斯、朝鲜和日本也有分布。
- 生态习性：喜光，较耐阴，耐寒，怕水涝。对土壤要求不严，能耐瘠薄土壤，但以深厚、湿润而腐殖质丰富的土壤生长最好。
- 繁殖方式：播种、扦插、压条繁殖。
- 用途：锦带花枝叶扶疏，花色艳丽，花期长久，是重要的早春花灌木。适宜庭院墙隅、湖畔群植，可在树丛林缘作花篱配植，也可点缀于假山、坡地。锦带花对氯化氢抗性强，是良好的抗污染树种。

## 大花六道木 学名：*Abelia* × *grandiflora* （Andre）Rehd.

- 科属：忍冬科、六道木属
- 形态特征：半常绿矮生灌木。幼枝红褐色，有短柔毛。叶片倒卵形，墨绿有光泽。花粉白色，钟形；圆锥花序，开花繁茂。花期特长，5～11月持续开花。
- 常见品种：

  金叶大花六道木（*A.×grandiflora* cv. Francis Mason）：叶面呈金黄色。小枝条红色，中空。花小，繁茂，并带有淡淡的芳香。是大花六道木中最好的品种之一。
- 产地与分布：华东、西南及华北有分布。
- 生态习性：喜半阴。适应性非常强，对土壤要求不高，酸性和中性土都可以；耐干旱、瘠薄。
- 繁殖方式：扦插繁殖为主。
- 用途：大花六道木树形小巧，枝叶婆娑，花期长、花量大，常作地被、矮篱应用。可以布置于林下、花境，也可点缀于路边、石侧；可以丛植、片植于草坪一角，也可以盆栽观赏。

金叶大花六道木

## 忍冬　学名：*Lonicera japonica* Thunb.

- **别名**：金银花
- **科属**：忍冬科、忍冬属
- **形态特征**：常绿或半常绿藤本。枝细长中空，幼时暗红褐色，密被柔毛和腺毛。叶纸质，卵形至矩圆状卵形，有时卵状披针形；幼叶两面具柔毛，后上面无毛。花双生，总花梗通常单生于小枝上部叶腋；花冠白色，有时基部向阳面呈微红，后变黄色；雄蕊和花柱均高出花冠。果实圆形，熟时蓝黑色，有光泽。花期4～6月（秋季亦常开花），果熟期10～11月。
- **产地与分布**：我国各省均有分布。种植区域主要集中在山东、陕西、河南、河北、湖北、江西、广东等地。
- **生态习性**：适应性很强，对土壤和气候的选择并不严格。喜光，亦耐阴。耐寒，耐旱，耐湿。以土层较厚的沙质壤土为最佳，酸性、碱性土壤均能适应。
- **繁殖方式**：可播种、扦插、压条和分株繁殖。
- **用途**：忍冬花形秀美，香气宜人，花色先白后黄，相互映衬，是形、色、香兼美的藤本植物。可作墙壁、棚架等垂直绿化材料，也适合布置于林下、林缘、建筑物北侧等处做地被植物，还可作为水土保持材料，植于荒坡、沟壁。老桩也可制作盆景。

## 红白忍冬　学名：*Leycesteria japonica* var.*chinensis* Bak.

- **科属**：忍冬科、忍冬属
- **形态特征**：缠绕性木质藤本。多分枝，幼枝带紫色，被短柔毛。叶对生，卵形或长卵形；嫩叶带紫红色。花冠二唇形，外面紫红色，内面白色；花冠筒细长，上唇裂片较长，裂隙超过唇瓣的1/2。
- **产地与分布**：产于安徽（岳西），江苏、浙江、江西和云南等地有栽培。
- **生态习性**：喜光，也耐阴。耐干旱，也耐水湿。土壤适应性强，喜深厚、肥沃的沙质壤土。
- **繁殖方式**：扦插，压条和播种繁殖。
- **用途**：红白忍冬绿叶红花，十分醒目，是春、夏季观花藤本。适宜小庭园、草坪边缘、道路两侧和假山前后点缀，蔓条下垂，优雅别致。

## 藿香蓟　学名：*Ageratum conyzoides* L.

- 别名：胜红蓟
- 科属：菊科、藿香蓟属
- 形态特征：一年生草本植物，全株被白色长柔毛，高30～60cm。叶对生，有时上部互生；中部叶卵形或菱状卵形，3出脉或不明显5出脉，边缘圆锯齿，有长1～4cm的叶柄。头状花序在茎顶排成伞房状；总苞钟状或半球形，总苞片2层；花冠管状，檐部5裂，蓝紫色或白色。瘦果黑褐色，有白色稀疏细柔毛，冠毛膜片状。花果期6～11月。
- 产地与分布：原产于墨西哥一带。我国分布遍及长江流域及其以南地区，常生长于路边、荒地、山坡、林缘、农田、苗圃等处。
- 繁殖与传播：种子繁殖。远距离传播通过有意引入或无意引入的方式。藿香蓟曾作为绿肥有意引入，后又作为观赏植物、鱼苗饲料而引种扩散。
- 用途：①作花卉观赏。②作鱼苗饲料。③作柑橘红蜘蛛生物防治材料。④入药。
- 危害：①常见于果园、菜地、玉米地、番薯园等处，影响作物生长发育。②重要的外来入侵植物，排挤乡土草种，形成单优种群，破坏生物多样性。

## 加拿大一枝黄花　学名：*Solidago canadensis* L.

- 别名：金棒草
- 科属：菊科、一枝黄花属
- 形态特征：多年生草本植物。根状茎发达，茎直立，高可达2.5～3m。叶披针形或线状披针形，长5～12cm，离基3出脉，无柄或下部叶片有柄。头状花序很小，在花序分枝上单面着生，排成蝎尾状聚伞花序，再聚合成开展的圆锥状花序；总苞狭钟形，总苞片线状披针形；边缘舌状花，中央管状花。瘦果有细毛，长2～3mm，冠毛1层。花果期9～11月。
- 产地与分布：原产于北美洲东北部。河南、江苏、安徽、浙江、湖北、湖南、江西、上海、重庆均有分布。
- 繁殖与传播：以种子与根状茎繁殖。1935年作为观赏植物引进上海，20世纪80年代扩散蔓延成恶性杂草。
- 用途：花期观赏性好，常作为切花材料使用。
- 危害：①入侵性极强，破坏生态平衡，对生物多样性构成严重威胁。②影响作物正常生长，导致农作物减产。

## 雏菊　学名：*Bellis perennis* L.

- **别名**：春菊、延命草
- **科属**：菊科、雏菊属
- **形态特征**：二年生草本，高10cm左右。叶基生，草质，匙形，顶端圆钝，基部渐狭成柄，上半部边缘有疏钝齿或波状齿。头状花序单生，直径2.5～3.5cm，花葶被毛；总苞半球形或宽钟形；舌状花一层，雌性，舌片白色带粉红色，开展，全缘或有2～3齿；中央筒状花多数，两性，结实，花冠红、粉红、浅粉、白色。自然花期3～5月。
- **产地与分布**：原产于欧洲和地中海区域，现世界各地均有栽培。
- **生态习性**：中性，喜阳光充足。性强健，较耐寒，喜凉爽，忌炎热，可耐-4℃。宜肥沃、富含腐殖质的土壤。
- **繁殖方式**：播种繁殖。
- **用途**：雏菊宜作花坛镶边植物，也可用作岩石园、草地配植或者盆栽。

## 马兰　学名：*Kalimeris indica*（L.）Sch.～Bip

- **别名**：马兰头、鸡儿肠
- **科属**：菊科、马兰属
- **形态特征**：多年生草本。根状茎有匍枝。茎直立，高30～50cm，有分枝，上部有短毛。基部叶在花期枯萎；茎部叶倒披针形或倒卵状矩圆形；上部叶小，无柄。头状花序单生于枝端并排列成疏伞房状；总苞半球形；缘花舌状，紫色，1层；盘花管状。瘦果倒卵状矩圆形，极扁，褐色，边缘浅色而有厚肋，冠毛短而易脱落。花期5～9月，果期8～11月。
- **产地与分布**：以长江流域分布较广，生于山坡、田边、路旁。它分布于全国各地。
- **繁殖方式**：种子繁殖、匍枝繁殖。
- **用途**：①是一种传统野菜，现已有栽培利用。②入药，可消食、除湿、利尿，退热止咳。
- **危害**：常见于田边、路旁、沟岸等湿润处，也可侵入果园、菜地、茶园等，与作物争夺营养与阳光。

## 百日菊　学名：*Zinnia elegans* Jacq.

- **别名**：百日草、对叶菊
- **科属**：菊科、百日菊属
- **形态特征**：一年生草本，高30～100cm。茎直立，被糙毛或长硬毛。叶宽卵圆形或长圆状椭圆形，基部稍心形抱茎，两面粗糙，基出三脉。头状花序径单生枝端；总苞宽钟状，总苞片多层；舌状花深红色、玫瑰色、紫堇色或白色，舌片倒卵圆形；管状花黄色或橙色。花期6～10月，果期7～10月。
- **产地与分布**：原产于美洲墨西哥，现我国各地广泛栽培。
- **生态习性**：中性，喜光，耐半阴。喜温暖，不耐寒。对土壤要求不严，耐干旱、瘠薄。
- **繁殖方式**：播种繁殖。
- **用途**：百日菊宜作花坛、花境、花丛栽种。矮性种可作为盆栽；高性种可作为切花。

## 小百日菊　学名：*Zinnia baageana* Regel

- **别名**：小百日草
- **科属**：菊科、百日菊属
- **形态特征**：一年生草本，株高15～60cm。茎直立，全株具毛。单叶对生，叶片卵形或长椭圆形，全缘，基部抱茎。头状花序，直径约4cm；花色有黄色、粉色及复色等，花冠先端有缺刻。瘦果扁平。花期6～9月。
- **产地与分布**：原产于墨西哥，现我国各地广泛栽培。
- **生态习性**：中性，喜光，耐半阴。喜温暖，不耐寒。对土壤要求不严，耐干旱、瘠薄。根深、茎硬，不易倒伏，忌连作。
- **繁殖方式**：播种繁殖。
- **用途**：小百日菊色彩鲜艳，花期长，是园林中重要的夏季花卉，适宜大面积种植，管理较粗放。布置花坛、花境，丛植、条植均可。

## 黑心金光菊　　*学名：Rudbeckia hirta* L.

- **别名**：黑心菊、黑眼菊
- **科属**：菊科、金光菊属
- **形态特征**：一年生或二年生草本，株高60～100cm。茎较粗壮，被软毛，稍分枝。叶互生，粗糙；叶片长椭圆形至狭披针形，长10～15cm，叶基下延。头状花序直径5～7cm，总苞半球形；花序托圆锥形，托片线形，对折成龙骨瓣状；缘花舌状，黄色；盘花管状，暗棕色或暗紫色。花期6～10月。
- **产地与分布**：原产于北美，现我国各地均有庭园栽培。
- **生态习性**：喜向阳、通风的环境，不耐寒，耐旱。土壤适应性广，最宜种植于排水良好的土壤。
- **繁殖方式**：播种、扦插和分株法繁殖。
- **用途**：黑心金光菊常用于作庭院布置，可作花坛、花境材料，或布置草地边缘，亦可作切花用。

## 向日葵　　*学名：Helianthus annus* L.

- **别名**：葵花、向阳花
- **科属**：菊科、向日葵属
- **形态特征**：一年生草本，高1.0～3.5m。茎直立，粗壮，具白色粗硬毛。叶通常互生；叶片心状卵形或卵圆形，边缘具粗锯齿，两面粗糙，被毛，有长柄。头状花序，直径10～30cm，单生于茎顶或枝端，常下倾；总苞片多层，叶质，覆瓦状排列；缘花舌状，黄色，不结实；盘花管状，结实。瘦果，倒卵形或卵状长圆形。花果期7～9月。

- **产地与分布**：原产于北美，现在世界各地广泛栽种。
- **生态习性**：阳性，不耐寒，喜温热。不择土壤，但在肥沃、深耕过的土壤中生长较好。
- **繁殖方式**：播种繁殖。
- **用途**：向日葵可用于花境，可作切花，也可盆栽欣赏。

　　向日葵的种子含油量极高，味香可口，可炒食，亦可榨油，为重要的油料作物。花托、茎秆、果壳等可作工业原料。

## 大花金鸡菊　学名：*Coreopsis grandiflora* Hogg.

- 别名：箭叶波斯菊
- 科属：菊科、金鸡菊属
- 形态特征：多年生草本，高20～100cm。茎直立，上部有分枝。叶对生，基部叶有长柄；下部叶羽状全裂，裂片长圆形；中部及上部叶3～5深裂。头状花序单生于枝端，总苞片外层较短；缘花舌状，黄色，雌性，结实；盘花管状，两性，结实。瘦果边缘具膜质宽翅。花期5～9月。
- 产地与分布：原产于北美洲，现我中国各地均有栽培，有时逸为野生。
- 生态习性：阳性，耐寒。对土壤要求不严，耐干旱、瘠薄。
- 同属植物：

  重瓣金鸡菊（*C. lanceolata* cv. Double Sunburst）：习性与大花金鸡菊相近。
- 繁殖方式：播种繁殖。
- 用途：大花金鸡菊花大而艳丽，花开时一片金黄，在绿叶的衬托下，犹如金鸡独立，绚丽夺目。作为观赏美化材料，大花金鸡菊常用于花境、坡地、庭院、街心花园的美化。大花金鸡菊也可用作切花或地被。

## 大丽菊　学名：*Dahlia pinnata* Cav.

- 别名：大丽花、天竺牡丹、洋芍药、大理花
- 科属：菊科、大丽菊属
- 形态特征：多年生草本。块根棒状。茎直立，多分枝，高1.5～2m，粗壮。叶1～3回羽状全裂，上部叶有时不分裂，裂片卵形或长圆状卵形，下面灰绿色，两面无毛。头状花序大；缘花舌状，有红色、粉色、黄色、橙色、复色、白色等；盘花管状，黄色。花期6～10月。
- 产地与分布：原产于墨西哥，是全世界栽培最广的观赏植物，20世纪初引入中国，现在多个省区均有栽培。
- 生态习性：中性，喜光，耐半阴。喜高燥、凉爽气候，不耐寒，忌暑热。适于富含腐殖质、排水良好的沙质土壤，忌积水。
- 繁殖方式：分株、扦插繁殖。
- 用途：大丽菊无论布置花坛、花境、盆栽还是栽种庭院，均甚适宜。大丽菊也可用作切花。

**黄秋英** 学名：*Cosmos sulphureus* Cav.

- **别名**：硫黄菊、硫华菊、黄波斯菊、黄芙蓉
- **科属**：菊科、秋英属
- **形态特征**：一年生花卉。茎直立，丛生，多分枝。叶对生，二回羽状深裂，裂片呈披针形，有短尖，叶缘粗糙。头状花序着生于枝顶；缘花舌状，花色由纯黄、金黄至橙黄连续变化；盘花管状，呈黄色至褐红色。瘦果有糙硬毛，有细长喙，棕褐色。春播花期6～8月，夏播花期9～10月。
- **产地与分布**：原产于墨西哥。
- **生态习性**：喜光，在阳光充足条件下，植株矮生、丛状紧凑、生长整齐、高度一致、开花整齐，花色鲜艳。适于肥沃、疏松和排水良好的微酸性沙质壤土，适宜pH值为6～7。
- **繁殖方式**：播种繁殖。
- **用途**：黄秋英花大色艳，但是株型不很整齐，最宜多株丛植或者片植。也可利用其能自播繁衍的特点，与其他多年生花卉一起，用于花境栽种，或者草坪以及林缘的自然式配植。植株低矮紧凑、花头较密的矮种，可用于花坛布置。

**秋英** 学名：*Cosmos bipinnatus* Cav.

- **别名**：波斯菊、大波斯菊、秋樱
- **科属**：菊科、秋英属
- **形态特征**：高1～2m。根纺锤状，多须根，或近茎基部有不定根。茎无毛或稍被柔毛。叶二回羽状深裂，裂片线形或丝状线形。头状花序单生；总苞片外层披针形或线状披针形，近革质，内层椭圆状卵形，膜质；缘花舌状，淡红或红紫色；盘花管状，黄色。花期6～10月。
- **产地与分布**：原产于墨西哥。
- **生态习性**：不耐寒，不喜酷热。性强健，耐瘠，土壤过于肥沃时，易导致枝叶徒长，开花不良。
- **繁殖方式**：播种繁殖。
- **用途**：秋英植株高大，又能自播繁衍，可作为花境种植材料，也可成片配植于路边或草坪边以及林缘。花枝可作切花材料。

## 大狼把草　*学名*：*Bidens frondosa* L.

- **科属**：菊科、鬼针草属
- **形态特征**：一年生草本。茎直立，分枝，常带紫色，被疏毛或无毛。叶对生，具柄，为一回羽状复叶，小叶3～5枚，披针形，先端渐尖，边缘有粗锯齿，通常背面被稀疏短柔毛，顶生裂片具柄。头状花序单生茎端和枝端。总苞钟状或半球形，外层苞片通常8枚，披针形或匙状倒披针形，叶状，边缘有缘毛；内层苞片长圆形，膜质，具淡黄色边缘。无舌状花或舌状花不发育，极不明显，管状花两性，结实。瘦果扁平，狭楔形，近无毛或是糙伏毛，顶端芒刺2枚，有倒刺毛。花果期8～10月。
- **产地与分布**：原产于北美。黑龙江、吉林、辽宁、江苏、安徽、浙江等省有分布。
- **繁殖与传播**：种子繁殖。瘦果芒刺上有倒刺毛，可以黏附在人畜、交通工具、家具等上传播。
- **用途**：全草入药，有强壮、清热解毒的功效，主治体虚乏力、盗汗、咯血、痢疾、疳积、丹毒。
- **危害**：①常见于路边、旷野、草地、沟旁，也常侵入绿化带，影响景观。②农田常见杂草，对果树、茶叶、番薯、蔬菜等旱地作物危害较大。③路边常有发生，瘦果容易黏附衣物，有时芒刺会透过衣服，刺伤皮肤。

## 孔雀草　*学名*：*Tagetes patula* L.

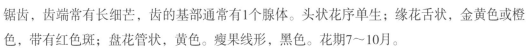

- **别名**：孔雀菊、小万寿菊
- **科属**：菊科、万寿菊属
- **形态特征**：一年生草本，高30～100cm。茎直立，通常近基部分枝，分枝斜开展。叶对生，稀互生；叶片羽状分裂，裂片线状披针形，边缘有锯齿，齿端常有长细芒，齿的基部通常有1个腺体。头状花序单生；缘花舌状，金黄色或橙色，带有红色斑；盘花管状，黄色。瘦果线形，黑色。花期7～10月。
- **产地与分布**：原产于墨西哥，现我国各地庭园均有栽培。
- **生态习性**：中性，喜光，耐半阴。土壤适应性很强。
- **繁殖方式**：播种繁殖。
- **用途**：孔雀草适宜作花坛、花境和花丛，也可以盆栽。

**天人菊**　**学名**：*Gaillardia pulchella* Foug.

- **别名**：虎皮菊
- **科属**：菊科、天人菊属
- **形态特征**：一年生草本植物，株高20～60cm，全株被柔毛。茎直立，具短柔毛。叶互生；叶片披针形、矩圆形至匙形，全缘或基部叶羽裂。头状花序钟形；缘花舌状，先端黄色，基部褐紫色，雌性；盘花管状，两性，结实。花期6～10月。
- **产地与分布**：原产于北美，现在广泛栽培。
- **生态习性**：中性，喜光，耐半阴。能耐炎热、干旱。不耐寒，但是能抗微霜。喜欢向阳的环境。
- **繁殖方式**：播种、扦插繁殖。
- **用途**：天人菊花色艳丽，花姿娇娆，花期较长，在园林中广泛应用。适宜布置花境、花坛，散植或丛植于草坪以及林缘，也可盆栽和用作切花。

**黄金菊**　**学名**：*Euryops pectinatus* cv.Vindis

- **别名**：蓬蒿菊、罗马春黄菊
- **科属**：菊科、梳黄菊属
- **形态特征**：多年生常绿草本，株高可达40cm以上。茎直立，不分枝，亚灌木状。叶互生；叶片羽状深裂至全裂，裂片较细，叶色亮绿。头状花序，单生枝顶；缘花舌状，舌片平展，1轮，金黄色；盘花管状，多数，黄色。瘦果椭圆形。花期4～11月。
- **产地与分布**：原产于南欧、俄罗斯、蒙古，现我国各地均有栽培。
- **生态习性**：阳性，喜光，也耐半阴，耐寒。对土壤要求不高，能适应一定的贫瘠土壤。
- **繁殖方式**：播种繁殖。
- **用途**：黄金菊常用作地被植物，也可盆栽欣赏。

## 菊花　学名：*Dendranthema morifolium*（Ramat.）Tzvel.

- **别名**：秋菊、黄花、节花
- **科属**：菊科、菊属
- **形态特征**：多年生草本，高 60～150cm。茎直立，分枝或不分枝，被柔毛。叶互生，有短柄，叶片卵形至披针形，羽状浅裂或半裂。头状花序单生或数个集生于茎枝顶端；缘花舌状，盘花管状。菊花品种极多，花色与花形变异丰富，有些品种全为舌状花，有些则全为管状花。花期9～11月。
- **产地与分布**：原产于我国，现全世界各地普遍栽培。
- **生态习性**：中性，喜光，稍耐阴，夏季需遮烈日照射。耐寒，喜凉爽的气候，宿根能耐−30℃的低温。要求疏松、肥沃、排水良好的沙质壤土，忌连作，忌水涝。
- **繁殖方式**：扦插、分株、嫁接繁殖。
- **用途**：菊花是我国传统十大名花之一，品种繁多，花形、花色十分丰富，可以配植在花坛、花境、假山等处，也可以作盆花栽培或制作成菊艺盆景。菊花是四大鲜切花之一，广泛用于插花与花艺活动。

## 野艾蒿　学名：*Artemisia lavandulaefolia* DC.

- **别名**：细叶艾
- **科属**：菊科、蒿属
- **形态特征**：多年生草本，高30～90cm。茎直立，多分枝，被密短毛。叶纸质，上面绿色，初时疏被灰白色蛛丝状柔毛，背面除中脉外密被灰白色密绵毛；基部叶有长柄，花期枯萎；中部叶2回羽状深裂，裂片1～3对；上部叶小，披针形，全缘。头状花序多数。总苞被蛛丝状毛，总苞片4层；花冠管状，紫红色；缘花雌性，盘花两性。花果期7～10月。
- **产地与分布**：产于我国东北、华北、华东、华中、西南、华南各地。朝鲜、俄罗斯等国也有分布。
- **繁殖方式**：种子或分株繁殖。
- **用途**：①入药，有散寒、祛湿、温经、止血等作用。②可作野菜食用，台州一带常用于作清明团子的原料。
- **危害**：①常见于路边荒地，也常侵入绿化带，影响景观。②为农田杂草，影响作物生长。

## 野茼蒿　学名：*Crassocephalum crepidioides*（Benth.）S.Moore

- 别名：革命菜
- 科属：菊科、野茼蒿属
- 形态特征：一年生草本，高20～100cm。茎直立，有纵条棱。叶互生，膜质，卵形或长圆状卵形，先端渐尖，基部楔形，边缘有锯齿或重锯齿，或基部羽状裂。头状花序顶生或腋生，有长梗，排成伞房状；总苞钟状，总苞片1层，具狭膜质边缘；小花管状，两性，花冠红褐色或橙红色。瘦果狭圆柱形，橙红色；冠毛白色，绢毛状，易脱落。花期7～11月。
- 产地与分布：原产于热带非洲。20世纪30年代初从印度蔓延入我国境。广东、广西、云南、四川、贵州、西藏、台湾、香港、澳门、福建、江西、湖南、湖北、甘肃、安徽、江苏、上海、浙江、海南均有分布。
- 繁殖与传播：种子繁殖。瘦果借风力传播。
- 用途：细嫩茎叶可作野菜食用，但有报道称其对重金属具富集作用，野外采食有一定风险。
- 危害：①是一种外来入侵植物，对本地的生态及生物多样性构成威胁。②常见于果园、菜地等处，影响果树、蔬菜等作物生产。③植株较高大，常发生于路边、空地、花坛、城市道路的分车带等处，影响景观。

## 瓜叶菊　学名：*Pericallis hybrida* B.Nord.

- 别名：千日莲
- 科属：菊科、瓜叶菊属
- 形态特征：多年生草本，常作一二年生栽培，株高20～90cm不等。茎直立，密被白色长柔毛。叶片大形如瓜叶，绿色光亮；叶柄长5～10cm，基部鞘状抱茎。头状花序多数聚合成伞房花序，花序密集覆盖于枝顶；总苞片披针形；缘花舌状，紫色、粉红色、淡蓝色等；盘花管状。花期12月～翌年4月。
- 产地与分布：原产于西班牙加那利群岛，现在各地广泛栽种。
- 生态习性：中性，喜光，耐半阴。喜凉爽气候，忌炎热。宜疏松、肥沃、排水良好的沙质土壤，怕旱，忌涝。
- 繁殖方式：播种繁殖。
- 用途：瓜叶菊花色丰富，有紫、红、粉、蓝、白、复色等，是重要的温室盆花，也可以在断霜的时候移至露天作花坛材料，十分鲜艳夺目。

## 矢车菊　学名：*Centaurea cyanus* L.

- 别名：蓝芙蓉、翠兰、荔枝菊
- 科属：菊科、矢车菊属
- 形态特征：一年生或二年生草本，株高60～80cm。茎直立，上部多分枝，全株被白色绵毛。单叶互生；基生叶长椭圆状披针形，全缘或羽状分裂；中部以上叶片条形，细长，全缘或有锯齿，无柄。头状花序单生株顶；总苞钟形，缘花舌状，类漏斗形，有蓝、粉红、桃红、白等色；盘花管状，两性。瘦果椭圆形，有毛。花期4～5月。
- 产地与分布：原产于欧洲东南部，现我国各地均有栽培。
- 生态习性：阳性，耐寒力强。喜向阳、排水良好的沙质土壤。
- 繁殖方式：播种繁殖。
- 用途：矢车菊可用于花坛或花境布置，其矮性品种可作边缘装饰。矢车菊也用于切花和盆花生产。

## 金盏菊　学名：*Calendula officinalis* L.

- 别名：黄金菊、长生菊
- 科属：菊科、金盏菊属
- 形态特征：一年生草本，株高30～60cm，全株被白色茸毛。单叶互生；叶片椭圆形或椭圆状倒卵形，全缘，基生叶有柄，上部叶基抱茎。头状花序单生茎顶；舌状花一轮，或多轮平展，金黄或橘黄色，雌性，结实；盘花管状，黄色或褐色，两性，不结实。金盏菊有重瓣（实为舌状花多层）、卷瓣和绿心、深紫色花心等栽培品种。花果期4～9月。
- 产地与分布：原产于南欧以及伊朗。18世纪后传入我国，现各地广泛栽培。
- 生态习性：中性，喜光，稍耐阴。适应性强，耐低温，忌夏季烈日高温。不择土壤，耐瘠薄干旱土壤及阴凉环境，在阳光充足及肥沃地带生长良好。
- 繁殖方式：播种繁殖、扦插繁殖。
- 用途：金盏菊可供花坛与切花用，也可盆栽。

**蒲公英**　学名：*Taraxacum mongolicum* HandMazz.

- **别名**：尿床草、婆婆丁
- **科属**：菊科、蒲公英属
- **形态特征**：多年生草本。根略呈圆锥状。叶基生，叶片倒卵状披针形、倒披针形或长圆状披针形，先端钝或急尖，基部渐狭，中脉极显著，叶柄具翅，疏被蛛丝状毛或几无毛。花葶1至数个，与叶等长或稍长，高10～25cm，密被蛛丝状白色长柔毛；头状花序；总苞钟状，淡绿色；花全为舌状，黄色。瘦果暗褐色，冠毛白色。花果期4～6月。
- **产地与分布**：我国大部分省（市、区）均有分布。朝鲜、蒙古、俄罗斯也有分布。
- **繁殖与传播**：种子繁殖。瘦果质地轻盈、具冠毛，随风飘传。
- **用途**：①富含维生素与矿物质，营养丰富，可作为野菜食用，目前已有生产性栽培。②全草可入药，具清热解毒、消炎健胃、利尿通淋等功效。
- **危害**：为田野一般性杂草，常见于路边、草地、公园、庭园，影响景观。

**苦苣菜**　学名：*Sonchus oleraceus* L.

- **别名**：滇苦菜
- **科属**：菊科、苦苣菜属
- **形态特征**：一年生或二年生草本，高50～100cm。根圆锥状，有多数纤维状的须根。茎直立，有纵棱或条纹，不分枝或上部有分枝，下部光滑无毛，上部分枝具疏腺毛。叶互生，叶片长椭圆形或倒披针形，常大头羽状深裂，或基生叶不裂，基部呈圆耳状抱茎或半抱茎，边缘具尖齿。头状花序少数，在茎枝顶端排紧密的伞房状；总苞宽钟状或圆筒形，总苞片3～4层，覆瓦状排列，向内层渐长；花全为舌状，黄色。瘦果褐色，长椭圆形或卵状椭圆形，压扁；冠毛白色，单毛状，彼此纠缠。花果期3～11月。
- **产地与分布**：原产于欧洲，无意中引进我国，现全国广泛分布。
- **繁殖与传播**：种子繁殖。瘦果借冠毛，随风飘传。
- **用途**：①可作家畜饲料。②全草药用，有祛湿、降压、清热解毒之功效。③可作蔬菜食用。
- **危害**：①是一种重要的入侵植物，发生量大，具有化感作用，对伴生杂草、作物生长有抑制作用。②常见于公园、风景区、路边，影响景观。③部分地区因滥用除草剂，导致苦苣菜危害日益加重，成为恶性杂草。

**孝顺竹** 学名：*Bambusa multiplex* Raeusch. ex J. A. et J. H. Schult.

● **科属**：禾本科、箣竹属

● **形态特征**：地下茎合轴丛生，竿绿色，高4～7m，直径1.5～2.5cm，尾梢近直或略弯，下部挺直；节处稍隆起，无毛。竿箨幼时薄被白蜡粉，早落；箨鞘呈梯形，背面无毛，先端稍向外缘一侧倾斜，呈不对称的拱形；箨耳极微小，边缘有少许繸毛；箨舌边缘呈不规则的短齿裂；箨片直立，易脱落，狭三角形。笋期6～9月。

● **常见品种与变种**：

（1）**小琴丝竹**（*B. multiplex* cv. Alphonse-Karri R.A.Young）：又称花孝顺竹。竿和分枝的节间黄色，有宽度不等的绿色纵纹。竿箨新鲜时绿色，具黄白色纵纹。

（2）**观音竹**（*B. multiplex* var. *rivierorum* R. Maire）：高1～3m，直径3～5mm。竿实心，小枝稍下弯。具13～23叶，叶片长1.6～3.2cm，宽2.6～6.5mm。

● **产地与分布**：原产于越南。我国主要分布于东南及西南地区，在山东青岛等地也有栽培。

● **生态习性**：喜光，稍耐阴。喜温暖、湿润环境，但具一定的耐寒性，是丛生竹中分布最北的竹树。喜深厚肥沃、排水良好的土壤。

● **繁殖方式**：以移植母竹为主，也可埋兜、埋节繁殖。

● **用途**：孝顺竹竹竿丛生，四季青翠，姿态秀美，宜于宅院、草坪角隅、建筑物前或河岸种植。若配植于假山旁侧，则竹石相映，更富情趣。

小琴丝竹竿与分枝色泽鲜明，犹如黄金嵌碧玉，观赏价值高，适于庭院造景。

观音竹枝叶婆娑，风姿绰约，常成丛配植于假山石旁，或布置于庭园角隅、路边水畔。因其枝叶细密，可用作绿篱。观音竹株形矮小，枝叶纤秀，也适合盆栽或制作成竹石类盆景。

孝顺竹　观音竹　小琴丝竹

## 佛肚竹　学名：*Bambusa ventricosa* McClure

- **科属**：禾本科、簕竹属
- **形态特征**：丛生型灌木状竹类。正常竿高8～10m，直径3～5cm，尾梢略下弯，下部稍呈"之"字形曲折；节间圆柱形，幼时无白蜡粉，光滑无毛，下部略微肿胀。畸形竿通常高25～50cm，直径1～2cm，节间短缩而其基部肿胀，呈瓶状，长2～3cm。
- **产地与分布**：原产于我国华南，现我国南方各地以及亚洲的马来西亚和美洲均有引种栽培。
- **生态习性**：喜光，稍耐阴，忌烈日暴晒。喜温暖、湿润气候，抗寒力较低，能耐轻霜及极端0℃左右低温。耐水湿，喜肥沃、湿润的酸性土，要求疏松和排水良好的酸性腐殖土及沙壤土。
- **繁殖方式**：可采用分株繁殖或扦插。
- **用途**：佛肚竹竹竿二型，其畸形竿形态奇特，具有较高的观赏性。其适于庭院、墙隅、水边、路旁种植，也可以盆栽观赏。

## 青皮竹　学名：*Bambusa textilis* McClure

- **别名**：篾竹、山青竹、黄竹、小青竹
- **科属**：禾本科、簕竹属
- **形态特征**：地下茎合轴丛生，竿高可达10m，下部挺直，尾梢弯垂；节间绿色，竿壁薄；节处平坦，无毛。箨鞘早落，革质；箨耳较小，箨片直立，卵状狭三角形。叶鞘无毛，背部具脊；叶耳发达，镰刀形；叶舌极低矮，无毛叶片线状披针形至狭披针形，上表面无毛，下表面密生短柔毛，先出叶宽卵形。笋期5～9月。
- **产地与分布**：分布于广东和广西，西南、华中、华东各地均有引种栽培。
- **生态习性**：喜光，稍耐阴。适生于温暖、湿润的气候环境中，生长迅速，较耐水湿，有一定的耐寒性。喜疏松、肥沃、排水良好的土壤，河岸溪畔、平原、丘陵均可生长，尤其以江河两岸、盆地和平原冲积土上生长最好。
- **繁殖方式**：以分植母竹为主，亦可埋兜、埋节繁殖。
- **用途**：青皮竹竹丛密集，是乡村"四旁"绿化的优良竹种。在城市园林中，可配植于建筑物及假山旁侧，也可成丛散植于广阔草坪一隅，或成丛列植于园路两侧。青皮竹生长迅速，成材快，材质坚韧，是优质的篾用竹种。

## 美丽箬竹　学名：*Indocalamus decorus* Q. H. Dai

- **科属**：禾本科、箬竹属
- **形态特征**：竿高35～80cm，新竿绿色，被白粉和伏贴微毛；节间长7～22cm，节下方密生一圈微毛。箨鞘短于节间，基部具一圈刺毛，边缘生褐色纤毛；箨耳镰形，鞘口缝毛长4～5mm；箨舌边缘具短微毛；箨片宽三角形，背面无毛，腹面的脉间生短粗毛，边缘具褐色微纤毛。每小枝具2～4叶。叶鞘被白粉，边缘生纤毛。笋期4月。

- **产地与分布**：产于广西南宁。
- **生态习性**：喜光，喜肥，耐旱，同时需要在适宜种群密度下才能良好生长。
- **繁殖方式**：母株移栽繁殖。
- **用途**：美丽箬竹是优良的观赏经济竹种。株形低矮，叶大色翠，适宜于基础种植。可在路旁、林缘、石侧点状、块状或带状配植，形成自然景观。

## 鹅毛竹　学名：*Shibataea chinensis* Nakai

- **别名**：小竹
- **科属**：禾本科、倭竹属
- **形态特征**：竿直立，高1m，直径2～3mm，表面光滑无毛，淡绿色或稍带紫色；竿下部不分枝的节间为圆筒形，竿上部略呈三棱型；竿每节分3～5枝，顶芽萎缩。箨鞘纸质，早落；箨舌发达；箨耳无；箨片小。每枝仅具1叶，偶有2叶；叶鞘光滑无毛；叶耳缺；叶舌膜质，叶缘有小锯齿。笋期5～6月。
- **产地与分布**：产于江苏、安徽、江西、福建等省。
- **生态习性**：喜温暖、湿润环境，稍耐阴。浅根性，在疏松、肥沃、排水良好的沙质壤土中生长良好。
- **繁殖方式**：母株移栽繁殖。
- **用途**：鹅毛竹株形小巧，叶如鹅毛，是一种观赏性很强的小型竹种。园林上常用作地被，也适于盆栽或盆景制作。

## 菲白竹　学名：*Sasa fortunei*（Van Houtte）Fiori

- **科属**：禾本科、赤竹属
- **形态特征**：灌木状竹类，地下茎复轴型，竹鞭粗1～2mm。竿高10～30cm，高大者可达50～80cm。节间短小，光滑无毛；竿环较平坦或微隆起，不分枝或每节仅分1枝。箨鞘宿存，无毛。小枝4～7叶；叶鞘无毛，鞘口缝毛白色；叶片短小，披针形，长6～15cm，宽8～14mm，先端渐尖，基部宽楔形或近圆形。叶面通常有黄色、浅黄色或近于白色的纵条纹。

- **产地与分布**：原产于日本。我国江苏、浙江等省有栽培。
- **生态习性**：喜半阴，忌烈日。喜温暖、湿润气候与肥沃、疏松的沙质土壤。
- **繁殖方式**：分株繁殖。
- **用途**：菲白竹株形低矮，耐阴性强，可以在林下生长，适宜于疏林间隙作基础种植，也常作建筑北侧等有侧阴处地被、绿篱。叶色绿白相间，可作色叶地被使用，还可与假山、点石搭配成景。此外，盆栽或制作盆景也很适宜。

## 菲黄竹　学名：*Sasa auricoma* E.G.Camus

- **科属**：禾本科、赤竹属
- **形态特征**：小型灌木状竹类，地下茎复轴型。竿纤细，直径2～3mm，高30～50cm，高大者可达1.2m。节间圆筒形，竿壁厚，基部节间近实心。箨鞘薄纸质，宿存；鞘缘有不明显且易脱落的纤毛，箨耳缺。嫩叶纯黄色，具绿色条纹，老后叶片变为绿色。
- **产地与分布**：原产于日本。我国江苏、浙江等省有引种栽培。
- **生态习性**：喜温暖、湿润气候，较耐寒。忌烈日，宜半阴。喜肥沃、疏松排水良好的沙质土壤。
- **繁殖方式**：分株繁殖。
- **用途**：菲黄竹株形低矮，新叶纯黄且具绿色条纹，色彩亮丽，是庭院绿化优良的彩叶地被。在园林中，可作基础种植或作色块配植，或与山石搭配观赏，也适宜用作盆栽或制作盆景。

## 紫竹　*学名*：*Phyllostachys nigra*（Lodd. ex Lindl.）Munro

- **别名**：乌竹、黑竹
- **科属**：禾本科、刚竹属
- **形态特征**：地下茎单轴型散生竹，竿高7～8m，直径可达2～5cm。幼竿绿色，密被细柔毛及白粉，箨环有毛，一年生以后的竿逐渐先出现紫斑，最后全部变为紫黑色，无毛。箨鞘淡棕色，密被毛，无斑点；箨耳与继毛发达，紫色；箨舌边缘具极短须毛；箨片三角形至长披针形，基部的直立，上部的展开甚至反转，微皱曲。笋期4月中下旬。

- **产地与分布**：原产于我国，分布于秦岭以南各省区。
- **生态习性**：中性，喜光，稍耐阴。喜温暖、湿润气候，较耐寒，能耐-20℃低温。土壤适应性较强，喜深厚、肥沃、湿润而排水良好的微酸性土壤。
- **繁殖方式**：常用移植母竹或埋鞭繁殖。
- **用途**：紫竹竿色随竹龄而呈现翠绿、绿底紫斑、紫黑等多种色彩，具有独特的观赏价值，是我国传统的观竿竹类。紫竹形体适中，清秀而雅致，颇受文人喜爱，最宜配植于书斋外侧，点缀于庭院山石之间。可林植成景，也可沿建筑外侧作条带状布置，绿叶、紫竿、白墙相映成趣。

　　紫竹材质坚韧，可制作小型家具、手杖、乐器及工艺品。

## 斑竹　*学名*：*Phyllostachys bambusoides* f. *lacrima-deae* Keng f. et Wen

- **别名**：湘妃竹、泪竹
- **科属**：禾本科、刚竹属
- **形态特征**：竿高达5～10m，径达3～5cm，具紫褐色或淡褐色斑点。竿环及箨环均隆起；竿箨黄褐色，有黑褐色斑点，疏生脱落性直立硬毛；箨耳较小，有长而弯曲之继毛。叶带状披针形，叶舌发达，有叶耳及长肩毛。笋期5～6月。
- **产地与分布**：产于黄河流域至长江流域各地。日本也有栽培。
- **生态习性**：适应性强，能耐-18℃低温。对土壤要求不严，喜土层深厚、疏松肥沃、排水良好的酸性沙壤土。
- **繁殖方式**：常用母株移植繁殖。
- **用途**：斑竹绿叶青翠，竿色斑驳似泪痕，具有独特的观赏性，广泛应用于庭院、公园绿化。
　　斑竹材质坚硬，篾性良好，是优良用材竹种。

## 黄纹竹　　学名：*Phyllostachys vivax* cv. Huanwenzhu

- 科属：禾本科、刚竹属
- 形态特征：竿高5～15m，幼竿被白粉，无毛，竹竿之纵沟为黄色。竿环隆起，稍高于箨环。箨鞘黄绿色至黄褐色，密被黑褐色斑点或斑块；无箨耳及鞘口繸毛；箨叶长披针形，前半部强烈皱折，外翻，绿色，边缘橘黄色。末级小枝多数具4叶，具叶耳和繸毛。笋期4月中下旬。
- 产地与分布：产于河南永城县（今为永城市），现浙江、江西等地有引种。
- 生态习性：耐寒性强，能耐-23℃低温。
- 繁殖方式：常用母株移植繁殖。
- 用途：①竿绿色，节间凹槽部位黄色，能耐-23℃低温，为优良观赏竹。②笋味美，为良好的笋用竹种；篾性较差，可编制篮筐；竿作农具柄材等用。

## 黄秆乌哺鸡竹　　学名：*Phyllostachys vivax* cv. Aureocaulis

- 别名：黄杆乌哺鸡竹、黄竿乌哺鸡竹
- 科属：禾本科、刚竹属
- 形态特征：黄秆乌哺鸡竹为散生竹，竿高6～12m，竿径5～8cm。幼竹稍被白粉，老竿金黄色，在竿的中下部常有几个节间具1至数条绿色纵纹；竿环隆起，常在一侧突出。箨鞘淡黄色，略带褐黄色，无毛，密被烟色云斑；无箨耳及繸毛；箨舌弧形隆起，两侧下延，淡棕色至棕色；箨片带状披针形，强烈皱曲，外翻。叶片微下垂，较大，披针形或带状披针形，长9～18cm，宽1.2～2cm。笋期3～4月。
- 产地与分布：产于河南永城，浙江安吉竹种园等处有引种。
- 生态习性：喜温暖、湿润气候，对于干旱与寒冷具有较强的适应能力。适于土、深厚、肥沃、湿润而排水良好的沙质壤土。
- 繁殖方式：采用母竹移植法繁殖。
- 用途：黄秆乌哺鸡竹形态挺拔，竹竿金黄，节间常镶嵌粗细不等的绿色条纹，是优良的观赏竹种，可广泛应用于庭院、公园绿化。该种产笋量大，笋味鲜美，是优质的笋用竹种。

## 花哺鸡竹　学名：*Phyllostachys glabrata* S. Y. Chen et C. Y. Yao

- 科属：禾本科、刚竹属
- 形态特征：地下茎为单轴散生。竿高可达7m，初时深绿，老时灰绿色；无毛，略粗糙，无白粉，节下无粉环。箨耳及鞘口缝毛俱缺；箨舌低而宽，淡褐色，箨片狭三角形至带状，紫绿色。叶耳绿色，叶舌突出，叶片披针形至矩圆状披针形。笋期4月中、下旬。
- 产地与分布：产于浙江杭州、诸暨等地。
- 生态习性：喜温暖、湿润气候，适于深厚、肥沃、湿润而排水良好的沙质壤土。
- 繁殖方式：采用母竹移植法繁殖。
- 用途：花哺鸡竹形态挺拔，枝叶清秀，适于庭院、公园绿化。该种产笋量大，笋味鲜美，是优质的笋用竹种。

## 茶秆竹　学名：*Pseudosasa amabilis*（McClure）Keng f.

- 别名：茶杆竹、青篱竹、沙白竹、厘竹
- 科属：禾本科、矢竹属
- 形态特征：地下茎复轴型。竿坚硬直立，高6～15m，径可达3cm以上，节间长30～40cm。竿下部节生枝1枚，中上部节生枝3枚，贴竿。竿环平整，箨环似线状；箨鞘革质，迟落；箨舌平截或圆弧形；箨叶舟状直立。叶片披针形，长16～35cm。笋期4～5月。

- 产地与分布：产于江西、湖南、福建、广东、广西等省区，浙江、江苏有栽培。
- 生态习性：喜光，喜温暖、湿润的气候环境，但耐寒性较强，能耐-12℃低温。适生于深厚、疏松、肥沃的酸性至中性的沙质壤土。
- 繁殖方式：以移竹为主，兼用鞭蔸繁殖。
- 用途：茶秆竹叶大而密集，翠绿而亮泽，是观赏特点鲜明的优良竹种。既可成丛栽植于公园草地一隅，也宜搭配于假山点石之旁。该种枝叶稠密，适应性强，可作防风林带配置，也林植于不雅景观前形成障景。

  茶秆竹竹竿通直、壁厚质坚、富有弹性、抗虫耐腐，是优良的用材竹种，被广泛应用于家具、工艺品制造。

## 金镶玉竹　　学名：*Phyllostachys aureosulcata cv.* Spectabilis

- **别名**：黄金嵌碧玉竹
- **科属**：禾本科、刚竹属
- **形态特征**：竿高4～10m，径2～5cm。部分竿基部2或3节呈"之"字形折曲，新竿为嫩黄色，后渐变为金黄色，各节间有绿色纵纹，有的竹鞭也有绿色条纹。竿环中度隆起，高于箨环。叶色绿，少数叶有黄白色彩条。笋期4月中旬～5月上旬。
- **产地与分布**：分布在亚热带地区。北京、江苏、浙江也有栽培。
- **生态习性**：喜向阳背风环境，宜深厚、肥沃、湿润、排水和透气性良好的酸性壤土，pH4.5～7比较适宜。
- **繁殖方式**：采用母竹移植法繁殖。
- **用途**：金镶玉竹为竹中珍品，是我国四大观赏竹种之一。竹竿色泽金黄，各相邻节间错落分布着宽窄不等的碧绿色的纵纹，色彩鲜明夺目，仿佛根根金条上镶嵌着块块碧玉，观赏价值很高。可配植于墙隅、石侧、水边、亭旁造景，该种发笋密度大，也适宜作绿篱栽培。

## 白哺鸡竹　　学名：*Phyllostachys dulcis* McClure

- **别名**：象牙竹
- **科属**：禾本科、刚竹属
- **形态特征**：竿高6～10m，粗4～6cm，幼竿逐渐被少量白粉，老竿灰绿色，常有淡黄色或橙红色的隐约细条纹和斑块。竿环甚隆起，高于箨环。箨鞘质薄，背面淡黄色或乳白色，微带绿色或上部略带紫红色，有时有紫色纵脉纹，有稀疏的褐色至淡褐色小斑点和向下的刺毛。末级小枝具2或3叶。笋期4月下旬。
- **产地与分布**：分布于江苏、浙江。
- **生态习性**：喜深厚、疏松、肥沃的山地土壤。制约白哺鸡竹生长的主要因子是土壤含盐量，适生于土壤含盐量小于0.3%的山地、水稻田、沿海塘坡、护塘地等。竹竿坚韧，抗风性好。
- **繁殖方式**：采用母竹移植法繁殖。
- **用途**：竹竿挺秀，笋形美观，枝叶青翠，具有较高的观赏价值。可配植于庭院角隅、建筑物四周、假山叠石之间、园路两旁。

  　　笋质脆嫩，色白味美，是优良的笋用竹种。

**苇状羊茅**　学名：*Festuca arundinacea* Schreb.

- 别名：高羊茅
- 科属：禾本科、羊茅属
- 形态特征：多年生草本。秆成疏丛或单生，直立，高90～120cm，具3～4节，光滑，上部伸出鞘外的部分长达30cm。叶鞘光滑，具纵条纹；叶舌膜质，截平；叶片线状披针形。圆锥花序疏松开展，长20～28cm；分枝单生，长达15cm，自近基部处分出小枝或小穗；侧生小穗柄长1～2mm；小穗长7～10mm，含2～3花。花果期4～8月。
- 产地与分布：主产于欧亚大陆以及我国新疆和东北地区，目前园林用途品种均引自美欧各国。
- 生态习性：中性，中等耐阴。喜温凉、湿润气候，耐热，耐寒。耐瘠薄，抗病性强，耐践踏性中等。适宜于温暖、湿润的中亚热带至中温带地区栽种，在长江流域可以保持四季常绿。
- 繁殖方式：播种繁殖。
- 用途：苇状羊茅为多年生冷地型草坪草，主要用于草坪建植。

**黑麦草**　学名：*Lolium perenne* L.

- 别名：宿根黑麦草
- 科属：禾本科、黑麦草属
- 形态特征：多年生草本。具细弱根状茎。秆丛生，高30～90cm，具3～4节，基部节上生根。叶舌长约2mm；叶片线形，柔软，具微毛，有时具叶耳。穗状花序直立或稍弯，长10～20cm，宽5～8mm；小穗轴节间长约1mm，平滑无毛；颖披针形，为其小穗长的1/3；外稃长圆形，草质；内稃与外稃等长，两脊生短纤毛。颖果长约为宽的3倍。花果期5～7月。
- 产地与分布：产于欧洲、亚洲暖温带、非洲北部，现世界各地普遍引种栽培。
- 生态习性：中性，喜光，稍耐阴。喜温凉、湿润气候，耐寒性较强。要求肥沃、排水良好的土壤，适宜于温暖湿润的中亚热带至中温带地区栽种。
- 繁殖方式：播种繁殖。
- 用途：根茎蔓延力很强，广铺地面，为良好的固堤保土植物。为多年生冷地型草坪草，常用以铺建草坪，也是暖地型草坪冬季复绿的主要草种。

## 狗牙根　学名：*Cynodon dactylon*（L.）Pers.

- 别名：爬根草、拌根草
- 科属：禾本科、狗牙根属
- 形态特征：多年生草本，具有横走的根状茎和细韧须根。秆细而坚韧，下部匍匐地面蔓延甚长，节上常生不定根，直立部分高10~30cm；秆壁厚，光滑无毛，有时略两侧压扁。叶鞘微具脊，无毛或有疏柔毛，鞘口常具柔毛。穗状花序，3~6枚指状排列于茎顶；小穗灰绿色或带紫色，含1小花；花药淡紫色；子房无毛，柱头紫红色。花果期5~10月。
- 产地与分布：为世界广布草种，在我国主要分布于黄河流域以南地区。
- 生态习性：阳性，喜光，忌荫蔽。耐热，耐旱性强，耐寒性中等。对土壤适应性强，耐盐碱。
- 繁殖方式：播种、分株繁殖。
- 用途：狗牙根生长较快，耐修剪，耐践踏，为多年生暖地型草坪草。

## 沟叶结缕草　学名：*Zoysia matrella*（L.）Merr.

- 别名：马尼拉草、台湾草
- 科属：禾本科、结缕草属
- 形态特征：多年生草本。具横走根茎，须根细弱。秆直立，高12~20cm，基部节间短，每节具一至数个分枝。叶鞘长于节间，除鞘口具长柔毛外，余无毛；叶舌短而不明显，顶端撕裂为短柔毛；叶片质硬，内卷，上面具沟，无毛，长可达3cm，宽1~2mm，顶端尖锐。花果期7~10月。
- 产地与分布：原产于大洋洲热带和亚热带地区。我国首先引种于海南、广东、台湾省，现在已经驯化，广泛栽种于天津、青岛以南地区。
- 生态习性：中性，喜光，耐半阴。耐热，稍耐寒。对土壤适应性强，抗干旱、瘠薄，耐湿，耐碱。
- 繁殖方式：播种繁殖。
- 用途：沟叶结缕草具有发达的根茎，生长势与扩展性强，草层茂密，覆盖度大；耐修剪，耐践踏。它是台州主要的暖地型草坪草。

## 风车草　学名：*Cyperus alternifolius* ssp. *flabelliformis*（Rottb.）Kukenth

- **别名**：旱伞草、水棕竹、伞草
- **科属**：莎草科、莎草属
- **形态特征**：多年生挺水植物，高40～160cm。茎秆粗壮，直立生长，茎近圆柱形，丛生，上部较为粗糙，下部包于棕色的叶鞘之中。叶状苞片呈螺旋状排列在径秆的顶端，约有20枚，近等长，向四面辐射开展，扩散呈伞状。聚伞花序，具6朵至多朵小花，花两性。
- **产地与分布**：原产于非洲，现我国南北各地均有栽培。
- **生态习性**：中性，喜光，耐半阴。喜温暖、通风良好的环境。适于旱生环境，也能耐6cm的水深，不择土壤，但是，以保水力强的腐殖质壤土为宜。
- **繁殖方式**：播种、分株繁殖。
- **用途**：风车草株丛繁茂，姿态优美，叶形奇特，是常见的水景观叶植物。可配于溪流岸边、河道两侧及池塘浅水区，也可点缀于假山石缝，具天然景趣。

## 棕榈　学名：*Trachycarpus fortunei*（Hook.）H. Wendl.

- **别名**：棕树、山棕
- **科属**：棕榈科、棕榈属
- **形态特征**：常绿乔木，高可达15m。干圆柱形，有环状纹。叶片近圆形，直径达50～100cm；裂片30～45，先端2浅裂；叶柄两侧具细圆齿，基部扩大成鞘状抱茎。肉穗花序圆锥状，佛焰苞革质；花小，淡黄色，单性，雌雄异株。果实阔肾形，有

脐，成熟时由黄色变为淡蓝色，有白粉，种子胚乳角质。花期5～6月，果期8～10月。
- **产地与分布**：原产于我国，分布于长江流域及其以南省区。日本也有栽培。
- **生态习性**：有较强的耐阴性，但在阳光充足处，也能良好生长。喜温暖、湿润的气候，耐寒性较强，是棕榈科植物中耐寒性最强的。但忌水涝，喜疏松、肥沃、排水良好的土壤，能在中性、微酸性及石灰性土壤中正常生长，有一定的耐旱与耐湿性。
- **繁殖方式**：播种繁殖。
- **用途**：棕榈单干挺秀，形态端庄。园林中，常作片林栽植，或列植为行道树，以营造热带风情。该种对烟尘及有毒气体抗性较强，是厂区绿化的优良树种。

**丝葵** *学名*：*Washingtonia filifera* H. Wendl.

- **别名**：华盛顿棕榈、老人葵、华盛顿椰子
- **科属**：棕榈科、丝葵属
- **形态特征**：常绿乔木。树干圆柱状，被覆许多下垂的枯叶；树干具明显的纵向裂缝和不太明显的环状叶痕。叶片约分裂至中部而成50～80个裂片，每裂片先端又再分裂，在裂片之间及边缘具灰白色的丝状纤维；在老树的叶柄下半部边缘具小刺。花序弓状下垂，果实卵球形。花期7月。
- **产地与分布**：原产于美国西南部的加利福尼亚和亚利桑那及墨西哥的下加利福尼亚。我国南方各省区有引种栽培。
- **生态习性**：喜光，喜温暖，较耐寒。抗风抗旱力均很强。喜湿润、肥沃的黏性土壤，也能耐一定的水湿与咸潮。
- **繁殖方式**：常用播种繁殖。
- **用途**：树干挺直，树姿优美，具有热带风韵，是热带、亚热带地区重要的绿化树种。其枯叶在树顶下方围干下垂，状若裙子；叶裂片之间白丝飘垂，宛如老人白发，在常见棕榈类植物中独树一帜。

**长叶刺葵** *学名*：*Phoenix canariensis* Hort ex Chaub

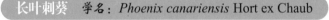

- **别名**：加那利海枣、加那利刺葵、槟榔竹
- **科属**：棕榈科、刺葵属
- **形态特征**：常绿乔木。茎秆粗壮，具波状叶痕。羽状复叶，顶生丛出；小叶狭条形，近基部小叶成针刺状，基部由黄褐色网状纤维包裹。穗状花序腋生；花小，黄褐色。浆果熟时黄色至淡红色。
- **产地与分布**：原产于非洲加拿利群岛。我国早在19世纪就有零星引种，近些年在南方地区广泛栽培。
- **生态习性**：喜光，耐半阴。喜温暖、湿润的环境，具一定的抗寒能力，越冬期间能耐-5℃～-10℃低温；抗旱。喜富含腐殖质之壤土，但耐贫瘠，抗风。对土壤pH适应范围较广，耐盐碱。
- **繁殖方式**：播种繁殖。
- **用途**：长叶刺葵成株高大雄伟，形态优美，耐寒、耐旱，可孤植作景观树，或列植为行道树，也可三五株群植造景，是公园绿化与庭园造景的常用树种。幼株树干粗壮而植株低矮，羽叶修长而辐射伸展，貌若苏铁，可作灌木应用于园林中，也可盆栽应用于室内绿化。

## 林刺葵　学名：*Phoenix sylvestris* Roxb.

- **别名**：银海枣、中东海枣
- **科属**：棕榈科、刺葵属
- **形态特征**：常绿乔木，高可达16m。茎单生，具宿存的叶柄基部。叶羽状全裂，叶长3～5m；叶柄短，叶鞘具纤维；羽片对生或互生，基部羽片变为刺状。佛焰苞近革质，开裂成2舟状瓣；花序长60～100cm；花单性，雌雄异株。果长圆状椭圆形或卵圆形，橙黄色，果期9～10月。
- **产地与分布**：原产于印度、缅甸，现我国南方地区有引种栽培。
- **生态习性**：喜光，耐高温，较耐寒，能抵抗–10℃的严寒。喜湿润，耐湿又耐干旱。对土壤要求不严，但以土质肥沃、排水良好的有机壤土最佳，耐盐碱。
- **繁殖方式**：常用播种繁殖。
- **用途**：林刺葵植株挺拔秀美，富有热带风情，常应用于住宅小区、道路绿化，庭院、公园造景。可孤植于水边、草坪，或丛植于门口作景观树，也可列植为行道树，或林植为背景树，营造热带风光。

## 棕竹　学名：*Rhapis excelsa*（Thunb.）Henry ex Rehd.

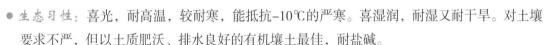

- **别名**：观音竹、筋头竹、棕榈竹
- **科属**：棕榈科、棕竹属
- **形态特征**：常绿丛生灌木，高2～3m。茎圆柱形，覆盖褐色网状纤维质叶鞘。叶集生茎顶，掌状深裂至近全裂；裂片3～10，具3条以上纵脉，横脉明显，边缘及主脉上有微细锯齿；叶柄细长，顶端的小戟突略呈半圆形或钝三角形。雌雄异株；肉穗花序腋生；雄花较小，淡黄色；雌花较大。浆果球形。花期6～8月。
- **产地与分布**：原产于我国南部。日本也有栽培。
- **生态习性**：喜温暖、湿润及通风良好的环境，畏烈日，稍耐寒。要求疏松、肥沃、排水良好的酸性沙壤土，不耐瘠薄和盐碱，不耐积水。
- **繁殖方式**：播种和分株繁殖，家庭种植多以分株繁殖为主。
- **用途**：株丛挺拔，姿态潇洒，叶形秀丽，四季青翠，适于营造具有热带风情的景观，是家庭栽培最广泛的室内观叶植物。适于稍阴的庭院内、大树下或假山旁丛植，也可盆栽成对置放于门口或摆放于阳台，但炎夏与寒冬要注意防护或搬移至室内养护。

## 袖珍椰子　学名：*Chamaedorea elegans* Mart.

- 别名：秀丽竹节椰、袖珍竹、矮生椰子
- 科属：棕榈科、玲珑椰子属
- 形态特征：常绿小灌木，盆栽高度一般不超过1m。茎干直立，不分枝，深绿色，上具不规则花纹。叶着生于枝干顶部，互生，羽状全裂，裂片披针形；顶端两片羽叶基部常合生为鱼尾状；嫩叶绿色，老叶墨绿色，表面有光泽。肉穗花序腋生；雌雄异株，雄花序稍直立，雌花序营养条件好时稍下垂；花黄色，呈小球状。浆果橙黄色。花期为4月～5月。
- 产地与分布：原产于墨西哥北部和危地马拉。我国华南、华东引种栽培。
- 生态习性：耐阴性强，忌阳光直射。喜高湿环境，忌干燥。适栽于疏松、肥沃、排水性好的土壤中。
- 繁殖方式：播种繁殖。
- 用途：袖珍椰子树形矮小，叶色浓绿，羽毛细裂。常用于室内盆栽观赏。

## 雪佛里椰子　学名：*Chamaedorea seifrizii* Burr.

- 别名：夏威夷椰子
- 科属：棕榈科、玲珑椰子属
- 形态特征：茎干直立，茎节短，中空，从地下匍匐茎发新芽而抽长新枝，呈丛生状生长，不分枝。丛生型，高3m，茎干直径达2cm。叶多着生茎干中上部，为羽状全裂，裂片披针形，互生，叶深绿色，且有光泽。花序轴在果期时为橙红色。花为肉穗花序，黄色、橙红色，腋生于茎干中上部节位上。果紫红色。花期在夏季，开花挂果期可长达2～3个月。
- 产地与分布：原产于中南美洲，现我国南方地区有引种。
- 生态习性：耐阴，忌阳光直射。喜高温、高湿，不耐寒。对土壤适应性强，但以疏松、湿润、排水良好、深厚土壤为宜。
- 繁殖方式：播种、分株繁殖。
- 用途：雪佛里椰子常盆栽，用作室内装饰。

## 广东万年青　　学名：*Aglaonema modestum* Schott ex. Engl.

● **别名**：亮丝草、粤万年青

● **科属**：天南星科、广东万年青属

● **形态特征**：多年生常绿草本，株高达60～70cm。茎直立，不分枝，粗壮，节明显。单叶互生；叶柄中部以下扩大成鞘；叶片绿色，长卵形，先端渐尖，基部圆钝或宽楔形。肉穗花序有柄，佛焰苞长圆状披针形，雌雄异花。花期为4～5月。

● **产地与分布**：产于我国广东和菲律宾等地，现我国各地广泛栽培。

● **生态习性**：极耐阴，忌阳光直射。喜温暖、湿润气候，不耐寒。宜微酸性土壤。

● **繁殖方式**：扦插繁殖、分株繁殖。

● **用途**：广东万年青叶片较大，具光泽，可盆栽点缀厅堂、装饰书房，也可清水瓶插，装饰几案、书桌。

## 紫芋　　学名：*Colocasia tonoimo* Nakai

● **别名**：芋头花、广菜

● **科属**：天南星科、芋属

● **形态特征**：多年生草本。块茎粗厚；侧生小球茎若干枚，倒卵形，多少具柄，表面生褐色须根。叶1～5，由块茎顶部抽出，高1～1.2m；叶柄圆柱形，向上渐细，紫褐色；叶片盾状，卵状箭形，深绿色，基部具弯缺，侧脉粗壮，边缘波状，长40～50cm，宽25～30cm。花期7～9月。

● **产地与分布**：原产于我国，现世界各地均有栽培。

● **生态习性**：中性，喜光。生性强健，喜高温、湿润和半阴环境。生于水田边、溪畔或者湖泽湿地。

● **繁殖方式**：分株或种植球茎繁殖。

● **用途**：紫芋叶片巨大，适合光照较强的水体边绿化。

**绿萝** **学名:** *Epipremjum aureum* (Linden et Andre) Bunting

- **别名:** 黄金葛
- **科属:** 天南星科、麒麟叶属
- **形态特征:** 高大藤本。茎攀援,节间具纵槽;多分枝,枝悬垂;幼枝鞭状,细长;成熟枝上叶柄粗壮。叶鞘长,叶片薄革质,翠绿色,全缘,不等侧的卵形或卵状长圆形,先端短渐尖,基部深心形,长32~45cm,宽24~36cm。
- **产地与分布:** 原产于南美热带雨林地区,现世界各地广泛栽培。
- **生态习性:** 对光照要求不严,稍耐阴。性喜温暖、湿润气候,稍耐寒。喜疏松、肥沃、排水良好的土壤。
- **繁殖方式:** 扦插繁殖。
- **用途:** 绿萝缠绕性强,气根发达,四季常绿,长枝披垂,是优良的观叶植物。既可让其攀附于用棕扎成的圆柱、树干上,摆于门厅、宾馆,也可培养成悬垂状,置于书房、窗台、墙面、墙垣,也可用于林荫下做地被植物。能吸收空气中的苯、三氯乙烯、甲醛等,空气净化功能强,适合摆放在新装修好的居室中。

**心叶喜林芋** **学名:** *Philodendron gloriosum* Andre

- **别名:** 心叶蔓绿绒、心叶藤、绿宝石喜林芋
- **科属:** 天南星科、喜林芋属
- **形态特征:** 多年生常绿蔓性草本。茎悬垂,攀援性强;环境湿度大时,节上易发气生根;节间绿色,长4~6cm,粗1.5~2cm。单叶互生;叶片深绿色,有光泽;全缘,叶基心形,先端长渐尖或尾状渐尖;叶柄长。
- **产地与分布:** 产于我国华南热带雨林地区,其他地区多盆栽。
- **生态习性:** 喜半阴,忌阳光暴晒。喜温暖、多湿气候。喜疏松、肥沃、排水良好的土壤。
- **繁殖方式:** 扦插繁殖。
- **用途:** 心叶喜林芋作为常见的室内观叶植物,适合于室内、厅堂摆设。

## 羽裂喜林芋　　学名：*Philodendron selloum* C.Koch

- **别名**：春羽、羽裂蔓绿绒
- **科属**：天南星科、喜林芋属
- **形态特征**：多年生常绿草本，株高可达1m以上。茎粗短，直径可达10cm，直立，有明显叶痕及电线状的气根。叶从茎的顶部向四面伸展，排列紧密、整齐，呈丛生状；有长40～50cm的叶柄；叶片羽状深裂，浓绿，革质，有光泽，长可达60cm，宽达40cm。实生幼年期的叶片较薄，呈三角形，随生长发生之叶片逐渐变大，羽裂缺刻愈多且愈深。
- **产地与分布**：原产于巴西。我国华南地区引种地栽，其他地区普遍盆栽。
- **生态习性**：喜光，稍耐阴。喜高温、高湿环境，稍耐寒。适宜于疏松、肥沃、排水良好的微酸性土壤。
- **繁殖方式**：分株、扦插繁殖。
- **用途**：羽裂喜林芋生长强健，是常见的室内观叶植物，适合室内、厅堂摆设。

## 花烛　　学名：*Anthurium roseum* cv. Roseum

- **别名**：红掌、火鹤花、安祖花
- **科属**：天南星科、花烛属
- **形态特征**：多年生常绿草本。茎直立，节间短。叶基生，绿色，革质，具蜡质光泽；叶片椭圆形至心形，先端短尖或钝，基部心形，全缘；叶柄细长，绿色。花序柄长短不一，常高于叶；佛焰苞平展，革质并有蜡质光泽，朱红色或猩红色、粉白色等，宿存；肉穗花序圆柱形，长5～7cm，黄色，可常年开花不断。
- **产地与分布**：原产于哥斯达黎加、哥伦比亚等热带雨林区。通过引种改良和大棚栽培，现世界各地广泛栽培。
- **生态习性**：喜温暖、湿润环境，不耐寒。夏季生长适温20℃～25℃，冬季温度不低于15℃。宜在富含腐殖质、排水良好的微酸性至中性土壤中生长。
- **繁殖方式**：分株繁殖、组培繁殖。
- **用途**：花烛花叶俱美，花期长，净化室内空气能力强，是优良的室内盆栽花卉。花形奇特与美丽，是名贵的切花材料。

## 白鹤芋　学名：*Spathiphyllum kochii* Engl. & K.Krause

- 别名：白掌、和平芋、苞叶芋、一帆风顺
- 科属：天南星科、苞叶芋属
- 形态特征：多年生草本，株高30～40cm。无茎或茎短小，具块茎或伸长的根茎，有时茎变厚而木质。叶基生；叶片长椭圆状披针形，全缘或有分裂，两端渐尖，叶脉明显；叶柄长，深绿色，基部呈鞘状。花葶直立，高出叶丛；佛焰苞直立向上，大而显著，稍卷，白色或微绿色；肉穗花序圆柱状，乳黄色。花期5～8月，温室栽培为全年。
- 产地与分布：原产于美洲热带地区，现世界各地广泛栽培。
- 生态习性：较耐阴，喜高温、高湿，生长期适温为22℃～28℃。冬季温度宜在14℃以上，若温度低于10℃，则植株生长受阻，叶片易受冻害。以肥沃、含腐殖质丰富的壤土为好。
- 繁殖方式：分株繁殖、组培繁殖。
- 用途：白鹤芋开花时十分美丽，不开花时亦是优良的室内盆栽观叶植物。是新一代的室内盆栽花卉。白鹤芋可以吸附室内废气，对氨气、丙酮、苯和甲醛都有一定的清洁功效。

## 雪铁芋　学名：*Zamioculcas zamiifolia* Engl.

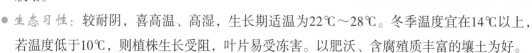

- 别名：金钱树、美铁芋、泽米芋
- 科属：天南星科、雪铁芋属
- 形态特征：多年生常绿草本植物。地上部无主茎。不定芽从块茎萌发形成大型复叶，小叶肉质具短小叶柄，坚挺浓绿；地下部分为肥大的块茎。羽状复叶自块茎顶端抽生，叶轴面壮，小叶在叶轴上呈对生或近对生。佛焰花苞绿色，船形；肉穗花序较短。
- 产地与分布：原产于非洲东部的热带草原气候区，于1997年引入中国。
- 生态习性：喜半阴，忌强光暴晒。喜暖热略干、年均温度变化小的环境，适宜在20℃～32℃生长，比较耐干旱，不耐寒冷。要求土壤疏松肥沃、排水良好、富含有机质、呈酸性至微酸性。忌土壤黏重和盆土内积水，如果盆土内通透不良易导致其块茎腐烂。
- 繁殖方式：扦插繁殖、分株繁殖。
- 用途：雪铁芋叶形奇特，叶质厚实，叶色浓绿，具有很高的观叶价值，常作盆栽观赏。

**龟背竹** **学名**：*Monstera deliciosa* Liebm.

- **别名**：蓬莱蕉
- **科属**：天南星科、龟背竹属
- **形态特征**：攀援灌木。茎绿色，粗壮，少分枝，有苍白色大型半月形叶迹，以气根附着于树干、石壁等。叶片大，轮廓心状卵形，厚革质，表面发亮，淡绿色，背面绿白色；边缘深裂成条状，在中肋两侧脉间常有1～2小穿孔。佛焰苞厚革质，宽卵形，舟状，近直立；肉穗花序近圆柱形，淡黄色。浆果淡黄色。
- **产地与分布**：原产于南美洲、墨西哥。我国福建、广东、广西和云南等地栽培于露地，北京和湖北等地多栽于温室。
- **生态习性**：耐阴性强，喜凉爽而湿润的气候条件，不耐寒。怕干燥，耐水湿，要求深厚和保水力强的腐殖土。
- **繁殖方式**：播种繁殖、分株繁殖。
- **用途**：龟背竹叶态奇特，气生根下垂，是一种著名的观叶植物。适宜盆栽，作室内装饰；在小气候温暖的庭园内，可散植在池边或石缝中，自然大方。

**马蹄莲** **学名**：*Zantedeschia aethiopica*（L.）Spreng.

- **别名**：慈姑花、水芋、花芋
- **科属**：天南星科、马蹄莲属
- **形态特征**：多年生粗壮草本，具块茎。叶基生；叶柄长0.4～1.5m，下部具鞘；叶片较厚，绿色，心状箭形或箭形，先端锐尖、渐尖或具尾状尖头，基部心形或戟形，全缘。佛焰苞亮白色，有时带绿色，喇叭形；肉穗花序圆柱形，黄色。
- **产地与分布**：原产于埃及、南部非洲，世界各地广泛栽培。
- **生态习性**：喜温暖、湿润和阳光充足的环境，不耐寒。喜水湿，不耐旱，生长期土壤要保持湿润，夏季高温期块茎进入休眠状态后要控制浇水。适生于肥沃、保水性能好的黏质壤土。
- **繁殖方式**：分株繁殖。
- **用途**：马蹄莲花叶俱佳，常盆栽作室内陈设；在气候适宜地带，也适于配植庭园，尤其丛植于水池或堆石旁。此外，马蹄莲也是插瓶花、做花束和花篮的好材料。

## 鸭跖草　　学名：*Commelina communis* L.

- **别名**：蓝花草
- **科属**：鸭跖草科、鸭跖草属
- **形态特征**：一年生草本。茎下部匍匐生根，上部直立；多分枝，长可达50cm。叶披针形至卵状披针形；叶鞘近膜质，抱茎，鞘口有长睫毛。聚伞花序着生于枝顶；总苞片佛焰苞状，与叶对生，边缘常有硬毛；萼片白色，内面2枚常靠近或合生；花瓣卵形，后面2枚蓝色，具长爪，前面2枚较小，白色，无爪。蒴果椭圆形，2瓣裂。花果期7～9月。
- **产地与分布**：分布于甘肃、四川以东各省（市、区）。日本、朝鲜、西伯利亚、中南半岛、北美洲均有。
- **繁殖方式**：种子繁殖为主，栽培上也有用扦插、分株育苗。
- **用途**：全草有清热解毒、凉血、利尿之效。
- **危害**：喜生于路边、沟边、田边潮湿处，也有侵入果园、桑园等作物区的，是一种危害较轻的田间杂草。

## 紫竹梅　　别名：*Setcreasea purpurea* Boom.

- **学名**：紫鸭跖草、紫叶草
- **科属**：鸭跖草科、紫竹梅属
- **形态特征**：多年生草本，高20～50cm。茎多分枝，带肉质，紫红色，下部匍匐状，节上常生须根，上部近于直立。叶互生，披针形，长6～13cm，宽6～10mm，先端渐尖，全缘，基部抱茎而成鞘，鞘口有白色长睫毛，上面暗绿色，边缘绿紫色，下面紫红色。花色为粉白色，花期6～10月。
- **产地与分布**：原产于墨西哥，现我国各地均有引种栽培。
- **生态习性**：中性，喜日照充足，亦耐半阴。生性强健，耐寒，在华东地区可露地越冬。对土壤要求不严，耐干旱。
- **繁殖方式**：扦插繁殖。
- **用途**：紫竹梅适宜用于花坛的色块，或者作为镶边材料，也可盆栽观赏。

**吊竹梅** 学名：*Zebrina pendula* Schnizl.

- 别名：水竹草
- 科属：鸭跖草科、吊竹梅属
- 形态特征：多年生常绿草本。茎匍匐，稍柔弱，半肉质，分枝，披散或悬垂。叶片长圆形，上有紫色和白色条斑，先端渐尖，基部宽楔形，边缘有短睫毛。聚伞花序缩短成头状花序；总苞片2，舟状；花萼白色；花冠筒白色，花冠裂片，淡紫或桃红，近圆形。花期6～9月。
- 产地与分布：原产于墨西哥，现我国各地有均引种栽培。
- 生态习性：性喜温暖、湿润以及阳光充足的环境，但是在夏季忌强烈阳光直射。不耐寒，在浙江台州，需要保护地越冬。耐干旱，对土壤的适应性强。
- 繁殖方式：扦插繁殖。
- 用途：吊竹梅在园林上多用于立体布置，置于花架上任其下垂，也可作地被。

**假叶树** 学名：*Ruscus aculeata* L.

- 别名：百劳金雀花、瓜子松
- 科属：百合科、假叶树属
- 形态特征：常绿灌木。根状茎横走，粗厚。茎多分枝，有纵棱，深绿色。叶状枝卵形，先端渐尖而成为长1～2mm的针刺，基部渐狭成短柄，且常扭转，全缘，有中脉和多条侧脉。花白色，1～2朵生于叶状枝上面中脉的下部；苞片干膜质，长约2mm；花被片长1.5～3mm。浆果红色，直径约1cm。花期1～4月，果期9～11月。
- 产地与分布：原产于欧洲南部。我国各地偶见栽培。
- 生态习性：喜温暖、湿润，不耐寒，不耐热。宜在疏松、肥沃、排水良好的微酸性土壤中生长。
- 繁殖方式：分株繁殖。
- 用途：假叶树一般盆栽，作室内装饰。在小气候好的地方，也可以露地栽种，修剪成球形等树形。

## 文竹　学名：*Asparagus setaceus*（Kunth）Jessop

- 别名：云片松、云片竹
- 科属：百合科、天门冬属
- 形态特征：攀援植物，株高可达3～6m。根部稍肉质。茎柔软丛生，细长；分枝极多，近平滑；叶状枝通常每10～13枚成簇，刚毛状，略具三棱，长4～5mm。叶鳞片状，基部稍具刺状距或距不明显。花通常每1～4朵腋生，白色，有短梗；花被片长约7mm。花期9～10月。浆果直径6～7mm，熟时紫黑色，有1～3颗种子。果期为冬季至翌年春季。
- 产地与分布：原产于南非东部和南部。在我国，逸生或归化于中部、西北、长江流域及南方各地。
- 生态习性：喜半阴、通风环境，不能常年荫蔽，也忌强光暴晒。喜温暖，不耐寒，不耐热。喜湿润，不耐旱，怕水涝。不耐盐碱，宜在疏松、肥沃、排水良好的中性至微酸性土壤中生长。
- 繁殖方式：播种、分株繁殖。
- 用途：文竹枝叶纤细，姿态潇洒，十分清雅秀丽，为重要的观叶盆栽植物。文竹也适合作切花、花束、花篮的陪衬材料。

## 天门冬　学名：*Asparagus cochinchinensis*（Lour.）Merr.

- 别名：武竹、郁金山草、天冬草
- 科属：百合科、天门冬属
- 形态特征：攀援植物。根在中部或近末端成纺锤状膨大，膨大部分长3～5cm，粗1～2cm。茎平滑，常弯曲或扭曲，长可达1～2m，分枝具棱或狭翅。叶状枝通常每3枚成簇，长0.5～8cm，宽1～2mm；茎上的鳞片状叶基部延伸为硬刺，在分枝上的刺较短或不明显。花通常每2朵腋生，淡绿色。浆果红色，有1颗种子。花期5～6月，果期8～10月。
- 产地与分布：分布于河北、山西、陕西、甘肃等省的南部至华东、中南、西南。朝鲜、日本、老挝和越南也有。
- 生态习性：喜温暖，不耐严寒，忌高温。喜阴，怕强光。适宜在深厚、疏松、肥沃、湿润且排水良好的沙壤土中生长。
- 繁殖方式：播种、分株繁殖。
- 用途：天门冬宜作盆栽观叶植物，也常作切叶，用于花艺活动。

## 蓬莱松　学名：*Asparagus retrofractus* L.

- 别名：绣球松、松叶文竹、松叶天门冬
- 科属：百合科、天门冬属
- 形态特征：多年生灌木状草本，具小块根。植株直立，高30～60cm，茎丛生，多分枝，分枝细。叶鳞片状或刺状，簇生成团，极似五针松叶，新叶翠绿色，老叶深绿色。花淡红色。花期7～8月。
- 产地与分布：原产于南非纳塔尔，现世界各地广为栽培。
- 生态习性：喜温暖、湿润和荫蔽环境，不耐寒。忌暴晒，怕高温，不耐干旱和积水。
- 繁殖方式：播种、分株繁殖。
- 用途：蓬莱松宜作盆栽观叶植物，也常作切叶，用于花艺活动。

## 蜘蛛抱蛋　学名：*Aspidistra elatior* Blume

- 别名：一叶兰
- 科属：百合科、蜘蛛抱蛋属
- 形态特征：多年生常绿草本。根状茎近圆柱形，直径5～10mm，具节和鳞片。叶单生，彼此相距1～3cm，矩圆状披针形、披针形至近椭圆形，先端渐尖，基部楔形，边缘多少皱波状，两面绿色，有时稍具黄白色斑点或条纹；叶柄明显，粗壮，长5～35cm。总花梗长0.5～2cm；苞片淡绿色，有时有紫色细点；花被钟状，淡紫色或深紫色。花期4～5月。

- 产地与分布：原产于我国南方各省，现全国各地均有栽培。
- 生态习性：耐阴性甚强。喜湿润。喜疏松、肥沃的沙质土。
- 繁殖方式：分株繁殖。
- 用途：蜘蛛抱蛋耐阴，适宜在庭园树荫下配植，也可盆栽用于室内绿化。叶型宽大，也用于切叶生产。

## 吉祥草　学名：*Reineckia carnea*（Andr.）Kunth

- **别名**：观音草、玉带草、松寿兰
- **科属**：百合科、吉祥草属
- **形态特征**：多年生常绿草本花卉，株高约20cm。地下根茎匍匐，节处生根。叶片呈带状披针形，先端渐尖，下部渐狭成柄。花葶侧生，从叶丛抽出，穗状花序；花内白色，外紫红色，稍有芳香；花被片中部以下合生成管状，裂片长圆形，先端钝，开花时反卷。浆果鲜红色，球形。花期10～11月。
- **产地与分布**：产于我国江南以及西南地区。
- **生态习性**：极耐阴，忌阳光直射。喜温暖、湿润环境，不耐干旱。对土壤要求不严。
- **繁殖方式**：分株、播种繁殖。
- **用途**：吉祥草根须发达，覆盖地面迅速，适合作地被栽培，也适合盆栽欣赏。

## 宽叶吊兰　学名：*Chlorophytum capense*（L.）O. Kuntze

- **科属**：百合科、吊兰属
- **形态特征**：根壮茎粗短，不明显，具稍肥厚的根。叶基生，叶片宽线形至线状披针形，禾叶状，长15～45cm，宽1.5～2.5cm，两面鲜绿色。花葶通常直立，有时变成弧状弯曲的匍枝；圆锥花序多分枝，花序末端不具叶簇或幼小植株。

斑心吊兰

宽叶吊兰

- **常见变种及同属植物**：

    斑心吊兰（*C. capense* var. *medi-apictum* Hort.）：叶中心具黄白色纵纹。

    金边吊兰（*C. capense* var. *marginata* Hort.）：叶缘具黄白色镶边。

    吊兰（*C. comosum*（Thunb.）Baker）：叶片长10～30cm，宽0.7～1.5cm，两面绿色或暗绿色，或者有黄白色的纵条纹。花葶比叶长，常变为弧状弯曲的匍枝而在近顶部具叶簇或幼小植株。
- **产地与分布**：原产于南非，现我国长江以南各省区均有栽培。
- **生态习性**：喜温暖、半阴和湿润。夏季忌强光直射，越冬温度不低于5℃。以疏松、肥沃的沙质土为好。
- **繁殖方式**：分株繁殖。
- **用途**：吊兰是常见的盆栽观叶植物，宜悬挂或置于高架观赏。

## 萱草　学名：*Hemerocallis fulva* L.

- **别名**：忘忧草
- **科属**：百合科、萱草属
- **形态特征**：多年生草本。根状茎粗短，具肉质纤维根，多数膨大呈窄长纺锤形。叶基生，绿色，2列，带状，长40～80cm。花葶高于叶丛；苞片呈披针形至卵状披针形；花被片橙黄色，无香气，近漏斗状。蒴果钝三棱状椭圆形。花期6～8月。
- **产地与分布**：原产于我国南部地区。
- **生态习性**：中性，喜光，耐半阴。性强健，耐寒，耐干旱。不择土壤，在深厚、肥沃、湿润、排水良好的沙质土壤上生长良好。
- **繁殖方式**：分株繁殖。
- **用途**：萱草花色鲜艳，早春叶片萌发早，适应性强，管理简单。园林中，可在花坛、花境、路边、疏林、草坡或岩石园中丛植、行植或片植。亦可做切花。

## 山麦冬　学名：*Liriope spicata*（Thunb）Lour

山麦冬　　阔叶山麦冬

- **科属**：百合科、山麦冬属
- **形态特征**：根较粗，中间或近末端常膨大成椭圆形或纺锤形的小块根；地下走茎细长，直径1～2mm，节上具膜质的鞘。茎很短，叶基生成丛，禾叶状，长10～50cm，宽5～8mm，具3～7条脉，边缘具细锯齿。花葶长6～27cm，高出叶丛，花为淡紫，白色。花期5～8月。果成熟后黑色。果期8～11月。
- **同属植物**：

阔叶山麦冬（*L. platyphylla* Wang et Tang）：没有地下走茎；叶宽8～22mm。
- **产地与分布**：原产于我国以及日本，现许多地区均有分布。
- **生态习性**：喜阴湿，忌阳光直射。耐寒，对土壤要求不严。
- **繁殖方式**：播种、分株繁殖。
- **用途**：①山麦冬植株低矮，终年常绿。宜布置在庭园内山石旁、台阶下、花坛边，或成片栽种在树丛下，覆盖黄土。也可盆栽，布置室内。②块根可入药，有滋养、强壮之效。

## 兰花三七　学名：*Liriope zhejiangensis* G.H.Xia&G.Y.Li

- **别名**：浙江山麦冬
- **科属**：百合科、山麦冬属
- **形态特征**：常绿多年生草本。根状茎粗壮。叶线形，丛生，长10~40cm。总状花序，花翠蓝色，偶有白色。果实黑色。花期6~8月，果期9~10月。
- **产地与分布**：原产于我国江南地区。
- **生态习性**：中性，喜光，亦耐阴。适应性强，耐寒、耐热性均好。可生长在微碱性土壤。

- **繁殖方式**：分株、播种繁殖。
- **用途**：常作地被成片栽植于疏林下、林缘、建筑物背阴处或其他隐蔽裸地，适用于城市绿化中乔、灌、草的多层栽植结构。也可盆栽观赏。

## 沿阶草　学名：*Ophiopogon bodinieri* Levl.

- **别名**：书带草
- **科属**：百合科、沿阶草属
- **形态特征**：根纤细，近末端处有时具膨大成纺锤形的小块根，地下走茎长。叶基生成丛，禾叶状。花柱细长，圆柱形，基部不宽阔；花被片在花盛开的时候，多少展开；花葶较叶稍短或几等长。果实近球形或椭圆形，成熟后蓝色。花期6~8月，果期8~10月。
- **产地与分布**：原产于我国华东地区，原为野生，现在各地普遍栽种。
- **生态习性**：阴性，喜温暖、湿润、较荫蔽的环境。耐寒，忌强光和高温。适应性强，对土壤要求不严，既耐干旱又耐水湿。
- **繁殖方式**：播种、分株繁殖。
- **用途**：沿阶草终年常绿，可布置在庭园内山石旁、台阶两旁，或成片栽种在树丛下。也可盆栽布置于室内。沿阶草比麦冬更加耐高温、耐晒。

## 山菅 *学名*：*Dianella ensifolia*（L.）DC.

- **别名**：山菅兰
- **科属**：百合科、山菅属
- **形态特征**：植株高可达1～2m。根状茎圆柱状，横走，粗5～8mm。叶狭条状披针形，长30～80cm，宽1～2.5cm，基部稍收狭成鞘状，套叠或抱茎，边缘和背面中脉具锯齿。顶端圆锥花序长10～40cm，分枝疏散；花常多朵生于侧枝上端，绿白色、淡黄色至青紫色。浆果近球形，深蓝色，直径约6mm，具5～6颗种子。花果期3～8月。
- **产地与分布**：分布在云南、四川、贵州、广西、广东、江西等地。
- **生态习性**：喜半阴及光线充足环境，喜高温、多湿。对土壤条件要求不严。
- **繁殖方式**：分株、播种繁殖。
- **用途**：山菅可作地被植物或林下布置，也宜盆栽观赏。

## 百合 *学名*：*Lilium brownii* var. *viridulum* Baker

百合

卷丹

- **别名**：野百合
- **科属**：百合科、百合属
- **形态特征**：株高70～150cm。鳞茎球形，淡白色，先端常开放如莲座状，由多数肉质肥厚、卵匙形的鳞片聚合而成。叶散生，倒披针形至倒卵形，全缘，两面无毛。花单生或几朵排列成伞形；苞片披针形，花喇叭形，有芳香；花被片乳白色，基部黄色，外面中肋稍带粉紫色，无斑点。子房圆柱形，柱头3裂。花期5～6月。
- **同属植物**：

  卷丹（*L. lancifolium* Thunb.）：花朵橘红色，有黑色斑点，花瓣反卷。
- **产地与分布**：分布于我国长江流域及其西南地区。
- **生态习性**：喜轻阴环境，较耐寒，较耐热，生长、开花适温15℃～25℃，低于5℃或高于30℃生长停止。宜富含腐殖质、土层深厚、排水良好的微酸性至中性土壤，忌干旱。
- **繁殖方式**：分球、播种繁殖。
- **用途**：百合花姿雅致，叶子青翠娟秀，茎干亭亭玉立，色泽鲜艳，是盆栽、切花和点缀庭园的名贵花卉，适合布置成专类花园。

**芦荟** **学名**：*Aloe vera* var. *chinensis* Berger

- **别名**：中华芦荟
- **科属**：龙舌兰科、芦荟属
- **形态特征**：多年生常绿多肉植物。茎节较短，直立。叶肥厚而多肉，多汁，蓝绿色，被白粉，狭披针形，长渐尖，基部阔，边缘有针状刺。总状花序自叶丛中抽出；小花密集，橙黄色并带有红色斑点，十分美丽；花萼绿色。蒴果三角形。花期7～8月。
- **同属植物**：

  **库拉索芦荟**（*Aloe vera* L.）：叶片较中华芦荟更大更长，可以食用。
- **产地与分布**：原产于我国云南等地。
- **生态习性**：喜温暖，不耐寒。适宜生长在排水性能良好的疏松土壤中。
- **繁殖方式**：分株繁殖。
- **用途**：芦荟叶色翠绿、花色艳丽，是花叶并赏的观赏植物，可点缀书桌、几架及窗台。芦荟可以清除室内的甲醛污染。

**凤尾兰** **学名**：*Yucca gloriosa* L.

- **别名**：菠萝花、凤尾丝兰
- **科属**：龙舌兰科、丝兰属
- **形态特征**：常绿灌木。茎干短，少分枝。叶在短茎上密集成丛；叶片宽剑形，长40～60cm，厚革质，先端呈坚硬刺状，表面粉绿色，缘具疏齿。大型圆锥花序从叶丛中抽出；花序粗壮、直立，高达1米余，花自下而上次第开放；花乳白色，近钟形，下垂。蒴果，不开裂。花期为9～10月（个体差异较大，有些植株在5～6月开花）。
- **产地与分布**：原产于美国东部，现我国长江流域各地均有栽培。
- **生态习性**：阳性，喜光，耐寒。耐干旱、瘠薄，喜欢排水良好的沙质壤土，对酸碱度适应范围广。对有毒气体抗性较强。
- **繁殖方式**：播种、分株和扦插繁殖。
- **用途**：凤尾兰叶形似剑，花茎挺立，花白如玉，富有幽香，为花叶俱佳的观赏花木。因其叶坚硬锋利，不宜栽种在园路边，以免儿童触碰刺伤。

## 龙舌兰　学名：*Agave americana* L.

金边龙舌兰

- **别名**：龙舌掌、番麻
- **科属**：龙舌兰科、龙舌兰属
- **形态特征**：多年生常绿大型草本。叶呈莲座式排列，大型，肉质，倒披针状线形，长1～2m，中部宽15～20cm，基部宽10～12cm，叶缘具有疏刺，顶端有1硬尖刺，刺暗褐色。圆锥花序大型，多分枝；花黄绿色。蒴果长圆形，长约5cm。
- **常见的变种**：

  金边龙舌兰（*A. americana* var. *Variegate* Nichols）：叶片边缘有黄白色镶边。
- **产地与分布**：原产于美洲热带。我国华南及西南各省区常引种栽培，在云南已逸生多年，且在红河、怒江、金沙江等的干热河谷地区以至昆明均能正常开花结实。
- **生态习性**：适应性强，喜阳光充足、温暖、湿润的环境，稍耐阴。对土壤要求不严，耐干旱。
- **繁殖方式**：分株繁殖。
- **用途**：龙舌兰叶形美观大方，为大型的观叶盆花。园林上，可以群植在花坛中心、草坪一角，或者较为干旱的地方，以增添庭园景色。

## 虎尾兰　学名：*Sansevieria trifasciata* Prain

金边虎尾兰

- **别名**：虎皮兰
- **科属**：龙舌兰科、虎尾兰属
- **形态特征**：多年生草本，植株高度可达1m左右。根茎呈匍匐状生长，无地上茎。叶基生，常1～2枚，也有3～6枚成簇的，直立，硬革质，扁平，两面均有不规则的暗绿色云层状横纹，如虎尾而得名。总状花序或圆锥花序，花绿色或白色。花期11～12月。
- **常见的变种**：

  金边虎尾兰（*Sansevieria trifasciata* var. *laurentiit*）：叶片边缘有黄白色镶边。
- **产地与分布**：原产于非洲及亚洲南部。
- **生态习性**：喜光又耐阴，喜温暖、湿润，耐干旱，生长适温为20℃～30℃，越冬温度为10℃以上。适应性强，对土壤要求不严，以排水性较好的沙质壤土较好。
- **繁殖方式**：分株、扦插繁殖。
- **用途**：虎尾兰叶片坚挺直立，并具有横向斑带，甚为美观。通常盆栽供室内装饰。

## 君子兰　学名：*Clivia miniata* Regel

- 别名：大花君子兰
- 科属：石蒜科、君子兰属
- 形态特征：根肉质纤维状，乳白色，十分粗壮。茎基部宿存的叶基部扩大互抱成假鳞茎状。叶片从根部短缩的茎上呈二列迭出，排列整齐，宽阔呈带形，顶端圆润，质地硬而厚实，并有光泽及脉纹。叶片革质，深绿色，具光泽，带状，长30~50cm，最长可达85cm，宽3~5cm，下部渐狭，互生排列，全缘。伞形花序，花漏斗状，花色为橘红、橙黄、黄、复色。花期在12月~翌年3月。浆果球形，成熟后呈红色。
- 产地与分布：原产于南非，宿根花卉。
- 生态习性：喜欢冬季温暖、夏季凉爽的环境，不耐寒。在台州科技职业学院，长期放温室内栽种。喜欢疏松、肥沃、排水良好的微酸性土壤。不耐水湿，稍耐旱。
- 繁殖方式：播种、分株繁殖。
- 用途：君子兰叶片排列整齐，碧绿挺秀，优美端庄，花姿高雅，花色绚烂，观赏时间比较长，是属于花、叶兼赏的高档盆栽花卉。可摆放在厅室内的各种台面、桌面、花架、茶几或神案上装饰观赏。

## 水仙　学名：*Narcissus tazetta* var. *chinensis* Roem.

- 别名：中国水仙、凌波仙子、天葱、雅蒜
- 科属：石蒜科、水仙属
- 形态特征：多年生草本。鳞茎卵球形，外披棕褐色皮膜，茎基部生有白色肉质根。叶从鳞茎顶部丛出，狭长，剑状，具平行脉，被有白粉。花茎约与叶等长。伞形花序上着生数朵小花；花被管圆柱状或漏斗形，花被裂片6枚，白色，开放的时候平展如盘；副花冠黄色，浅杯状。12月~翌年3月开花。
- 产地与分布：分布于我国东南沿海地区。
- 生态习性：喜阳光充足、温暖、湿润的生长环境，耐半阴，稍耐寒。宜种在富含腐殖质、湿润而排水良好的沙壤土中，也能在浅水中生长。
- 繁殖方式：分球繁殖、组织培养。
- 用途：水仙花素雅清香，只需一碟清水，几粒石子，就能于寒冬萌翠吐芳，常用它作"岁朝清供"的年花。既可以盆栽欣赏，也可散植在草地、树坛、景物边缘或布置花坛。

## 葱莲　学名：*Zephyranthes candida*（Lindl.）Herb.

- **别名**：葱兰、玉帘、白花菖蒲莲
- **科属**：石蒜科、葱莲属
- **形态特征**：多年生常绿草本。鳞茎卵形，直径约2.5cm，具有明显的颈部，颈长2.5～5cm。叶狭线形，肥厚，亮绿色，长20～30cm，宽 2～4mm。花茎中空。花单生于花茎顶端，下有带褐红色的佛焰苞状总苞，总苞片顶端2裂；花梗长约1cm；花白色，外面常带淡红色。蒴果近球形，3瓣开裂。种子黑色，扁平。花期为7月下旬～11月初。
- **产地与分布**：原产于南美，现在各地广泛栽培。
- **生态习性**：中性，喜光，稍耐阴。喜温暖、湿润气候，较耐寒。适应性强，耐干旱瘠薄，但以排水良好、肥沃而略黏质的土壤为佳。
- **繁殖方式**：分株繁殖。
- **用途**：葱莲株丛低矮清秀，花朵繁多，花期长。适宜林下、坡地或半阴处作地被植物，亦可作花坛、花境及路边的镶边材料，或在草坪中成丛散植，组成缀花草地，饶有野趣。还可盆栽观赏。

## 朱顶红　学名：*Hippeastrum vittatum* Herb.

- **别名**：朱顶兰、柱顶红、孤挺花
- **科属**：石蒜科、朱顶红属
- **形态特征**：多年生草本。鳞茎近球形，直径5～7.5cm。叶6～8枚，花后抽出，鲜绿色，带形，长约30cm，基部宽约2.5cm。花茎中空，稍扁，高约40cm，宽约2cm，具有白粉；伞形花序有花2～4朵，花大形，漏斗状；花被裂片红、粉、复色，花柱与花被裂片近等长。花期5～6月。
- **产地与分布**：原产于南美洲墨西哥、阿根廷，各国均广泛栽种。
- **生态习性**：中性，喜光，稍耐阴。喜干燥、凉爽气候，耐寒性差。宜生长在富含腐殖质、排水良好的沙质土壤，忌积水。
- **繁殖方式**：播种繁殖、分球繁殖。
- **用途**：朱顶红花色鲜艳，花朵硕大，喇叭形，朝阳开放，极为壮丽悦目，可以配植花坛或作切花。适宜盆栽，可作为室内几案、窗前的装饰品，也可陈列在庭园的亭阁、廊下。

## 芭蕉　学名：*Musa basjoo* Sieb.et Zucc.

- 别名：巨叶蕉
- 科属：芭蕉科、芭蕉属
- 形态特征：植株高2.5～4m。叶片长圆形，长2～3m，宽25～30cm，先端钝，基部圆形或不对称，叶面鲜绿色，有光泽；叶柄粗壮，长达30cm。花序顶生，下垂；苞片红褐色或紫色；雄花生于花序上部，雌花生于花序下部；雌花在每一苞片内10～16朵，排成2列。浆果三棱状，长圆形，长5～7cm，具3～5棱，近无柄，肉质。花期5～7月。
- 产地与分布：原产于印度以及我国华南地区。
- 生态习性：中性，喜光，耐半阴。喜温暖气候，耐寒力弱。适应性较强，生长速度快。
- 繁殖方式：分株繁殖。
- 用途：芭蕉树姿优美，是美化庭园的良好植物，常栽种在墙角。尤其在下雨时，雨打芭蕉，营造园林听觉的效果。观叶期在3～11月。

## 美人蕉　学名：*Canna indica* L.

- 别名：红艳蕉、兰蕉
- 科属：美人蕉科、美人蕉属
- 形态特征：多年生宿根草本花卉，株高可达100～150cm。根茎肥大，地上茎绿色。叶互生，叶片宽大，先端渐尖，基部渐狭。总状花序自茎顶抽出；花单生或孪生于苞片内；萼片披针形；花冠管稍短于花萼，裂片披针形；具4枚瓣化雄蕊；花色有乳白、鲜黄、橙黄、橘红、粉红、大红、紫红、复色斑点等。花期5～11月。
- 产地与分布：原产于美洲热带和印度，现我国各地均有栽培。
- 生态习性：中性，喜阳光充足、通风良好的环境。喜高温炎热，不耐寒，遇霜立即枯萎。喜肥沃、湿润的深厚土壤。在原产地无休眠性。
- 繁殖方式：播种繁殖。
- 用途：美人蕉花大色艳，枝叶繁茂，花期长，开花时正值炎热、少花的季节，所以在园林中应用极为普遍。宜作花境背景或花坛中心栽植，也可以丛植在草坪中或者房前屋后。

## 鹤望兰    学名：*Strelitzia reginae* Ait.

- 别名：天堂鸟
- 科属：旅人蕉科、鹤望兰属
- 形态特征：多年生草本，无茎。叶片长圆状披针形，长25～45cm，宽10cm，叶片顶端急尖；叶柄细长。花数朵生于总花梗上，下托一佛焰苞；佛焰苞绿色，边缘紫红；萼片橙黄色，花瓣暗蓝色；雄蕊与花瓣等长；花药狭线形，花柱突出，柱头3。花期在冬季。
- 产地与分布：原产于南非，宿根花卉。
- 生态习性：喜欢光照充足、温暖、湿润的环境，不耐寒。耐旱，不耐涝，要求肥沃、排水良好的稍黏质土壤。
- 繁殖方式：分株繁殖。
- 用途：鹤望兰是一种大型的盆栽观赏花卉，观赏性强。在福建、广东、海南、广西、香港和澳门等地，可丛植于院角，用于庭院造景和花坛、花境的点缀。鹤望兰是优良的切花材料，瓶插可达2～3周，适于室内美化。

## 蝴蝶兰    学名：*Phalaenopsis aphrodite* Rchb.F.

- 别名：蝶兰、蝴蝶花
- 科属：兰科、蝴蝶兰属
- 形态特征：附生性兰花。茎很短，常被叶鞘所包。叶片稍肉质，常3～4枚或更多，上面绿色，背面紫色，椭圆形、长圆形或镰刀状长圆形，长10～20cm，宽3～6cm。花大，蝴蝶状，花色有紫、红、粉、黄、白、复色等。花期12月～翌年3月。
- 产地与分布：原产于亚洲热带以及我国的台湾地区，现我国华东等地也有栽培。
- 生态习性：喜欢高温、高湿的环境，不耐寒。一般采用水苔作为栽培基质。
- 繁殖方式：分株繁殖、组织培养繁殖。

- 用途：蝴蝶兰花形如蝶，颜色艳丽，常盆栽，装饰室内。蝴蝶兰也是一种高档切花材料，用于插花与花艺活动。

## 花叶开唇兰　　**学名**：*Anoectochilus roxburghii*（Wall.）Lindl.

- **别名**：金线莲、金草、鸟人参
- **科属**：兰科、开唇兰属
- **形态特征**：株高8～14cm。具匍匐根状茎，多弯曲，茎上部直立，下部集生2～4片叶。叶互生；叶片卵圆形，表面暗紫色，具金黄色网纹和丝绒状光泽，下面暗红色，部分叶脉紫红色；叶柄基部鞘状抱茎。总状花序顶生，花白色或淡红色。香气特异，味淡。花期9～10月。
- **产地与分布**：原产于福建、台湾、广东、广西、海南、四川、贵州、云南等亚热带及热带地区。
- **生态习性**：耐阴性强，喜欢温暖、阴湿的环境，不耐寒。要求透水性和通气性良好的松软腐叶土。
- **繁殖方式**：组织培养、分株繁殖。
- **用途**：花叶开唇兰植株小巧，叶色美丽，可栽种在小型盆钵中，供室内案头摆设，亦可以用来点缀山石盆景。

　　全草都可以入药，入药以后能利湿消肿，也能强心利尿，对人类的多种疾病具有一定疗效。

## 石斛　　**学名**：*Dendrobium nobile* Lindl.

- **别名**：金钗石斛、吊兰花
- **科属**：兰科、石斛属
- **形态特征**：茎直立，肉质状肥厚，稍扁的圆柱形，长10～60cm，粗达1.3cm，上部多少回折状弯曲，基部明显收狭，不分枝，具多节，节有时稍肿大；节间多少呈倒圆锥形，长2～4cm。叶革质，长圆形，先端钝并且不等侧2裂，基部具抱茎的鞘。总状花序较短；花大，白色，顶端淡紫色。
- **同属植物**：

　　铁皮石斛（*Dendrobium officinale* Kimura et Migo）：总状花序长2～4cm；花苞片干膜质，淡白色；唇瓣先端不裂，或不明显3裂。茎干直径2～4mm，上部茎节上有时生根，长出新植株，干后呈青灰色。花期在5～6月。
- **产地与分布**：原产于台湾、广东、广西、湖北、西南各省区，浙江也有自然分布。
- **生态习性**：喜欢温暖气候，忌阳光直射。在明亮的半阴处生长良好。要求排水好、空气湿度大（70%的相对湿度）、清洁与通风的环境。在台州温室内栽种，一般采用树皮作为栽培基质。
- **繁殖方式**：分株繁殖、组织培养繁殖。
- **用途**：石斛种类多，花色艳丽，有的有香味，是观赏价值较高的花卉。宜作盆花、切花及吊挂花卉。铁皮石斛是一种名贵药材。

**春兰** **学名**：*Cymbidium goeringii* Rchb.f.

- **别名**：草兰、山兰
- **科属**：兰科、兰属
- **形态特征**：多年生常绿草本植物。丛生须根，粗壮肥大，肉质。在根和叶交界处有膨大的假球茎。叶片带形，边缘有锯齿。花葶直立，具花1朵，稀2朵；苞片膜质，有白绿、绿、紫红、朱砂等色；花色以黄绿、嫩绿为主，也有近白色的，花香清烈。花期为2～4月。
- **产地与分布**：分布于甘肃南部，秦岭以南，河南、安徽、湖北等以南广大地区。全国广泛栽培。
- **生态习性**：喜阴，要求日照时间短。喜温暖、湿润气候。要求土层深厚、腐殖质丰富、疏松透水、保水性能良好的微酸性土壤。
- **繁殖方式**：分株繁殖。
- **用途**：春兰一般作为盆栽或制作成盆景，点缀书斋、客厅、卧室、走廊等处。可栽种在假山、亭榭之间的缝隙或石缝中，再覆盖青苔，使其生长环境接近自然，别具野趣。

**蕙兰** **学名**：*Cymbidium faberi* Rolfe

- **别名**：九头兰、夏兰、九节兰
- **科属**：兰科、兰属
- **形态特征**：地生草本植物，假鳞茎不明显。叶5～8枚，带形，直立性强，长25～80cm，宽7～12mm，基部常对折而呈"V"形，叶脉透亮，边缘常有粗锯齿。花葶从叶丛基部最外面的叶腋抽出，总状花序，唇瓣有紫红色斑，有香气；花瓣与萼片相似，花色有淡黄、嫩绿、淡紫等色，芳香。蒴果近狭椭圆形，长5～5.5cm，宽约2cm。花期4～5月。
- **产地与分布**：分布于甘肃南部，秦岭以南，河南、安徽、湖北等以南广大地区。
- **生态习性**：喜阴，要求日照时间短，比春兰耐晒。喜温暖、湿润气候。要求土层深厚、腐殖质丰富、疏松透水、保水性能良好的微酸性土壤。
- **繁殖方式**：分株繁殖。
- **用途**：蕙兰多盆栽欣赏。在疏林中，也有作为地被植物应用的。

## 建兰　学名：*Cymbidium ensifolium*（L.）Sw.

- 别名：秋兰
- 科属：兰科、兰属
- 形态特征：地生植物，植株中矮，根粗且长，常有分叉。假鳞茎较大，微扁圆形。叶片有角质层，先端顺尖或钝尖，具薄革质，较硬挺，叶面平展，少中折，中脉多向背面凸出，叶缘细齿锐利，叶色青绿或浓绿。果实为蒴果。花色为淡黄、白，有香味。花期通常为6～10月，多次开花。
- 产地与分布：分布于浙江南部，江西、福建、台湾、广东、广西、贵州、四川和云南等地区，现全国广泛栽培。
- 生态习性：喜阴，要求日照时间短，比蕙兰更加耐晒。喜温暖、湿润气候。要求土层深厚、腐殖质丰富、疏松透水、保水性能良好的微酸性土壤。
- 繁殖方式：分株繁殖。
- 用途：建兰多盆栽欣赏，也可作为地被植物在疏林中应用。

## 大花蕙兰　学名：*Cymbidium hybridum*

- 别名：喜姆比兰，蝉兰
- 科属：兰科、兰属
- 形态特征：常绿多年生附生草本。假鳞茎粗壮，假鳞茎上通常有12～14节，每个节上均有隐芽。叶片2列，长披针形。花序较长，小花数大于10朵；花大型，花色有白、黄、绿、紫红或带有紫褐色斑纹。花期12月～翌年3月。
- 产地与分布：原产于东南亚、日本和我国南部地区。
- 生态习性：喜冬季温暖和夏季凉爽气候，喜高湿、散光环境，生长适温为15℃～25℃，冬季室温以10℃左右为宜。
- 繁殖方式：分株繁殖、组织培养繁殖。
- 用途：大花蕙兰植株挺拔，花茎直立或下垂，花大色艳，主要用作盆栽观赏。摆放于室内花架、阳台、窗台，有较高品位和韵味。

# 三、附件

附件1  台州科技职业学院校园植物名录

| 植物名（别名） | 学名 | 科 | 属 | 园艺分类 | 生长习性分类 |
|---|---|---|---|---|---|
| 卷柏（还魂草） | *Selaginella tamariscina* | 卷柏科 | 卷柏属 | 观赏植物 | 多年生草本 |
| 翠云草 | *Selaginella uncinata* | 卷柏科 | 卷柏属 | 观赏植物 | 多年生草质藤本 |
| 节节草（草麻黄） | *Hippochaete ramosissima* | 木贼科 | 木贼属 | 观赏植物、杂草 | 多年生草本 |
| 瓶尔小草 | *Ophioglossum vulgatum* | 瓶尔小草科 | 瓶尔小草属 | 观赏植物、杂草 | 一年生草本 |
| 海金沙 | *Lygodium japonicum* | 海金沙科 | 海金沙属 | 观赏植物、杂草 | 多年生草质藤本 |
| 井栏边草（凤尾草） | *Pteris multifida* | 凤尾蕨科 | 凤尾蕨属 | 观赏植物 | 多年生草本 |
| 铁线蕨 | *Adiantum capillus-veneris* | 铁线蕨科 | 铁线蕨属 | 观赏植物 | 多年生草本 |
| 渐尖毛蕨 | *Cyclosorus acuminatus* | 金星蕨科 | 毛蕨属 | 杂草 | 多年生草本 |
| 肾蕨 | *Nephrolepis auriculata* | 肾蕨科 | 肾蕨属 | 观赏植物 | 多年生草本 |
| 圆盖阴石蕨 | *Humata tyermanni* | 骨碎补科 | 阴石蕨属 | 观赏植物 | 多年生草本 |
| 瓦韦 | *Lepisorus thunbergianus* | 水龙骨科 | 瓦韦属 | 观赏植物 | 多年生草本 |
| 槲蕨 | *Drynaria fortunei* | 槲蕨科 | 槲蕨属 | 观赏植物 | 多年生草本 |
| 苏铁（铁树） | *Cycas revoluta* | 苏铁科 | 苏铁属 | 观赏植物 | 常绿小乔木 |
| 银杏（白果树） | *Ginkgo biloba* | 银杏科 | 银杏属 | 果树、观赏植物 | 落叶乔木 |
| 日本冷杉 | *Abies firma* | 松科 | 冷杉属 | 观赏植物 | 常绿乔木 |
| 金钱松 | *Pseudolarix kaempferi* | 松科 | 金钱松属 | 观赏植物 | 落叶乔木 |
| 日本五针松 | *Pirus parviflora* | 松科 | 松属 | 观赏植物 | 常绿乔木 |
| 黑松（白芽松） | *Pinus thunbergii* | 松科 | 松属 | 观赏植物 | 常绿乔木 |
| 池杉（池柏） | *Taxodium ascendens* | 杉科 | 落羽杉属 | 观赏植物 | 落叶乔木 |
| 北美红杉 | *Sequoia sempervirens* | 杉科 | 北美红杉属 | 观赏植物 | 常绿乔木 |
| 水杉 | *Metasequoia glyptostroboides* | 杉科 | 水杉属 | 观赏植物 | 落叶乔木 |
| 柏木 | *Cupressus funebris* | 柏科 | 柏木属 | 观赏植物 | 常绿乔木 |
| 侧柏 | *Platycladus orientalis* | 柏科 | 侧柏属 | 观赏植物 | 常绿乔木 |
| 千头柏 | *Platycladus orientalis* cv. Sieboldii | 柏科 | 侧柏属 | 观赏植物 | 常绿灌木 |
| 洒金千头柏 | *Platycladus orientalis* cv. Aurea | 柏科 | 侧柏属 | 观赏植物 | 常绿灌木 |
| 绒针柏 | *Chamaecyparis pisifera* cv.Squarrosa | 柏科 | 扁柏属 | 观赏植物 | 常绿灌木 |

| 植物名（别名） | 学名 | 科 | 属 | 园艺分类 | 生长习性分类 |
|---|---|---|---|---|---|
| 圆柏（桧柏） | *Sabina chinensis* | 柏科 | 圆柏属 | 观赏植物 | 常绿乔木 |
| 塔柏 | *Sabina chinensis* cv. Pyramidalis | 柏科 | 圆柏属 | 观赏植物 | 常绿乔木 |
| 龙柏 | *Sabina chinensis* cv. Kaizuca | 柏科 | 圆柏属 | 观赏植物 | 常绿乔木 |
| 金球桧（金星桧） | *Sabina chinensis* cv. Aureoglobosa | 柏科 | 圆柏属 | 观赏植物 | 常绿灌木或小乔木 |
| 铺地柏（匍地柏） | *Sabina procumbens* | 柏科 | 圆柏属 | 观赏植物 | 常绿灌木 |
| 刺柏（山刺柏） | *Juniperus formosana* | 柏科 | 刺柏属 | 观赏植物 | 常绿乔木 |
| 罗汉松（土杉） | *Podocarpus macrophyllus* | 罗汉松科 | 罗汉松属 | 观赏植物 | 常绿乔木 |
| 短叶罗汉松 | *Podocarpus macrophyllus* var. *maki* | 罗汉松科 | 罗汉松属 | 观赏植物 | 常绿小乔木或灌木 |
| 珍珠罗汉松 | *Podocarpus brevifolius* | 罗汉松科 | 罗汉松属 | 观赏植物 | 常绿小乔木或灌木 |
| 竹柏 | *Nageia nagi* | 罗汉松科 | 竹柏属 | 观赏植物 | 常绿乔木 |
| 三尖杉（血榧） | *Cephalotaxus fortunei* | 三尖杉科 | 三尖杉属 | 观赏植物 | 常绿乔木 |
| 枷罗木（矮紫杉） | *Taxus cuspidata* cv. Nsana | 红豆杉科 | 红豆杉属 | 观赏植物 | 常绿灌木 |
| 南方红豆杉（美丽红豆杉） | *Taxus mairei* | 红豆杉科 | 红豆杉属 | 观赏植物 | 常绿乔木 |
| 蕺菜（鱼腥草） | *Houttuynia cordata* | 三白草科 | 蕺菜属 | 野菜、杂草 | 多年生草本 |
| 豆瓣绿（豆瓣菜） | *Peperomia tetraphylla* | 胡椒科 | 草胡椒属 | 观赏植物 | 多年生草本 |
| 加杨（加拿大杨） | *Populus × canadensis* | 杨柳科 | 杨属 | 观赏植物 | 落叶乔木 |
| 垂柳（水柳） | *Salix babylonica* | 杨柳科 | 柳属 | 观赏植物 | 落叶乔木 |
| 金丝柳（金丝垂柳） | *Salix × Aureo-pendula* | 杨柳科 | 柳属 | 观赏植物 | 落叶乔木 |
| 紫柳 | *Salix wilsonii* | 杨柳科 | 柳属 | 观赏植物 | 落叶乔木 |
| 彩叶杞柳（花叶杞柳） | *Salix integra* cv. Hakuro Nishiki | 杨柳科 | 柳属 | 观赏植物 | 落叶灌木 |
| 杨梅 | *Myrica rubra* | 杨梅科 | 杨梅属 | 果树、观赏植物 | 常绿乔木 |
| 美国山核桃（薄壳山核桃） | *Carya illinoensis* | 胡桃科 | 山核桃属 | 果树、观赏植物 | 落叶乔木 |
| 苦槠 | *Castanopsis sclerophylla* | 壳斗科 | 栲属 | 观赏植物 | 常绿乔木 |
| 麻栎 | *Quercus acutissima* | 壳斗科 | 栎属 | 观赏植物 | 落叶乔木 |
| 榔榆 | *Ulmus parvifolia* | 榆科 | 榆属 | 观赏植物 | 落叶乔木 |
| 糙叶树 | *Aphananthe aspera* | 榆科 | 糙叶树属 | 观赏植物 | 落叶乔木 |
| 朴树（沙朴） | *Celtis tetrandra* ssp .*sinensis* | 榆科 | 朴属 | 观赏植物 | 落叶乔木 |

| 植物名（别名） | 学名 | 科 | 属 | 园艺分类 | 生长习性分类 |
|---|---|---|---|---|---|
| 桑 | *Morus alba* | 桑科 | 桑属 | 果树、经济作物 | 落叶乔木 |
| 构树（枸树） | *Broussonetia papyrifera* | 桑科 | 构属 | 观赏植物 | 落叶乔木 |
| 榕树（细叶榕） | *Ficus microcarpa* | 桑科 | 榕属 | 观赏植物 | 常绿乔木 |
| 印度橡胶榕（橡皮树） | *Ficus elastica* | 桑科 | 榕属 | 观赏植物 | 常绿乔木 |
| 无花果 | *Ficus carica* | 桑科 | 榕属 | 果树、观赏植物 | 落叶灌木 |
| 薜荔（凉粉果） | *Ficus pumila* | 桑科 | 榕属 | 观赏植物 | 常绿木质藤本 |
| 葎草 | *Humulus scandens* | 桑科 | 葎草属 | 杂草 | 多年生草质藤本 |
| 苎麻 | *Boehmeria nivea* | 荨麻科 | 苎麻属 | 纤维作物、杂草 | 半灌木 |
| 花叶冷水花 | *Pilea cadierei* | 荨麻科 | 冷水花属 | 观赏植物 | 多年生草本或半灌木 |
| 千叶兰（千叶吊兰） | *Muehlewbeckia complera* | 蓼科 | 千叶兰属 | 观赏植物 | 多年生常绿草质藤本 |
| 绵毛酸模叶蓼 | *Polygonum lapathifolium* var. *salicifoliu*m | 蓼科 | 蓼属 | 杂草 | 一年生草本 |
| 何首乌 | *Polygonum multiflorum* | 蓼科 | 蓼属 | 观赏植物、杂草 | 多年生草质藤本 |
| 杠板归（刺犁头） | *Polygonum perfoliatum* | 蓼科 | 蓼属 | 杂草 | 多年生草质藤本 |
| 刺蓼（廊茵） | *Polygonum senticosum* | 蓼科 | 蓼属 | 杂草 | 多年生草质藤本 |
| 羊蹄 | *Rumex japonicus* | 蓼科 | 酸模属 | 杂草 | 多年生草本 |
| 齿果酸模 | *Rumex dentatus* | 蓼科 | 酸模属 | 杂草 | 多年生草本 |
| 藜（灰菜） | *Chenopodium album* | 藜科 | 藜属 | 杂草 | 一年生草本 |
| 小藜 | *Chenopodium serotinum* | 藜科 | 藜属 | 杂草 | 一年生草本 |
| 土荆芥（白马兰） | *Chenopodium ambrosioides* | 藜科 | 藜属 | 杂草 | 一年生草本 |
| 厚皮菜（牛皮菜） | *Beta vulgaris* var. *cicla* | 藜科 | 甜菜属 | 蔬菜、观赏植物 | 二年生草本 |
| 菠菜 | *Spinacia oleracea* | 藜科 | 菠菜属 | 蔬菜 | 二年生草本 |
| 鸡冠花 | *Celosia cristata.* | 苋科 | 青葙属 | 观赏植物 | 一年生草本 |
| 千日红 | *Gomphrena globosa* | 苋科 | 千日红属 | 观赏植物 | 一年生草本 |
| 锦绣苋（红绿草） | *Alternanthera bettzickiana* | 苋科 | 莲子草属 | 观赏植物 | 多年生草本 |
| 空心莲子草（革命草） | *Alternanthera philoxeroides* | 苋科 | 莲子草属 | 杂草 | 多年生草本 |
| 苋菜 | *Amaranthus tricolor* | 苋科 | 苋属 | 蔬菜 | 一年生草本 |

| 植物名（别名） | 学名 | 科 | 属 | 园艺分类 | 生长习性分类 |
|---|---|---|---|---|---|
| 刺苋 | *Amaranthus spinosus* | 苋科 | 苋属 | 野菜、杂草 | 一年生草本 |
| 皱果苋（野苋） | *Amaranthus viridis* | 苋科 | 苋属 | 杂草 | 一年生草本 |
| 牛膝 | *Achyranthes bidentata* | 苋科 | 牛膝属 | 杂草 | 多年生草本 |
| 紫茉莉（胭脂花） | *Mirabilis jalapa* | 紫茉莉科 | 紫茉莉属 | 观赏植物 | 一年生或多年生草本 |
| 叶子花（毛宝巾） | *Bougainvillea spectabilis* | 紫茉莉科 | 叶子花属 | 观赏植物 | 常绿木质藤本 |
| 美洲商陆（垂序商陆） | *Phytolacca americana* | 商陆科 | 商陆属 | 杂草 | 多年生草本 |
| 马齿苋（酸苋） | *Portulaca oleracea* | 马齿苋科 | 马齿苋属 | 野菜、杂草 | 一年生草本 |
| 大花马齿苋（半支莲） | *Portulaca grandiflora* | 马齿苋科 | 马齿苋属 | 观赏植物 | 一年生草本 |
| 马齿苋树（金枝玉叶） | *Portulacaria afra* | 马齿苋科 | 马齿苋树属 | 观赏植物 | 多年生肉质灌木 |
| 繁缕（小鸡草） | *Stellaria media* | 石竹科 | 繁缕属 | 杂草 | 一年生或二年生草本 |
| 雀舌草 | *Stellaria uliginosa* | 石竹科 | 繁缕属 | 杂草 | 一年生草本 |
| 牛繁缕（鹅肠菜） | *Malachium aquaticum* | 石竹科 | 牛繁缕属 | 杂草 | 多年生草本 |
| 球序卷耳 | *Ceratium glomeratum* | 石竹科 | 卷耳属 | 杂草 | 一年生草本 |
| 漆姑草 | *Sagina japonica* | 石竹科 | 漆姑草属 | 杂草 | 一年生或二年生草本 |
| 石竹（洛阳花） | *Dianthus chinensis* | 石竹科 | 石竹属 | 观赏植物 | 多年生草本 |
| 麝香石竹（康乃馨） | *Dianthus caryophyllus* | 石竹科 | 石竹属 | 观赏植物 | 多年生草本 |
| 睡莲 | *Nymphaea tetragona* | 睡莲科 | 睡莲属 | 观赏植物 | 多年生水生草本 |
| 莲（荷花） | *Nelumbo nucifera* | 睡莲科 | 莲属 | 观赏植物 | 多年生水生草本 |
| 花毛茛（芹菜花） | *Ranunculus asiaticus* | 毛茛科 | 毛茛属 | 观赏植物 | 多年生草本 |
| 刺果毛茛 | *Ranunculus muricatus* | 毛茛科 | 毛茛属 | 杂草 | 一年生草本 |
| 扬子毛茛 | *Ranunculus sieboldii* | 毛茛科 | 毛茛属 | 杂草 | 多年生草本 |
| 石龙芮 | *Ranunculus sceleratus* | 毛茛科 | 毛茛属 | 杂草 | 一年生草本 |
| 南天竹 | *Nandina domestica* | 小檗科 | 南天竹属 | 观赏植物 | 常绿灌木 |
| 火焰南天竹 | *Nandina domestica* cv. Fire power | 小檗科 | 南天竹属 | 观赏植物 | 常绿灌木 |
| 十大功劳 | *Mahonia fortunei* | 小檗科 | 十大功劳属 | 观赏植物 | 常绿灌木 |
| 阔叶十大功劳 | *Mahonia bealei* | 小檗科 | 十大功劳属 | 观赏植物 | 常绿灌木或小乔木 |
| 乳源木莲 | *Manglietia yuyuanensis* | 木兰科 | 木莲属 | 观赏植物 | 常绿乔木 |

续表

| 植物名（别名） | 学名 | 科 | 属 | 园艺分类 | 生长习性分类 |
|---|---|---|---|---|---|
| 广玉兰（荷花玉兰） | *Magnolia grandiflora* | 木兰科 | 木兰属 | 观赏植物 | 常绿乔木 |
| 玉兰（白玉兰） | *Magnolia denudata* | 木兰科 | 木兰属 | 观赏植物 | 落叶乔木 |
| 飞黄玉兰 | *Magnolia denudata* cv. FeiHuang | 木兰科 | 木兰属 | 观赏植物 | 落叶乔木 |
| 二乔玉兰 | *Magnolia × soulangeana* | 木兰科 | 木兰属 | 观赏植物 | 落叶小乔木 |
| 天目木兰 | *Magnolia amoena* | 木兰科 | 木兰属 | 观赏植物 | 落叶乔木 |
| 含笑（香蕉花） | *Michelia figo* | 木兰科 | 含笑属 | 观赏植物 | 常绿灌木 |
| 乐昌含笑 | *Michelia chapensis* | 木兰科 | 含笑属 | 观赏植物 | 常绿乔木 |
| 深山含笑 | *Michelia maudiae* | 木兰科 | 含笑属 | 观赏植物 | 常绿乔木 |
| 金叶含笑 | *Michelia foveolata* | 木兰科 | 含笑属 | 观赏植物 | 常绿乔木 |
| 醉香含笑（火力楠） | *Michelia macclurei* | 木兰科 | 含笑属 | 观赏植物 | 常绿乔木 |
| 鹅掌楸（马褂木） | *Liriodendron chinense* | 木兰科 | 鹅掌楸属 | 观赏植物 | 落叶乔木 |
| 杂交鹅掌楸 | *Liriodendron chinense × tulipifera* | 木兰科 | 鹅掌楸属 | 观赏植物 | 落叶乔木 |
| 蜡梅（腊梅） | *Chimonanthus praecox* | 蜡梅科 | 蜡梅属 | 观赏植物 | 落叶灌木 |
| 山蜡梅（亮叶蜡梅） | *Chimonanthus nitens* | 蜡梅科 | 蜡梅属 | 观赏植物 | 常绿灌木 |
| 柳叶蜡梅 | *Chimonanthus salicifolius* | 蜡梅科 | 蜡梅属 | 观赏植物 | 常绿灌木 |
| 夏蜡梅 | *Sinocalycanthus chinensis* | 蜡梅科 | 夏蜡梅属 | 观赏植物 | 落叶灌木 |
| 香樟（樟树） | *Cinnamomum camphora* | 樟科 | 樟属 | 观赏植物 | 常绿乔木 |
| 天竺桂 | *Cinnamomum japonicum* | 樟科 | 樟属 | 观赏植物 | 常绿乔木 |
| 浙江楠 | *Phoebe chekiangensis* | 樟科 | 楠木属 | 观赏植物 | 常绿乔木 |
| 舟山新木姜子（佛光树） | *Neolitsea sericea* | 樟科 | 新木姜子属 | 观赏植物 | 常绿乔木 |
| 月桂 | *Laurus nobilis* | 樟科 | 月桂属 | 观赏植物 | 常绿灌木或小乔木 |
| 虞美人 | *Papaver rhoeas* | 罂粟科 | 罂粟属 | 观赏植物 | 一年生或二年生草本 |
| 大白菜 | *Brassica pekinensis* | 十字花科 | 芸薹属 | 蔬菜 | 二年生草本 |
| 青菜 | *Brassica chinensis.* | 十字花科 | 芸薹属 | 蔬菜 | 一年生或二年生草本 |
| 油菜 | *Brassica campestris* var. *oleifera* | 十字花科 | 芸薹属 | 蔬菜 | 一年生或二年生草本 |
| 紫菜苔 | *Brassica campestris* var. *purpuraria* | 十字花科 | 芸薹属 | 蔬菜 | 一年生或二年生草本 |
| 芜菁（盘菜） | *Brassica rapa* | 十字花科 | 芸薹属 | 蔬菜 | 二年生草本 |

| 植物名（别名） | 学名 | 科 | 属 | 园艺分类 | 生长习性分类 |
|---|---|---|---|---|---|
| 芥菜 | *Brassica juncea* | 十字花科 | 芸薹属 | 蔬菜 | 一年生或二年生草本 |
| 甘蓝（包心菜） | *Brassica oleracea* var. *capitata* | 十字花科 | 芸薹属 | 蔬菜 | 二年生草本 |
| 花椰菜（花菜） | *Brassica oleracea* var. *botrytis* | 十字花科 | 芸薹属 | 蔬菜 | 二年生草本 |
| 西蓝花（青花菜） | *Brassica oleracea* var. *italic* | 十字花科 | 芸薹属 | 蔬菜 | 二年生草本 |
| 羽衣甘蓝（叶牡丹） | *Brassica oleracea* var. *acephala* f. *tricolor* | 十字花科 | 芸薹属 | 观赏植物 | 二年生草本 |
| 萝卜 | *Raphanus sativus* | 十字花科 | 萝卜属 | 蔬菜 | 一年生或二年生草本 |
| 诸葛菜（二月兰） | *Orychophragmus violaceus* | 十字花科 | 诸葛菜属 | 观赏植物 | 一年生或二年生草本 |
| 紫罗兰 | *Matthiola incana* | 十字花科 | 紫罗兰属 | 观赏植物 | 二年生或多年生草本 |
| 臭荠 | *Coronopus didymus* | 十字花科 | 臭荠属 | 杂草 | 一年生或二年生草本 |
| 北美独行菜 | *Lepidium virginicum* | 十字花科 | 独行菜属 | 杂草 | 一年生或二年生草本 |
| 荠（荠菜） | *Capsella bursa-pastoris* | 十字花科 | 荠属 | 杂草 | 一年生或二年生草本 |
| 印度蔊菜（蔊菜） | *Rorippa indica* | 十字花科 | 蔊菜属 | 杂草 | 一年生或二年生草本 |
| 碎米荠 | *Cardamine hirsuta* | 十字花科 | 碎米荠属 | 杂草 | 一年生或二年生草本 |
| 珠芽景天 | *Sedum bulbiferum* | 景天科 | 景天属 | 杂草 | 一年生草本 |
| 佛甲草 | *Sedum lineare* | 景天科 | 景天属 | 观赏植物 | 多年生肉质草本 |
| 垂盆草 | *Sedum sarmentosum* | 景天科 | 景天属 | 观赏植物 | 多年生肉质草本 |
| 费菜（土三七） | *Sedum aizoon* | 景天科 | 景天属 | 观赏植物 | 多年生肉质草本 |
| 八宝（八宝景天） | *Hylotelephium erythrostictum* | 景天科 | 八宝属 | 观赏植物 | 多年生肉质草本 |
| 玉树（玉树景天） | *Crassula arborescens* | 景天科 | 青锁龙属 | 观赏植物 | 肉质亚灌木 |
| 火炬花（长寿花） | *Kalanchoe blossfeldiana* | 景天科 | 伽蓝菜属 | 观赏植物 | 多年生肉质草本 |
| 落地生根（不死鸟） | *Bryophyllum pinnatum* | 景天科 | 落地生根属 | 观赏植物 | 多年生肉质草本 |
| 棒叶落地生根 | *Bryophyllum delagoense* | 景天科 | 落地生根属 | 观赏植物 | 多年生肉质草本 |
| 矾根 | *Heuchera* spp. | 虎耳草科 | 矾根属 | 观赏植物 | 多年生草本 |
| 白花重瓣溲疏 | *Deutzia scabra* cv. Candidissima | 虎耳草科 | 溲疏属 | 观赏植物 | 落叶灌木 |
| 八仙花（绣球） | *Hydrangea macrophylla* | 虎耳草科 | 八仙花属 | 观赏植物 | 落叶灌木 |

续表

| 植物名（别名） | 学名 | 科 | 属 | 园艺分类 | 生长习性分类 |
|---|---|---|---|---|---|
| 海桐 | *Pittosporum tobira* | 海桐花科 | 海桐花属 | 观赏植物 | 常绿灌木 |
| 枫香 | *Liquidambar formosana* | 金缕梅科 | 枫香属 | 观赏植物 | 落叶乔木 |
| 细柄蕈树（细柄阿丁枫） | *Altingia gracilipes* | 金缕梅科 | 蕈树属 | 观赏植物 | 常绿乔木 |
| 红花檵木 | *Loropetalum chinense* var. *rubrum* | 金缕梅科 | 檵木属 | 观赏植物 | 常绿灌木或小乔木 |
| 蚊母树 | *Distylium racemosum* | 金缕梅科 | 蚊母树属 | 观赏植物 | 常绿灌木或小乔木 |
| 杜仲 | *Eucommia ulmoides* | 杜仲科 | 杜仲属 | 药用、观赏植物 | 落叶乔木 |
| 二球悬铃木（英国梧桐） | *Platanus × acerifolia* | 悬铃木科 | 悬铃木属 | 观赏植物 | 落叶乔木 |
| 粉花绣线菊（日本绣线菊） | *Spiraea japonica* | 蔷薇科 | 绣线菊属 | 观赏植物 | 落叶灌木 |
| 火棘 | *Pyracantha fortuneana* | 蔷薇科 | 火棘属 | 观赏植物 | 常绿灌木 |
| 小丑火棘 | *Pyracantha fortuneana* cv. Harlequin | 蔷薇科 | 火棘属 | 观赏植物 | 常绿灌木 |
| 窄叶火棘 | *Pyracantha angustifolia* | 蔷薇科 | 火棘属 | 观赏植物 | 常绿灌木 |
| 红叶石楠 | *Photinia × fraseri* | 蔷薇科 | 石楠属 | 观赏植物 | 常绿小乔木或灌木 |
| 椤木石楠 | *Photinia davidsoniae* | 蔷薇科 | 石楠属 | 观赏植物 | 常绿小乔木 |
| 枇杷 | *Eriobotrya japonica* | 蔷薇科 | 枇杷属 | 果树、观赏植物 | 常绿乔木 |
| 豆梨 | *Pyrus calleryana* | 蔷薇科 | 梨属 | 果树、观赏植物 | 落叶乔木 |
| 沙梨（砂梨） | *Pyrus pyrifolia* | 蔷薇科 | 梨属 | 果树、观赏植物 | 落叶乔木 |
| 木瓜 | *Chaenomeles sinensis* | 蔷薇科 | 木瓜属 | 观赏植物 | 落叶灌木或小乔木 |
| 垂丝海棠 | *Malus halliana* | 蔷薇科 | 苹果属 | 观赏植物 | 落叶小乔木 |
| 湖北海棠 | *Malus hupehensis* | 蔷薇科 | 苹果属 | 观赏植物 | 落叶小乔木 |
| 多花蔷薇（野蔷薇） | *Rosa multiflora* | 蔷薇科 | 蔷薇属 | 观赏植物 | 落叶木质藤本 |
| 七姊妹 | *Rosa multiflora* var. *carnea* | 蔷薇科 | 蔷薇属 | 观赏植物 | 落叶木质藤本 |
| 月季 | *Rosa chinensis* | 蔷薇科 | 蔷薇属 | 观赏植物 | 常绿或半常绿灌木 |
| 木香花 | *Rosa banksiae* | 蔷薇科 | 蔷薇属 | 观赏植物 | 落叶或半常绿藤本 |

| 植物名（别名） | 学名 | 科 | 属 | 园艺分类 | 生长习性分类 |
|---|---|---|---|---|---|
| 蛇莓 | *Duchesnea indica* | 蔷薇科 | 蛇莓属 | 杂草 | 多年生草本 |
| 蓬藟 | *Rubus hirsutus* | 蔷薇科 | 悬钩子属 | 野生果树 | 半常绿灌木 |
| 山莓 | *Rubus corchorifolius* | 蔷薇科 | 悬钩子属 | 野生果树 | 落叶灌木 |
| 空心泡（蔷薇莓） | *Rubus rosaefolius* | 蔷薇科 | 悬钩子属 | 野生果树 | 落叶灌木 |
| 草莓 | *Fragaria × ananassa* | 蔷薇科 | 草莓属 | 野生果树 | 多年生草本 |
| 桃 | *Prunus persica* | 蔷薇科 | 李属 | 果树、观赏植物 | 落叶小乔木 |
| 蟠桃 | *Prunus persica* var. *compressa* | 蔷薇科 | 李属 | 果树、观赏植物 | 落叶小乔木 |
| 油桃 | *Prunus persica* var. *nectarina* | 蔷薇科 | 李属 | 果树、观赏植物 | 落叶小乔木 |
| 紫叶桃 | *Prunus persica* cv. Atropurpurea | 蔷薇科 | 李属 | 观赏植物 | 落叶小乔木 |
| 榆叶梅 | *Prunus triloba* | 蔷薇科 | 李属 | 观赏植物 | 落叶小乔木或灌木 |
| 梅 | *Prunus mume* | 蔷薇科 | 李属 | 果树、观赏植物 | 落叶小乔木 |
| 美人梅 | *Prunus × blireana* cv. Meiren | 蔷薇科 | 李属 | 观赏植物 | 落叶小乔木或灌木 |
| 杏 | *Prunus armeniaca* | 蔷薇科 | 李属 | 果树、观赏植物 | 落叶小乔木 |
| 李 | *Prunus salicina* | 蔷薇科 | 李属 | 果树、观赏植物 | 落叶小乔木 |
| 红叶李（紫叶李） | *Prunus cerasifera* cv. Atropurpurea | 蔷薇科 | 李属 | 观赏植物 | 落叶小乔木 |
| 郁李 | *Prunus japonica* | 蔷薇科 | 李属 | 观赏植物 | 落叶灌木 |
| 日本晚樱 | *Prunus serrulata* var. *lannesiana* | 蔷薇科 | 李属 | 观赏植物 | 落叶乔木 |
| 东京樱花（日本樱花） | *Prunus × yedoensis* | 蔷薇科 | 李属 | 观赏植物 | 落叶乔木 |
| 山樱花 | *Prunus serrulata* | 蔷薇科 | 李属 | 观赏植物 | 落叶乔木 |
| 樱桃 | *Prunus pseudocerasus* | 蔷薇科 | 李属 | 果树 | 落叶乔木 |
| 含羞草 | *Mimosa pudica* | 豆科 | 含羞草属 | 观赏植物 | 多年生或一年生草本 |
| 合欢 | *Albizia julibrissin* | 豆科 | 合欢属 | 观赏植物 | 落叶乔木 |
| 伞房决明 | *Cassia corymbosa* | 豆科 | 决明属 | 观赏植物 | 常绿灌木 |
| 含羞草决明 | *Cassia mimosoides* | 豆科 | 决明属 | 观赏植物 | 多年生或一年生草本 |

| 植物名（别名） | 学名 | 科 | 属 | 园艺分类 | 生长习性分类 |
|---|---|---|---|---|---|
| 决明 | *Cassia tora* | 豆科 | 决明属 | 药用植物、观赏植物 | 一年生半灌木状草本 |
| 紫荆（满条红） | *Cercis chinensis* | 豆科 | 紫荆属 | 观赏植物 | 落叶灌木或小乔木 |
| 龙牙花 | *Erythrina corallodendron* | 豆科 | 刺桐属 | 观赏植物 | 落叶灌木或小乔木 |
| 鸡冠刺桐 | *Erythrina crista-galli* | 豆科 | 刺桐属 | 观赏植物 | 落叶灌木或小乔木 |
| 紫穗槐 | *Amorpha fruticosa* | 豆科 | 紫穗槐属 | 观赏植物 | 落叶灌木 |
| 紫藤（紫藤萝） | *Wisteria sinensis* | 豆科 | 紫藤属 | 观赏植物 | 落叶木质藤本 |
| 网络崖豆藤（昆明鸡血藤） | *Millettia reticulata* | 豆科 | 崖豆藤属 | 观赏植物 | 半常绿或落叶藤本 |
| 红豆树（鄂西红豆树） | *Ormosia hosiei* | 豆科 | 红豆树属 | 观赏植物 | 常绿乔木 |
| 槐树（国槐） | *Sophora japonica* | 豆科 | 槐属 | 观赏植物 | 落叶乔木 |
| 龙爪槐（盘槐） | *Sophora japonica* var. *pendula* | 豆科 | 槐属 | 观赏植物 | 落叶小乔木 |
| 金枝槐 | *Sophora japonica* cv. Golden Stem | 豆科 | 槐属 | 观赏植物 | 落叶乔木 |
| 锦鸡儿 | *Caragana sinica* | 豆科 | 锦鸡儿属 | 观赏植物 | 落叶灌木 |
| 白车轴草（白花三叶草） | *Trifolium repens* | 豆科 | 车轴草属 | 观赏植物 | 多年生草本 |
| 紫云英（红花草） | *Astragalus sinicus* | 豆科 | 黄芪属 | 观赏植物 | 二年生草本 |
| 合萌（田皂角） | *Aeschynomene indica* | 豆科 | 合萌属 | 杂草 | 一年生半灌木状草本 |
| 田菁 | *Sesbania cannabina* | 豆科 | 田菁属 | 绿肥、杂草 | 一年生半灌木状草本 |
| 大巢菜（箭舌豌豆） | *Vicia sativa* | 豆科 | 野豌豆属 | 杂草 | 一年生或二年生草本 |
| 小巢菜（硬毛果野豌豆） | *Vicia hirsuta* | 豆科 | 野豌豆属 | 杂草 | 一年生或二年生草本 |
| 蚕豆（罗汉豆） | *Vicia faba* | 豆科 | 野豌豆属 | 蔬菜 | 二年生草本 |
| 鸡眼草 | *Kummerowia striata* | 豆科 | 鸡眼草属 | 杂草 | 一年生草本 |
| 赤小豆 | *Vigna umbellata* | 豆科 | 豇豆属 | 杂草 | 一年生草本 |
| 豇豆 | *Vigna unguiculata* | 豆科 | 豇豆属 | 蔬菜 | 一年生草质藤本 |
| 菜豆（四季豆） | *Phaseolus vulgaris* | 豆科 | 菜豆属 | 蔬菜 | 一年生草质藤本 |
| 豌豆 | *Pisum sativum* | 豆科 | 豌豆属 | 蔬菜 | 一二年生草质藤本 |

续表

| 植物名（别名） | 学名 | 科 | 属 | 园艺分类 | 生长习性分类 |
|---|---|---|---|---|---|
| 大豆<br>（黄豆、毛豆） | *Glycine max* | 豆科 | 大豆属 | 蔬菜 | 一年生草本 |
| 扁豆（藕豆） | *Lablab purpureus* | 豆科 | 扁豆属 | 蔬菜 | 一年生草质藤本 |
| 酢浆草 | *Oxalis corniculata* | 酢浆草科 | 酢浆草属 | 杂草 | 多年生草本 |
| 红花酢浆草 | *Oxalis corymbosa* | 酢浆草科 | 酢浆草属 | 观赏植物 | 多年生草本 |
| 紫叶酢浆草 | *Oxalis triangularis* ssp. *papilionacea* | 酢浆草科 | 酢浆草属 | 观赏植物 | 多年生草本 |
| 天竺葵 | *Pelargonium hortorum* | 牻牛儿苗科 | 天竺葵属 | 观赏植物 | 多年生草本 |
| 香叶天竺葵 | *Pelargonium graveolens* | 牻牛儿苗科 | 天竺葵属 | 观赏植物 | 多年生草本 |
| 野老鹳草 | *Geranium carolinianum* | 牻牛儿苗科 | 老鹳草属 | 杂草 | 一年生草本 |
| 旱金莲（金莲花） | *Tropaeolum majus* | 旱金莲科 | 旱金莲花属 | 观赏植物 | 多年生草本 |
| 九里香 | *Murraya exotica* | 芸香科 | 九里香属 | 观赏植物 | 常绿小乔木 |
| 枳（枸橘） | *Poncirus trifoliata* | 芸香科 | 枳属 | 果树、观赏植物 | 落叶小乔木 |
| 飞龙枳 | *Poncirus trifoliata* var. *maonstrosa* | 芸香科 | 枳属 | 观赏植物 | 落叶灌木 |
| 金豆 | *Fortunella venosa* | 芸香科 | 金柑属 | 观赏植物 | 常绿灌木 |
| 金弹 | *Fortunella × crassfolia* | 芸香科 | 金柑属 | 果树、观赏植物 | 常绿灌木 |
| 长寿金柑<br>（月月橘） | *Fortunella × obovata* | 芸香科 | 金柑属 | 果树、观赏植物 | 常绿灌木或小乔木 |
| 柚 | *Citrus grandis* | 芸香科 | 柑橘属 | 果树、观赏植物 | 常绿乔木 |
| 佛手 | *Citrus medica* var. *sarcodactylis* | 芸香科 | 柑橘属 | 果树、观赏植物 | 常绿小乔木或灌木 |
| 柑橘（宽皮橘） | *Citrus reticulata* | 芸香科 | 柑橘属 | 果树、观赏植物 | 常绿小乔木或灌木 |
| 楝树（苦楝） | *Melia azedarach* | 楝科 | 楝属 | 观赏植物 | 落叶乔木 |
| 香椿 | *Toona sinensis* | 楝科 | 香椿属 | 观赏植物 | 落叶乔木 |
| 米兰（米仔兰） | *Aglaia odorata* | 楝科 | 米仔兰属 | 观赏植物 | 常绿灌木或小乔木 |
| 乌桕 | *Sapium sebiferum* | 大戟科 | 乌桕属 | 观赏植物 | 落叶乔木 |
| 重阳木 | *Bischofia polycarpa* | 大戟科 | 重阳木属 | 观赏植物 | 落叶乔木 |
| 算盘子 | *Glochidion puberum* | 大戟科 | 算盘子属 | 观赏植物 | 落叶灌木 |
| 山麻杆 | *Alchornea davidii* | 大戟科 | 山麻杆属 | 观赏植物 | 落叶灌木 |
| 一叶萩 | *Flueggea suffruticosa* | 大戟科 | 白饭树属 | 观赏植物 | 落叶灌木 |

续表

| 植物名（别名） | 学名 | 科 | 属 | 园艺分类 | 生长习性分类 |
|---|---|---|---|---|---|
| 变叶木 | *Codiaeum variegatum* | 大戟科 | 变叶木属 | 观赏植物 | 常绿灌木或小乔木 |
| 铁苋菜 | *Acalypha australis* | 大戟科 | 铁苋菜属 | 杂草 | 一年生草本 |
| 叶下珠 | *Phyllanthus urinaria* | 大戟科 | 叶下珠属 | 杂草 | 一年生草本 |
| 火殃勒（彩云阁） | *Euphorbia antiquorum* | 大戟科 | 大戟属 | 观赏植物 | 多年生肉质灌木状 |
| 彩春峰 | *Euphorbia lactea* f.*cristata* cv. Albavariegata | 大戟科 | 大戟属 | 观赏植物 | 多年生肉质植物 |
| 一品红 | *Euphorbia pulcherrima* | 大戟科 | 大戟属 | 观赏植物 | 常绿灌木 |
| 铁海棠（虎刺梅） | *Euphorbia milii* | 大戟科 | 大戟属 | 观赏植物 | 肉质灌木 |
| 斑地锦 | *Euphorbia supina* | 大戟科 | 大戟属 | 杂草 | 一年生草本 |
| 泽漆 | *Euphorbia helioscopia* | 大戟科 | 大戟属 | 杂草 | 一年生或二年生草本 |
| 黄杨（瓜子黄杨） | *Buxus sinica* | 黄杨科 | 黄杨属 | 观赏植物 | 常绿灌木 |
| 雀舌黄杨 | *Buxus bodinieri* | 黄杨科 | 黄杨属 | 观赏植物 | 常绿灌木 |
| 尖叶黄杨 | *Buxus sinica* ssp. *aemulans* | 黄杨科 | 黄杨属 | 观赏植物 | 常绿灌木或小乔木 |
| 清香木 | *Pistacia weinmannifolia* | 漆树科 | 黄连木属 | 观赏植物 | 常绿灌木或小乔木 |
| 南酸枣 | *Choerospondias axillaris* | 漆树科 | 南酸枣属 | 观赏植物 | 落叶乔木 |
| 大叶冬青 | *Ilex latifolia* | 冬青科 | 冬青属 | 观赏植物 | 常绿乔木 |
| 铁冬青 | *Ilex rotunda* | 冬青科 | 冬青属 | 观赏植物 | 常绿乔木 |
| 龟甲冬青（龟背冬青） | *Ilex crenata* cv. Convexa | 冬青科 | 冬青属 | 观赏植物 | 常绿灌木 |
| 枸骨（枸骨） | *Ilex cornuta* | 冬青科 | 冬青属 | 观赏植物 | 常绿灌木或小乔木 |
| 无刺枸骨（无刺枸骨） | *Ilex cornuta* var. *fortunei* | 冬青科 | 冬青属 | 观赏植物 | 常绿灌木或小乔木 |
| 扶芳藤 | *Euonymus fortunei* | 卫矛科 | 卫矛属 | 观赏植物 | 常绿攀援灌木 |
| 冬青卫矛（大叶黄杨） | *Euonymus japonicus* | 卫矛科 | 卫矛属 | 观赏植物 | 常绿灌木或小乔木 |
| 金边大叶黄杨 | *Euonymus japonicus* cv. Aureo- marginatus | 卫矛科 | 卫矛属 | 观赏植物 | 常绿灌木或小乔木 |
| 银边大叶黄杨 | *Euonymus japonicus* cv. Albo-marginatus | 卫矛科 | 卫矛属 | 观赏植物 | 常绿灌木或小乔木 |
| 金心大叶黄杨 | *Euonymus japonicus* cv. Aureo-variegatus | 卫矛科 | 卫矛属 | 观赏植物 | 常绿灌木或小乔木 |

| 植物名（别名） | 学名 | 科 | 属 | 园艺分类 | 生长习性分类 |
|---|---|---|---|---|---|
| 白杜（丝棉木） | *Euonymus maackii* | 卫矛科 | 卫矛属 | 观赏植物 | 落叶小乔木 |
| 鸡爪槭 | *Acer palmatum* | 槭树科 | 槭树属 | 观赏植物 | 落叶小乔木 |
| 小鸡爪槭 | *Acer palmatum* var. *thunbergii* | 槭树科 | 槭树属 | 观赏植物 | 落叶小乔木 |
| 红枫 | *Acer palmatum* cv. Atropurpureum | 槭树科 | 槭树属 | 观赏植物 | 落叶小乔木 |
| 羽毛枫 | *Acer palmatum* cv. Dissectum | 槭树科 | 槭树属 | 观赏植物 | 落叶小乔木 |
| 红羽毛枫 | *Acer palmatum* cv. Dissectum Ornatum | 槭树科 | 槭树属 | 观赏植物 | 落叶小乔木 |
| 赤枫 | *Acer* sp. | 槭树科 | 槭树属 | 观赏植物 | 落叶小乔木 |
| 毛脉槭 | *Acer pubinerve* | 槭树科 | 槭树属 | 观赏植物 | 落叶乔木 |
| 橄榄槭 | *Acer olivaceum* | 槭树科 | 槭树属 | 观赏植物 | 落叶乔木 |
| 三角槭 | *Acer buergerianum* | 槭树科 | 槭树属 | 观赏植物 | 落叶乔木 |
| 七叶树 | *Aesculus chinensis* | 七叶树科 | 七叶树属 | 观赏植物 | 落叶乔木 |
| 无患子 | *Sapindus mukorossi* | 无患子科 | 无患子属 | 观赏植物 | 落叶乔木 |
| 栾树 | *Koelreuteria paniculata* | 无患子科 | 栾树属 | 观赏植物 | 落叶乔木 |
| 全缘叶栾树（黄山栾树） | *Koelreuteria bipinnata* var. *integrifoliola* | 无患子科 | 栾树属 | 观赏植物 | 落叶乔木 |
| 凤仙花 | *Impatiens balsamina* | 凤仙花科 | 凤仙花属 | 观赏植物 | 一年生草本 |
| 雀梅藤（雀梅） | *Sageretia thea* | 鼠李科 | 雀梅藤属 | 观赏植物 | 半常绿灌木或藤本 |
| 枣 | *Ziziphus jujuba* | 鼠李科 | 枣属 | 果树 | 落叶乔木 |
| 枳椇（拐枣） | *Hovenia acerba* | 鼠李科 | 枳椇属 | 果树 | 落叶乔木 |
| 三叶崖爬藤（三叶青） | *Tetrastigma hemsleyanum* | 葡萄科 | 崖爬藤属 | 观赏植物 | 多年生草质藤本 |
| 葡萄 | *Vitis vinifera* | 葡萄科 | 葡萄属 | 果树 | 落叶木质藤本 |
| 乌蔹莓 | *Cayratia japonica* | 葡萄科 | 乌蔹莓属 | 杂草 | 多年生草质藤本 |
| 秃瓣杜英 | *Elaeocarpus glabripetalus* | 杜英科 | 杜英属 | 观赏植物 | 常绿乔木 |
| 玫瑰茄（洛神花） | *Hibiscus sabdariffa* | 锦葵科 | 木槿属 | 观赏植物 | 一年生草本 |
| 木槿 | *Hibiscus syriacus* | 锦葵科 | 木槿属 | 观赏植物 | 落叶灌木 |
| 木芙蓉 | *Hibiscus mutabilis* | 锦葵科 | 木槿属 | 观赏植物 | 落叶灌木或小乔木 |
| 朱槿（扶桑） | *Hibiscus rosa-sinensis* | 锦葵科 | 木槿属 | 观赏植物 | 常绿灌木或小乔木 |
| 垂花悬铃花 | *Malvaviscus arboreus* var. *penduliflous* | 锦葵科 | 悬铃花属 | 观赏植物 | 常绿灌木 |

续表

| 植物名（别名） | 学名 | 科 | 属 | 园艺分类 | 生长习性分类 |
|---|---|---|---|---|---|
| 蜀葵 | *Althaea rosea* | 锦葵科 | 蜀葵属 | 观赏植物 | 二年生或多年生草本 |
| 白背黄花稔 | *Sida rhombifolia* | 锦葵科 | 黄花稔属 | 杂草 | 半灌木 |
| 马拉巴栗（发财树） | *Pachira macrocarpa* | 木棉科 | 巴栗属 | 观赏植物 | 常绿小乔木 |
| 梧桐（青桐） | *Firmiana platanifolia* | 梧桐科 | 梧桐属 | 观赏植物 | 落叶乔木 |
| 马松子（野路葵） | *Melochia corchorifolia* | 梧桐科 | 马松子属 | 杂草 | 半灌木状草本 |
| 木荷 | *Schima superba* | 山茶科 | 木荷属 | 观赏植物 | 常绿乔木 |
| 山茶（红山茶） | *Camellia japonica* | 山茶科 | 山茶属 | 观赏植物 | 常绿灌木或小乔木 |
| 茶梅 | *Camellia sasanqua* | 山茶科 | 山茶属 | 观赏植物 | 常绿灌木或小乔木 |
| 单体红山茶（美人茶） | *Camellia uraku* | 山茶科 | 山茶属 | 观赏植物 | 常绿灌木或小乔木 |
| 尖萼红山茶 | *Camellia edithae* | 山茶科 | 山茶属 | 观赏植物 | 常绿灌木或小乔木 |
| 厚皮香 | *Ternstroemia gymnanthera* | 山茶科 | 厚皮香属 | 观赏植物 | 常绿灌木或小乔木 |
| 滨柃（海瓜子） | *Eurya emarginata* | 山茶科 | 柃木属 | 观赏植物 | 常绿灌木 |
| 金丝桃 | *Hypericum monogynum* | 藤黄科 | 金丝桃属 | 观赏植物 | 半常绿灌木 |
| 柽柳（西河柳） | *Tamarix chinensis* | 柽柳科 | 柽柳属 | 观赏植物 | 落叶灌木或小乔木 |
| 三色堇 | *Viola tricolor* | 堇菜科 | 堇菜属 | 观赏植物 | 多年生或一二年生草本 |
| 角堇 | *Viola cornuta* | 堇菜科 | 堇菜属 | 观赏植物 | 多年生或一二年生草本 |
| 紫花地丁 | *Viola philippica* | 堇菜科 | 堇菜属 | 杂草 | 多年生草本 |
| 戟叶堇菜 | *Viola betonicifolia* | 堇菜科 | 堇菜属 | 杂草 | 多年生草本 |
| 柞木 | *Xylosma japonica* | 大风子科 | 柞木属 | 观赏植物 | 常绿灌木或小乔木 |
| 毛叶山桐子 | *Idesia polycarpa* var. *vestita* | 大风子科 | 山桐子属 | 观赏植物 | 落叶乔木 |
| 四季海棠（四季秋海棠） | *Begonia cucullata* | 秋海棠科 | 秋海棠属 | 观赏植物 | 多年生草本 |
| 斑叶竹节秋海棠 | *Begonia maculata* | 秋海棠科 | 秋海棠属 | 观赏植物 | 多年生草本 |
| 鼠尾掌 | *Aporocactus flagelliformis* | 仙人掌科 | 鼠尾掌属 | 观赏植物 | 多年生多肉植物 |
| 仙人掌 | *Opuntia dillenii* | 仙人掌科 | 仙人掌属 | 观赏植物 | 多年生多肉植物 |
| 金琥 | *Echinocactus grusonii* | 仙人掌科 | 金琥属 | 观赏植物 | 多年生多肉植物 |

| 植物名（别名） | 学名 | 科 | 属 | 园艺分类 | 生长习性分类 |
|---|---|---|---|---|---|
| 昙花 | *Epiphyllum oxypetalum* | 仙人掌科 | 昙花属 | 观赏植物 | 多年生多肉植物 |
| 山影拳（仙人山） | *Piptanthocereus peruvianus* var. *monstrous* | 仙人掌科 | 天轮柱属 | 观赏植物 | 多年生多肉植物 |
| 蟹爪兰 | *Zygocactus truncatus* | 仙人掌科 | 蟹爪兰属 | 观赏植物 | 多年生多肉植物 |
| 金边瑞香 | *Daphne odora* f. *marginata* | 瑞香科 | 瑞香属 | 观赏植物 | 常绿灌木 |
| 结香 | *Edgeworthia chrysantha* | 瑞香科 | 结香属 | 观赏植物 | 落叶灌木 |
| 胡颓子 | *Elaeagnus pungens* | 胡颓子科 | 胡颓子属 | 观赏植物 | 常绿灌木 |
| 金边胡颓子 | *Elaeagnus pungens* var. *aurea* | 胡颓子科 | 胡颓子属 | 观赏植物 | 常绿灌木 |
| 细叶萼距花 | *Cuphea hyssopifolia* | 千屈菜科 | 萼距花属 | 观赏植物 | 常绿灌木 |
| 紫薇 | *Lagerstroemia indica* | 千屈菜科 | 紫薇属 | 观赏植物 | 落叶灌木或小乔木 |
| 福建紫薇 | *Lagerstroemia limii* | 千屈菜科 | 紫薇属 | 观赏植物 | 落叶灌木或小乔木 |
| 石榴 | *Punica granatum* | 石榴科 | 石榴属 | 果树、观赏植物 | 落叶灌木或小乔木 |
| 喜树（旱莲木） | *Camptotheca acuminata* | 蓝果树科 | 喜树属 | 观赏植物 | 落叶乔木 |
| 南美稔（菲吉果） | *Feijoa sellowiana* | 桃金娘科 | 南美稔属 | 观赏植物 | 常绿灌木或小乔木 |
| 香桃木 | *Myrtus communis* | 桃金娘科 | 香桃木属 | 观赏植物 | 常绿灌木 |
| 赤楠 | *Syzygium buxifolium* | 桃金娘科 | 蒲桃属 | 观赏植物 | 常绿灌木或小乔木 |
| 山桃草 | *Gaura lindheimeri* | 柳叶菜科 | 山桃草属 | 观赏植物 | 多年生草本 |
| 八角金盘 | *Fatsia japonica* | 五加科 | 八角金盘属 | 观赏植物 | 常绿灌木 |
| 常春藤 | *Hedera helix* | 五加科 | 常春藤属 | 观赏植物 | 常绿木质藤本 |
| 鹅掌柴 | *Schefflera octophylla* | 五加科 | 鹅掌柴属 | 观赏植物 | 常绿灌木或小乔木 |
| 花叶鹅掌柴 | *Schefflera octophylla* cv. Variegata | 五加科 | 鹅掌柴属 | 观赏植物 | 常绿灌木或小乔木 |
| 吕宋鹅掌柴（大叶伞） | *Schefflera microphylla* | 五加科 | 鹅掌柴属 | 观赏植物 | 常绿乔木 |
| 天胡荽（破铜钱） | *Hydrocotyle sibthorpioides* | 伞形科 | 天胡荽属 | 杂草 | 多年生草本 |
| 南美天胡荽（香菇草） | *Hydrocotyle vulgaris* | 伞形科 | 天胡荽属 | 观赏植物 | 多年生草本 |
| 积雪草 | *Centella asiatica* | 伞形科 | 积雪草属 | 杂草 | 多年生草本 |
| 细叶芹 | *Apium leptophyllum* | 伞形科 | 芹属 | 杂草 | 一年生草本 |
| 旱芹（芹菜） | *Apium graveolens* | 伞形科 | 芹属 | 蔬菜 | 二年生草本 |

续表

| 植物名（别名） | 学名 | 科 | 属 | 园艺分类 | 生长习性分类 |
|---|---|---|---|---|---|
| 芫荽（香菜） | *Coriandrum sativum* | 伞形科 | 芫荽属 | 蔬菜 | 一年生或二年生草本 |
| 胡萝卜 | *Daucus carota* var. *sativa* | 伞形科 | 胡萝卜属 | 蔬菜 | 二年生草本 |
| 红瑞木 | *Cornus alba* | 山茱萸科 | 梾木属 | 观赏植物 | 落叶灌木 |
| 四照花 | *Dendrobenthamia japonica* var. *chinensis* | 山茱萸科 | 四照花属 | 观赏植物 | 落叶乔木 |
| 花叶青木（洒金东瀛珊瑚） | *Aucuba japonica* cv. Variegata | 山茱萸科 | 桃叶珊瑚属 | 观赏植物 | 常绿灌木 |
| 锦绣杜鹃（毛鹃） | *Rhododendron pulchrum* | 杜鹃花科 | 杜鹃花属 | 观赏植物 | 半常绿灌木 |
| 夏鹃 | *Rhododendron* spp. | 杜鹃花科 | 杜鹃花属 | 观赏植物 | 常绿或半常绿灌木 |
| 东鹃 | *Rhododendron* spp. | 杜鹃花科 | 杜鹃花属 | 观赏植物 | 常绿或半常绿灌木 |
| 蓝莓 | *Vaccinium* spp. | 杜鹃花科 | 越橘属 | 果树 | 常绿或落叶灌木 |
| 老鸦柿 | *Diospyros rhombifolia* | 柿科 | 柿属 | 观赏植物 | 落叶灌木 |
| 乌柿 | *Diospyros cathayensis* | 柿科 | 柿属 | 观赏植物 | 常绿或半常绿小乔木 |
| 柿树 | *Diospyros kaki* | 柿科 | 柿属 | 果树 | 落叶乔木 |
| 对节白蜡 | *Fraxinus hupehensis* | 木犀科 | 梣属 | 观赏植物 | 落叶乔木 |
| 丁香（紫丁香） | *Syringa oblata* | 木犀科 | 丁香属 | 观赏植物 | 落叶灌木或小乔木 |
| 白丁香 | *Syringa oblata* var. *alba* | 木犀科 | 丁香属 | 观赏植物 | 落叶灌木或小乔木 |
| 木犀（桂花） | *Osmanthus fragrans* | 木犀科 | 木犀属 | 观赏植物 | 常绿乔木 |
| 丹桂 | *Osmanthus fragrans* var. *aurantiacus* | 木犀科 | 木犀属 | 观赏植物 | 常绿乔木 |
| 金桂 | *Osmanthus fragrans* var. *thunbergii* | 木犀科 | 木犀属 | 观赏植物 | 常绿乔木 |
| 银桂 | *Osmanthus fragrans* var. *latifolius* | 木犀科 | 木犀属 | 观赏植物 | 常绿乔木 |
| 四季桂 | *Osmanthus fragrans* var. *semperflorens* | 木犀科 | 木犀属 | 观赏植物 | 常绿小乔木或灌木 |
| 珍珠彩桂 | *Osmanthus fragrans* cv. Zhenzhu Caigui | 木犀科 | 木犀属 | 观赏植物 | 常绿小乔木或灌木 |
| 女贞 | *Ligustrum lucidum* | 木犀科 | 女贞属 | 观赏植物 | 常绿乔木或小乔木 |
| 金叶女贞 | *Ligustrum ovalifolium* cv. Vicaryi | 木犀科 | 女贞属 | 观赏植物 | 落叶灌木 |
| 日本女贞 | *Ligustrum japonicum* | 木犀科 | 女贞属 | 观赏植物 | 常绿灌木 |

| 植物名（别名） | 学名 | 科 | 属 | 园艺分类 | 生长习性分类 |
|---|---|---|---|---|---|
| 金森女贞 | *Ligustrum japonicum* cv. Howardii | 木犀科 | 女贞属 | 观赏植物 | 常绿灌木 |
| 小蜡 | *Ligustrum sinense* | 木犀科 | 女贞属 | 观赏植物 | 半常绿灌木或小乔木 |
| 金钟花 | *Forsythia viridissima* | 木犀科 | 连翘属 | 观赏植物 | 落叶灌木 |
| 云南黄馨（南迎春） | *Jasminum mesnyi* | 木犀科 | 素馨属 | 观赏植物 | 常绿灌木 |
| 迎春花 | *Jasminum nudiflorum* | 木犀科 | 素馨属 | 观赏植物 | 落叶灌木 |
| 浓香茉莉（浓香探春） | *Jasminum odoratissimum* | 木犀科 | 素馨属 | 观赏植物 | 常绿灌木 |
| 非洲茉莉 | *Fagraea ceilanica* | 马钱科 | 灰莉属 | 观赏植物 | 常绿灌木或小乔木 |
| 夹竹桃 | *Nerium indicum* | 夹竹桃科 | 夹竹桃属 | 观赏植物 | 常绿灌木 |
| 黄金锦络石 | *Trachelospermum asiaticum* cv. Ougonnishiki | 夹竹桃科 | 络石属 | 观赏植物 | 常绿木质藤本 |
| 络石 | *Trachelospermum jasminoides* | 夹竹桃科 | 络石属 | 观赏植物 | 常绿木质藤本 |
| 花叶络石 | *Trachelospermum jasminoides* cv. Variegatum | 夹竹桃科 | 络石属 | 观赏植物 | 常绿木质藤本 |
| 五彩络石 | *Trachelospermum jasminoides* var. *variegate* | 夹竹桃科 | 络石属 | 观赏植物 | 常绿木质藤本 |
| 长春花 | *Catharanthus roseus* | 夹竹桃科 | 长春花属 | 观赏植物 | 亚灌木 |
| 蔓长春花 | *Vinca major* | 夹竹桃科 | 蔓长春花属 | 观赏植物 | 常绿蔓性半灌木 |
| 花叶蔓长春花 | *Vinca major* cv.Variegata | 夹竹桃科 | 蔓长春花属 | 观赏植物 | 常绿蔓性半灌木 |
| 萝藦 | *Metaplexis japonica* | 萝藦科 | 萝藦属 | 杂草 | 多年生草质藤本 |
| 马蹄金 | *Dichondra repens* | 旋花科 | 马蹄金属 | 观赏植物 | 多年生草本 |
| 茑萝 | *Quamoclit pennata* | 旋花科 | 茑萝属 | 观赏植物 | 一年生草质藤本 |
| 三裂叶薯 | *Ipomoea triloba* | 旋花科 | 番薯属 | 杂草 | 一年生草质藤本 |
| 牵牛 | *Pharbitis nil* | 旋花科 | 牵牛属 | 观赏植物 | 一年生草质藤本 |
| 圆叶牵牛 | *Pharbitis purpurea* | 旋花科 | 牵牛属 | 观赏植物 | 一年生草质藤本 |
| 菟丝子 | *Cuscuta chinensis* | 旋花科 | 菟丝子属 | 杂草 | 一年生寄生草本 |
| 针叶天蓝绣球（丛生福禄考） | *Phlox subulata* | 花荵科 | 天蓝绣球属 | 观赏植物 | 多年生草本 |
| 柔弱斑种草 | *Bothriospermum tenellum* | 紫草科 | 斑种草属 | 杂草 | 一年生草本 |
| 附地菜 | *Trigonotis peduncularis* | 紫草科 | 附地菜属 | 杂草 | 一年生草本 |
| 马缨丹（五色梅） | *Lantana camara* | 马鞭草科 | 马缨丹属 | 观赏植物 | 半灌木状草本 |
| 细叶美女樱 | *Verbena tenera* | 马鞭草科 | 马鞭草属 | 观赏植物 | 半灌木状草本 |

续表

| 植物名（别名） | 学名 | 科 | 属 | 园艺分类 | 生长习性分类 |
|---|---|---|---|---|---|
| 牡荆 | *Vitex negundo* var. *cannabifolia* | 马鞭草科 | 牡荆属 | 观赏植物 | 落叶灌木或小乔木 |
| 大青 | *Clerodendrum cyrtophyllum* | 马鞭草科 | 大青属 | 杂木 | 落叶灌木或小乔木 |
| 细风轮菜 | *Clinopodium gracile* | 唇形科 | 风轮菜属 | 杂草 | 多年生草本 |
| 迷迭香 | *Rosmarinus officinalis* | 唇形科 | 迷迭香属 | 观赏植物 | 灌木 |
| 薰衣草 | *Lavandula angustifolia* | 唇形科 | 薰衣草属 | 观赏植物 | 灌木 |
| 荔枝草 | *Salvia plebeia* | 唇形科 | 鼠尾草属 | 杂草 | 二年生草本 |
| 一串红 | *Salvia splendens* | 唇形科 | 鼠尾草属 | 观赏植物 | 半灌木状草本 |
| 夏枯草 | *Prunella vulgaris* | 唇形科 | 夏枯草属 | 药用植物、杂草 | 半灌木状草本 |
| 留兰香 | *Mentha spicata* | 唇形科 | 薄荷属 | 观赏植物 | 多年生草本 |
| 绒毛香茶菜（碰碰香） | *Plectranthus hadiensis* var. *tomentosus* | 唇形科 | 延命草属 | 观赏植物 | 灌木状草本 |
| 花叶香妃草 | *Plectranthus glabratus* cv. Marginatus | 唇形科 | 延命草属 | 观赏植物 | 灌木状草本 |
| 五彩苏（彩叶草） | *Coleus scutellarioides* | 唇形科 | 鞘蕊花属 | 观赏植物 | 草本 |
| 珊瑚豆（冬珊瑚） | *Solanum pseudocapsicum* var. *diflorum* | 茄科 | 茄属 | 观赏植物 | 常绿小灌木 |
| 茄子 | *Solanum melongena* | 茄科 | 茄属 | 蔬菜 | 一年生草本 |
| 马铃薯 | *Solanum tuberosum* | 茄科 | 茄属 | 蔬菜 | 多年生草本 |
| 龙葵 | *Solanum nigrum* | 茄科 | 茄属 | 杂草 | 一年生草本 |
| 碧冬茄（矮牵牛） | *Petunia hybrida* | 茄科 | 碧冬茄属 | 观赏植物 | 多年生草本 |
| 苦蘵 | *Physalis angulata* | 茄科 | 酸浆属 | 杂草 | 一年生草本 |
| 辣椒 | *Capsicum annuum* | 茄科 | 辣椒属 | 蔬菜 | 一年生草本 |
| 菜椒（青椒） | *Capsicum annuum* var. *grossum* | 茄科 | 辣椒属 | 蔬菜 | 一年生草本 |
| 五彩椒 | *Capsicum annum* cv. Cerasiforme | 茄科 | 辣椒属 | 蔬菜 | 一年生草本 |
| 番茄 | *Lycopersicon esculentum* | 茄科 | 番茄属 | 蔬菜 | 一年生草本 |
| 枸杞 | *Lycium chinensis* | 茄科 | 枸杞属 | 观赏植物 | 落叶灌木 |
| 鸳鸯茉莉（二色茉莉） | *Brunfelsia latifolia* | 茄科 | 鸳鸯茉莉属 | 观赏植物 | 常绿灌木 |
| 蚊母草 | *Veronica peregrina* | 玄参科 | 婆婆纳属 | 杂草 | 一年生或二年生草本 |
| 阿拉伯婆婆纳 | *Veronica persica* | 玄参科 | 婆婆纳属 | 杂草 | 一年生或二年生草本 |

| 植物名（别名） | 学名 | 科 | 属 | 园艺分类 | 生长习性分类 |
|---|---|---|---|---|---|
| 水苦荬 | *Veronica undulata* | 玄参科 | 婆婆纳属 | 杂草 | 一年生或二年生草本 |
| 光叶蝴蝶草 | *Torenia glabra* | 玄参科 | 蝴蝶草属 | 杂草 | 一年生草本 |
| 蓝猪耳（夏堇） | *Torenia fournieri* | 玄参科 | 蝴蝶草属 | 观赏植物 | 一年生草本 |
| 陌上菜 | *Lindernia procumbens* | 玄参科 | 母草属 | 杂草 | 一年生草本 |
| 通泉草 | *Mazus japonicus* | 玄参科 | 通泉草属 | 杂草 | 一年生草本 |
| 金鱼草 | *Antirrhinum majus* | 玄参科 | 金鱼草属 | 观赏植物 | 多年生草本 |
| 楸树 | *Catalpa bungei* | 紫葳科 | 梓树属 | 观赏植物 | 落叶乔木 |
| 美国凌霄（厚萼凌霄） | *Campsis radicans* | 紫葳科 | 凌霄属 | 观赏植物 | 落叶藤本 |
| 菜豆树（幸福树） | *Radermachera sinica* | 紫葳科 | 菜豆树属 | 观赏植物 | 常绿乔木 |
| 大岩桐 | *Sinningia speciosa* | 苦苣苔科 | 大岩桐属 | 观赏植物 | 多年生草本 |
| 爵床 | *Rostellularia procumbens* | 爵床科 | 爵床属 | 杂草 | 一年生草本 |
| 黄脉爵床（金脉爵床） | *Sanchezia speciosa* | 爵床科 | 黄脉爵床属 | 观赏植物 | 灌木 |
| 白网纹草（银脉网纹草） | *Fittonia albivenis* | 爵床科 | 网纹草属 | 观赏植物 | 多年生常绿草本 |
| 金苞花（黄虾花） | *Pachystachys lutea* | 爵床科 | 金苞花属 | 观赏植物 | 多年生常绿草本 |
| 车前草（车前） | *Plantago asiatica* | 车前草科 | 车前草属 | 药用植物、杂草 | 多年生草本 |
| 栀子 | *Gardenia jasminoides* | 茜草科 | 栀子属 | 观赏植物 | 常绿灌木 |
| 玉荷花 | *Gardenia jasminoides* var. *fortuniana* | 茜草科 | 栀子属 | 观赏植物 | 常绿灌木 |
| 水栀子（雀舌栀子） | *Gardenia jasminoides* var. *radicans* | 茜草科 | 栀子属 | 观赏植物 | 常绿灌木 |
| 六月雪 | *Serissa japonica* | 茜草科 | 六月雪属 | 观赏植物 | 常绿或半常绿灌木 |
| 金边六月雪 | *Serissa japonica* cv. Aureo-marginata | 茜草科 | 六月雪属 | 观赏植物 | 常绿或半常绿灌木 |
| 重瓣六月雪 | *Serissa japonica* cv. Crassiramea | 茜草科 | 六月雪属 | 观赏植物 | 常绿或半常绿灌木 |
| 鸡矢藤 | *Paederia scandens* | 茜草科 | 鸡矢藤属 | 杂草 | 多年生半木质藤本 |
| 阔叶丰花草 | *Borreria latifolia* | 茜草科 | 丰花草属 | 杂草 | 多年生草本 |
| 猪殃殃 | *Galium aparine* var. *tenerum* | 茜草科 | 猪殃殃属 | 杂草 | 一年生蔓生草本 |
| 接骨草 | *Sambucus chinensis* | 忍冬科 | 接骨木属 | 杂草 | 多年生草本或半灌木 |

续表

| 植物名（别名） | 学名 | 科 | 属 | 园艺分类 | 生长习性分类 |
|---|---|---|---|---|---|
| 珊瑚树 | *Viburnum odoratissimum* var. *awabuki* | 忍冬科 | 荚蒾属 | 观赏植物 | 常绿灌木或小乔木 |
| 琼花 | *Viburnum macrocephalum* f. *keteleeri* | 忍冬科 | 荚蒾属 | 观赏植物 | 落叶灌木或小乔木 |
| 欧洲荚蒾 | *Viburnum opulus* | 忍冬科 | 荚蒾属 | 观赏植物 | 落叶灌木或小乔木 |
| 琉球荚蒾 | *Viburnum suspensum* | 忍冬科 | 荚蒾属 | 观赏植物 | 常绿灌木 |
| 地中海荚蒾 | *Viburnum tinus* | 忍冬科 | 荚蒾属 | 观赏植物 | 常绿灌木 |
| 锦带花 | *Weigela florida* | 忍冬科 | 锦带花属 | 观赏植物 | 落叶灌木 |
| 大花六道木 | *Abelia* × *grandiflora* | 忍冬科 | 六道木属 | 观赏植物 | 半常绿灌木 |
| 金叶大花六道木 | *Abelia* × *grandiflora* cv. Francis Mason | 忍冬科 | 六道木属 | 观赏植物 | 半常绿灌木 |
| 忍冬（金银花） | *Lonicera japonica* | 忍冬科 | 忍冬属 | 观赏植物 | 半常绿木质藤本 |
| 红白忍冬 | *Leycesteria japonica* var. *chinensis.* | 忍冬科 | 忍冬属 | 观赏植物 | 半常绿木质藤本 |
| 丝瓜 | *Luffa cylindrica* | 葫芦科 | 丝瓜属 | 蔬菜 | 一年生草质藤本 |
| 棱角丝瓜 | *Luffa acutangula* | 葫芦科 | 丝瓜属 | 蔬菜 | 一年生草质藤本 |
| 苦瓜 | *Momordica charantia* | 葫芦科 | 苦瓜属 | 蔬菜 | 一年生草质藤本 |
| 冬瓜 | *Benincasa hispida* | 葫芦科 | 冬瓜属 | 蔬菜 | 一年生蔓生草质藤本 |
| 南瓜 | *Cucurbita moschata* | 葫芦科 | 南瓜属 | 蔬菜 | 一年生蔓生草质藤本 |
| 西瓜 | *Citrullus lanatus* | 葫芦科 | 西瓜属 | 蔬菜 | 一年生蔓生草本 |
| 黄瓜 | *Cucumis sativus* | 葫芦科 | 黄瓜属 | 蔬菜 | 一年生草质藤本 |
| 瓠子（蒲瓜） | *Lagenaria siceraria* var. *hispida* | 葫芦科 | 葫芦属 | 蔬菜 | 一年生草质藤本 |
| 瓠瓜 | *Lagenaria siceraria* var.*despressa* | 葫芦科 | 葫芦属 | 蔬菜 | 一年生草质藤本 |
| 蓝花参 | *Wahlenbergia marginata* | 桔梗科 | 蓝花参属 | 杂草 | 多年生草本 |
| 藿香蓟（胜红蓟） | *Ageratum conyzoides* | 菊科 | 藿香蓟属 | 杂草 | 一年生草本 |
| 加拿大一枝黄花 | *Solidago canadensis* | 菊科 | 一枝黄花属 | 杂草 | 多年生草本 |
| 雏菊 | *Bellis perennis* | 菊科 | 雏菊属 | 观赏植物 | 多年生或二年生草本 |
| 马兰（马兰头） | *Kalimeris indica* | 菊科 | 马兰属 | 杂草 | 多年生草本 |
| 钻形紫菀 | *Aster subulatus* | 菊科 | 紫菀属 | 杂草 | 一年生草本 |
| 一年蓬 | *Erigeron annuus* | 菊科 | 飞蓬属 | 杂草 | 一年生或二年生草本 |

续表

| 植物名（别名） | 学名 | 科 | 属 | 园艺分类 | 生长习性分类 |
|---|---|---|---|---|---|
| 春飞蓬 | *Erigeron philadelphicus* | 菊科 | 飞蓬属 | 杂草 | 一年生或多年生草本 |
| 小飞蓬 | *Conyza canadensis* | 菊科 | 白酒草属 | 杂草 | 一年生或二年生草本 |
| 苏门白酒草 | *Conyza sumatrensis* | 菊科 | 白酒草属 | 杂草 | 一年生或二年生草本 |
| 野塘蒿 | *Conyza bonariensis* | 菊科 | 白酒草属 | 杂草 | 一年生草本 |
| 百日菊 | *Zinnia elegans* | 菊科 | 百日菊属 | 观赏植物 | 一年生草本 |
| 小百日菊 | *Zinnia baageana* | 菊科 | 百日菊属 | 观赏植物 | 一年生草本 |
| 鳢肠 | *Eclipta prostrata* | 菊科 | 鳢肠属 | 杂草 | 一年生草本 |
| 黑心金光菊 | *Rudbeckia hirta* | 菊科 | 金光菊属 | 观赏植物 | 一年生或二年生草本 |
| 二色金光菊 | *Rudbeckia bicolor* | 菊科 | 金光菊属 | 观赏植物 | 一年生或二年生草本 |
| 向日葵 | *Helianthus annuus* | 菊科 | 向日葵属 | 观赏植物 | 一年生草本 |
| 菊芋 | *Helianthus tuberosus* | 菊科 | 向日葵属 | 观赏植物 | 一年生草本 |
| 大花金鸡菊 | *Coreopsis grandiflora* | 菊科 | 金鸡菊属 | 观赏植物 | 多年生草本 |
| 重瓣金鸡菊 | *Coreopsis lanceolata* cv. Double Sunburst | 菊科 | 金鸡菊属 | 观赏植物 | 多年生草本 |
| 大丽菊 | *Dahlia pinnata* | 菊科 | 大丽菊属 | 观赏植物 | 多年生草本 |
| 黄秋英（硫黄菊） | *Cosmos sulphureus* | 菊科 | 秋英属 | 观赏植物 | 一年生草本 |
| 秋英（波斯菊） | *Cosmos bipinnatus* | 菊科 | 秋英属 | 观赏植物 | 一年生或多年生草本 |
| 大狼把草 | *Bidens frondosa.* | 菊科 | 鬼针草属 | 杂草 | 一年生草本 |
| 鬼针草 | *Bidens pilosa* | 菊科 | 鬼针草属 | 杂草 | 一年生草本 |
| 睫毛牛膝菊 | *Galinsoga ciliata* | 菊科 | 牛膝菊属 | 杂草 | 一年生草本 |
| 孔雀草 | *Tagetes patula* | 菊科 | 万寿菊属 | 观赏植物 | 一年生草本 |
| 天人菊 | *Gaillardia pulchella* | 菊科 | 天人菊属 | 观赏植物 | 一年生草本 |
| 黄金菊 | *Euryops pectinatus* cv. *vindis* | 菊科 | 梳黄菊属 | 观赏植物 | 多年生草本 |
| 南茼蒿 | *Chrysanthemum segetum* | 菊科 | 茼蒿属 | 蔬菜 | 一年生草本 |
| 菊花 | *Dendranthema morifolium* | 菊科 | 菊属 | 观赏植物 | 多年生草本 |
| 裸柱菊 | *Soliva anthemifolia* | 菊科 | 裸柱菊属 | 杂草 | 一年生草本 |
| 野艾蒿 | *Artemisia lavandulaefolia* | 菊科 | 蒿属 | 杂草 | 多年生草本 |
| 野茼蒿 | *Crassocephalum crepidioides* | 菊科 | 野茼蒿属 | 杂草 | 一年生草本 |

续表

| 植物名（别名） | 学名 | 科 | 属 | 园艺分类 | 生长习性分类 |
|---|---|---|---|---|---|
| 一点红 | *Emilia sonchifolia* | 菊科 | 一点红属 | 杂草 | 一年生草本 |
| 瓜叶菊 | *Pericallis hybrida* | 菊科 | 瓜叶菊属 | 观赏植物 | 二年生草本 |
| 泥胡菜 | *Hemistepta lyrata* | 菊科 | 泥胡菜属 | 杂草 | 一年生草本 |
| 矢车菊 | *Centaurea cyanus* | 菊科 | 矢车菊属 | 观赏植物 | 一年生或二年生草本 |
| 金盏菊 | *Calendula officinalis* | 菊科 | 金盏菊属 | 观赏植物 | 一年生草本 |
| 鼠麹草（鼠曲草） | *Gnaphalium affine* | 菊科 | 鼠麹草属 | 杂草 | 一年生草本 |
| 多茎鼠麹草 | *Gnaphalium polycaulon* | 菊科 | 鼠麹草属 | 杂草 | 二年生草本 |
| 稻槎菜 | *Lapsana apogonoides* | 菊科 | 稻槎菜属 | 杂草 | 一年生或二年生草本 |
| 蒲公英 | *Taraxacum mongolicum* | 菊科 | 蒲公英属 | 杂草 | 多年生草本 |
| 苦苣菜 | *Sonchus oleraceus* | 菊科 | 苦苣菜属 | 杂草 | 一年生或二年生草本 |
| 续断菊 | *Sonchus asper* | 菊科 | 苦苣菜属 | 杂草 | 一年生草本 |
| 黄鹌菜 | *Youngia japonica* | 菊科 | 黄鹌菜属 | 杂草 | 一年生草本 |
| 翅果菊 | *Pterocypsela indica* | 菊科 | 翅果菊属 | 杂草 | 二年生草本 |
| 多裂翅果菊 | *Pterocypsela laciniata* | 菊科 | 翅果菊属 | 杂草 | 二年生草本 |
| 莴苣 | *Lactuca sativa* | 菊科 | 莴苣属 | 蔬菜 | 一年生或二年生草本 |
| 孝顺竹 | *Bambusa multiplex* | 禾本科 | 簕竹属 | 观赏植物 | 地下茎合轴型丛生竹 |
| 小琴丝竹（花孝顺竹） | *Bambusa multiplex* cv. Alphonse-Karri | 禾本科 | 簕竹属 | 观赏植物 | 地下茎合轴型丛生竹 |
| 观音竹 | *Bambusa multiplex* var. *riviereorum* | 禾本科 | 簕竹属 | 观赏植物 | 地下茎合轴型丛生竹 |
| 佛肚竹 | *Bambusa ventricosa* | 禾本科 | 簕竹属 | 观赏植物 | 地下茎合轴型丛生竹 |
| 青皮竹 | *Bambusa textilis* | 禾本科 | 簕竹属 | 观赏植物 | 地下茎合轴型丛生竹 |
| 美丽箬竹 | *Indocalamus decorus* | 禾本科 | 箬竹属 | 观赏植物 | 地下茎复轴型混生竹 |
| 鹅毛竹 | *Shibataea chinensis* | 禾本科 | 倭竹属 | 观赏植物 | 地下茎复轴型混生竹 |
| 菲白竹 | *Sasa fortunei* | 禾本科 | 赤竹属 | 观赏植物 | 地下茎复轴型混生竹 |
| 菲黄竹 | *Sasa auricoma* | 禾本科 | 赤竹属 | 观赏植物 | 地下茎复轴型混生竹 |

| 植物名（别名） | 学名 | 科 | 属 | 园艺分类 | 生长习性分类 |
|---|---|---|---|---|---|
| 紫竹 | *Phyllostachys nigra* | 禾本科 | 刚竹属 | 观赏植物 | 地下茎单轴型散生竹 |
| 斑竹 | *Phyllostachys bambusoides* f. *lacrima-deae* | 禾本科 | 刚竹属 | 观赏植物 | 地下茎单轴型散生竹 |
| 黄纹竹 | *Phyllostachys vivax* cv. Huanwenzhu | 禾本科 | 刚竹属 | 观赏植物 | 地下茎单轴型散生竹 |
| 黄秆乌哺鸡竹 | *Phyllostachys vivax* cv. Aureocaulis | 禾本科 | 刚竹属 | 观赏植物 | 地下茎单轴型散生竹 |
| 花哺鸡竹 | *Phyllostachys glabrata* | 禾本科 | 刚竹属 | 观赏植物 | 地下茎单轴型散生竹 |
| 茶秆竹 | *Pseudosasa amabilis* | 禾本科 | 矢竹属 | 观赏植物 | 地下茎复轴型混生竹 |
| 早竹 | *Phyllostachys praecox* | 禾本科 | 刚竹属 | 观赏植物 | 地下茎单轴型散生竹 |
| 金镶玉竹 | *Phyllostachys aureosulcata* cv. Spectabilis | 禾本科 | 刚竹属 | 观赏植物 | 地下茎单轴型散生竹 |
| 白哺鸡竹 | *Phyllostachys dulcis* | 禾本科 | 刚竹属 | 观赏植物 | 地下茎单轴型散生竹 |
| 苇状羊茅 | *Festuca arundinacea* | 禾本科 | 羊茅属 | 观赏植物 | 多年生草本 |
| 早熟禾 | *Poa annua* | 禾本科 | 早熟禾属 | 杂草 | 一年生或二年生草本 |
| 白顶早熟禾 | *Poa acroleuca* | 禾本科 | 早熟禾属 | 杂草 | 二年生草本 |
| 芦苇 | *Phragmites australis* | 禾本科 | 芦苇属 | 杂草 | 多年生草本 |
| 鹅观草 | *Roegneria kamoji* | 禾本科 | 鹅观草属 | 杂草 | 多年生草本 |
| 黑麦草 | *Lolium perenne* | 禾本科 | 黑麦草属 | 观赏植物 | 多年生草本 |
| 千金子 | *Leptochloa chinensis* | 禾本科 | 千金子属 | 杂草 | 一年生草本 |
| 牛筋草 | *Eleusine indica* | 禾本科 | 穆属 | 杂草 | 一年生草本 |
| 狗牙根 | *Cynodon dactylon* | 禾本科 | 狗牙根属 | 观赏植物 | 多年生草本 |
| 茵草 | *Beckmannia syzigachne* | 禾本科 | 茵草属 | 杂草 | 一年生或二年生草本 |
| 翦股颖 | *Agrostis matsumurae* | 禾本科 | 翦股颖属 | 杂草 | 多年生草本 |
| 棒头草 | *Polypogon fugax* | 禾本科 | 棒头草属 | 杂草 | 一年生草本 |
| 看麦娘 | *Alopecurus aequalis* | 禾本科 | 看麦娘属 | 杂草 | 一年生草本 |
| 日本看麦娘 | *Alopecurus japonicus* | 禾本科 | 看麦娘属 | 杂草 | 一年生草本 |
| 西来稗 | *Echinochloa crusgalli* var. *zelayensis* | 禾本科 | 稗属 | 杂草 | 一年生草本 |
| 升马唐 | *Digitaria ciliaris* | 禾本科 | 马唐属 | 杂草 | 一年生草本 |

| 植物名（别名） | 学名 | 科 | 属 | 园艺分类 | 生长习性分类 |
|---|---|---|---|---|---|
| 狗尾草 | *Setaria viridis* | 禾本科 | 狗尾草属 | 杂草 | 一年生草本 |
| 大狗尾草 | *Setaria faberii* | 禾本科 | 狗尾草属 | 杂草 | 一年生草本 |
| 金色狗尾草 | *Setaria glauca* | 禾本科 | 狗尾草属 | 杂草 | 一年生草本 |
| 沟叶结缕草 | *Zoysia matrella* | 禾本科 | 结缕草属 | 观赏植物 | 多年生草本 |
| 白茅（白毛根） | *Imperata cylindrica* var. major | 禾本科 | 白茅属 | 杂草 | 多年生草本 |
| 荩草 | *Arthraxon hispidus* | 禾本科 | 荩草属 | 杂草 | 一年生草本 |
| 风车草（旱伞草） | *Cyperus alternifolius* ssp. *flabelliformis* | 莎草科 | 莎草属 | 观赏植物 | 多年生草本 |
| 香附子（莎草） | *Cyperus rotundus* | 莎草科 | 莎草属 | 杂草 | 多年生草本 |
| 碎米莎草 | *Cyperus iria* | 莎草科 | 莎草属 | 杂草 | 一年生草本 |
| 日照飘拂草 | *Fimbristylis miriacea* | 莎草科 | 飘拂草属 | 杂草 | 一年生草本 |
| 两歧飘拂草 | *Fimbristylis dichotoma* | 莎草科 | 飘拂草属 | 杂草 | 一年生草本 |
| 水蜈蚣 | *Kyllinga brevifolia* | 莎草科 | 水蜈蚣属 | 杂草 | 多年生草本 |
| 棕榈 | *Trachycarpus fortunei* | 棕榈科 | 棕榈属 | 观赏植物 | 常绿乔木 |
| 丝葵（华盛顿棕榈） | *Washingtonia filifera* | 棕榈科 | 丝葵属 | 观赏植物 | 常绿乔木 |
| 长叶刺葵（加那利海枣） | *Phoenix canariensis* | 棕榈科 | 刺葵属 | 观赏植物 | 常绿乔木 |
| 林刺葵（中东海枣） | *Phoenix sylvestris* | 棕榈科 | 刺葵属 | 观赏植物 | 常绿乔木 |
| 棕竹 | *Rhapis excelsa* | 棕榈科 | 棕竹属 | 观赏植物 | 常绿灌木 |
| 袖珍椰子 | *Chamaedorea elegans* | 棕榈科 | 玲珑椰子属 | 观赏植物 | 常绿灌木 |
| 雪佛里椰子 | *Chamaedorea seifrizii* | 棕榈科 | 玲珑椰子属 | 观赏植物 | 常绿小乔木 |
| 广东万年青 | *Aglaonema modestum* | 天南星科 | 广东万年青属 | 观赏植物 | 多年生常绿草本 |
| 芋头 | *Colocasia esculenta* | 天南星科 | 芋属 | 蔬菜 | 多年生草本 |
| 紫芋 | *Colocasia tonoimo* | 天南星科 | 芋属 | 观赏植物 | 多年生草本 |
| 绿萝 | *Epipremnum aureum* | 天南星科 | 麒麟叶属 | 观赏植物 | 藤本 |
| 心叶喜林芋 | *Philodendron gloriosum* | 天南星科 | 喜林芋属 | 观赏植物 | 多年生常绿蔓性草本 |
| 羽裂喜林芋（春羽） | *Philodendron selloum* | 天南星科 | 喜林芋属 | 观赏植物 | 多年生草本 |
| 花烛 | *Anthurium roseum* cv. Roseum | 天南星科 | 花烛属 | 观赏植物 | 多年生常绿草本 |
| 白鹤芋 | *Spathiphyllum kochii* | 天南星科 | 苞叶芋属 | 观赏植物 | 多年生常绿草本 |

续表

| 植物名（别名） | 学名 | 科 | 属 | 园艺分类 | 生长习性分类 |
|---|---|---|---|---|---|
| 雪铁芋 | *Zamioculcas zamiifolia* | 天南星科 | 雪铁芋属 | 观赏植物 | 多年生常绿草本 |
| 龟背竹 | *Monstera deliciosa* | 天南星科 | 龟背竹属 | 观赏植物 | 攀援灌木 |
| 马蹄莲 | *Zantedeschia aethiopica* | 天南星科 | 马蹄莲属 | 观赏植物 | 多年生草本 |
| 海芋 | *Alocasia macrorrhiza* | 天南星科 | 海芋属 | 观赏植物 | 多年生常绿草本 |
| 鸭跖草 | *Commelina communis* | 鸭跖草科 | 鸭跖草属 | 杂草 | 一年生草本 |
| 紫竹梅 | *Setcreasea purpurea* | 鸭跖草科 | 紫竹梅属 | 观赏植物 | 多年生草本 |
| 吊竹梅 | *Zebrina pendula* | 鸭跖草科 | 吊竹梅属 | 观赏植物 | 多年生草本 |
| 假叶树 | *Ruscus aculeata* | 百合科 | 假叶树属 | 观赏植物 | 常绿灌木 |
| 文竹 | *Asparagus setaceus* | 百合科 | 天门冬属 | 观赏植物 | 多年生攀援藤本 |
| 天门冬 | *Asparagus cachinchensis* | 百合科 | 天门冬属 | 观赏植物 | 多年生攀援藤本 |
| 蓬莱松 | *Asparagus retrofractus* | 百合科 | 天门冬属 | 观赏植物 | 多年生灌木状草本 |
| 蜘蛛抱蛋 | *Aspidistra elatior* | 百合科 | 蜘蛛抱蛋属 | 观赏植物 | 多年生常绿草本 |
| 吉祥草 | *Reineckia carnea* | 百合科 | 吉祥草属 | 观赏植物 | 多年生常绿草本 |
| 宽叶吊兰 | *Chlorophytum capense* | 百合科 | 吊兰属 | 观赏植物 | 多年生草本 |
| 斑心吊兰 | *Chlorophytum capense* var. *medi-apictum* | 百合科 | 吊兰属 | 观赏植物 | 多年生草本 |
| 金边吊兰 | *Chlorophytum capense* var. *marginata* | 百合科 | 吊兰属 | 观赏植物 | 多年生草本 |
| 吊兰 | *Chlorophytum comosum* | 百合科 | 吊兰属 | 观赏植物 | 多年生草本 |
| 萱草 | *Hemerocallis fulva* | 百合科 | 萱草属 | 观赏植物 | 多年生草本 |
| 山麦冬 | *Liriope spicata* | 百合科 | 山麦冬属 | 观赏植物 | 多年生草本 |
| 阔叶山麦冬 | *Liriope platyphylla* | 百合科 | 山麦冬属 | 观赏植物 | 多年生草本 |
| 兰花三七 | *Liriope zhejiangensis* | 百合科 | 山麦冬属 | 观赏植物 | 多年生草本 |
| 沿阶草 | *Ophiopogon bodinieri* | 百合科 | 沿阶草属 | 观赏植物 | 多年生草本 |
| 山菅 | *Dianella ensifolia* | 百合科 | 山菅属 | 观赏植物 | 多年生草本 |
| 百合 | *Lilium brownii* var. *viridulum* | 百合科 | 百合属 | 观赏植物 | 多年生草本 |
| 卷丹 | *Lilium lancifolium* | 百合科 | 百合属 | 观赏植物 | 多年生草本 |
| 葱 | *Allium fistulosum* | 百合科 | 葱属 | 蔬菜 | 多年生草本 |
| 韭菜 | *Allium tuberosum* | 百合科 | 葱属 | 蔬菜 | 多年生草本 |
| 大蒜 | *Allium sativum* | 百合科 | 葱属 | 蔬菜 | 多年生草本 |
| 薤头（荞头） | *Allium chinense* | 百合科 | 葱属 | 蔬菜 | 多年生草本 |
| 芦荟 | *Aloe vera* var. *chinensis* | 龙舌兰科 | 芦荟属 | 观赏植物 | 多年生草本 |

| 植物名（别名） | 学名 | 科 | 属 | 园艺分类 | 生长习性分类 |
|---|---|---|---|---|---|
| 库拉索芦荟 | *Aloe vera* | 龙舌兰科 | 芦荟属 | 观赏植物 | 多年生草本 |
| 凤尾兰 | *Yucca gloriosa* | 龙舌兰科 | 丝兰属 | 观赏植物 | 多年生灌木草本 |
| 龙舌兰 | *Agave americana* | 龙舌兰科 | 龙舌兰属 | 观赏植物 | 多年生草本 |
| 金边龙舌兰 | *Agave americana* var. *Variegate Nichols.* | 龙舌兰科 | 龙舌兰属 | 观赏植物 | 多年生草本 |
| 虎尾兰 | *Sansevieria trifasciata* | 龙舌兰科 | 虎尾兰属 | 观赏植物 | 多年生草本 |
| 金边虎尾兰 | *Sansevieria trifasciata* var. *lanrentii* | 龙舌兰科 | 虎尾兰属 | 观赏植物 | 多年生草本 |
| 君子兰 | *Clivia miniata* | 石蒜科 | 君子兰属 | 观赏植物 | 多年生草本 |
| 水仙 | *Narcissus tazetta* var. *chinensis* | 石蒜科 | 水仙属 | 观赏植物 | 多年生草本 |
| 葱莲（玉帘） | *Zephyranthes candida* | 石蒜科 | 葱莲属 | 观赏植物 | 多年生草本 |
| 朱顶红（朱顶兰） | *Hippeastrum vittatum* | 石蒜科 | 朱顶红属 | 观赏植物 | 多年生草本 |
| 芭蕉 | *Musa basjoo* | 芭蕉科 | 芑蕉属 | 观赏植物 | 多年生草本 |
| 美人蕉 | *Canna indica* | 美人蕉科 | 美人蕉属 | 观赏植物 | 多年生草本 |
| 鹤望兰（天堂鸟） | *Strelitzia reginae* | 旅人蕉科 | 鹤望兰属 | 观赏植物 | 多年生草本 |
| 绶草（盘龙参） | *Spiranthes sinensis* | 兰科 | 绶草属 | 杂草 | 多年生草本 |
| 蝴蝶兰 | *Phalaenopsis aphrodite* | 兰科 | 蝴蝶兰属 | 观赏植物 | 多年生草本 |
| 花叶开唇兰（金线莲） | *Anoectochilus roxburghii* | 兰科 | 开唇兰属 | 观赏植物 | 多年生草本 |
| 石斛 | *Dendrobium nobile* | 兰科 | 石斛属 | 观赏植物 | 多年生草本 |
| 铁皮石斛 | *Dendrobium officinale* | 兰科 | 石斛属 | 药用植物 | 多年生草本 |
| 春兰 | *Cymbidium goeringii* | 兰科 | 兰属 | 观赏植物 | 多年生草本 |
| 蕙兰 | *Cymbidium faberi* | 兰科 | 兰属 | 观赏植物 | 多年生草本 |
| 建兰 | *Cymbidium ensifolium* | 兰科 | 兰属 | 观赏植物 | 多年生草本 |
| 大花蕙兰 | *Cymbidium hybridum* | 兰科 | 兰属 | 观赏植物 | 多年生草本 |

附件2　2018—2019年引进的珍稀、濒危植物及其他种质资源一览

| 序号 | 植物名（别名） | 学名 | 科 | 属 | 校内种植地点 |
|---|---|---|---|---|---|
| 1 | 桫椤 | *Alsophila spinulosa* | 桫椤科 | 桫椤属 | 蝴蝶兰大棚 |
| 2 | 多歧苏铁 | *Cycas multipinnata* | 苏铁科 | 苏铁属 | 蝴蝶兰大棚 |
| 3 | 日本冷杉 | *Abies firma* | 松科 | 冷杉属 | 蔬菜大棚东面 |
| 4 | 柔毛油杉（老鼠杉） | *Keteleeria pubescens* | 松科 | 油杉属 | 蔬菜大棚东面 |
| 5 | 红松（海松、朝鲜松） | *Pinus koraiensis* | 松科 | 松属 | 蔬菜大棚东面 |
| 6 | 水松 | *Glyptostrobus pensilis* | 杉科 | 水松属 | 蔬菜大棚东面、2号教学楼北面 |
| 7 | 北美红杉（海岸红松） | *Sequoia sempervirens* | 杉科 | 北美红杉属 | 蔬菜大棚东面 |
| 8 | 崖柏（四川侧柏） | *Thuja sutchuenensis* | 柏科 | 崖柏属 | 蔬菜大棚东面 |
| 9 | 百日青（脉叶罗汉松） | *Podocarpus neriifolius* | 罗汉松科 | 罗汉松属 | 蔬菜大棚东面、图书馆北面 |
| 10 | 鸡毛松（爪哇松） | *Podocarpus imbricatus* | 罗汉松科 | 罗汉松属 | 蔬菜大棚东面 |
| 11 | 篦子三尖杉（阿里杉） | *Cephalotaxus oliveri* | 三尖杉科 | 三尖杉属 | 蔬菜大棚东面 |
| 12 | 白豆杉 | *Pseudotaxus chienii* | 红豆杉科 | 白豆杉属 | 蔬菜大棚东面 |
| 13 | 长叶榧（浙榧） | *Torreya jackii* | 红豆杉科 | 榧树属 | 图书馆东北面 |
| 14 | 榧树（野杉） | *Torreya grandis* | 红豆杉科 | 榧树属 | 图书馆东北面 |
| 15 | 东北红豆杉（紫杉） | *Taxus cuspidata* | 红豆杉科 | 红豆杉属 | 蔬菜大棚东面 |
| 16 | 华榛（山白果） | *Corylus chinensis* | 桦木科 | 榛属 | 蔬菜大棚东面 |
| 17 | 普陀鹅耳枥 | *Carpinus putoensis* | 桦木科 | 鹅耳枥属 | 第二食堂东面 |
| 18 | 天台鹅耳枥 | *Carpinus tientaiensis* | 桦木科 | 鹅耳枥属 | 蔬菜大棚东面 |
| 19 | 栎属2种 | *Quercus* spp. | 壳斗科 | 栎属 | 蔬菜大棚东面 |
| 20 | 长序榆 | *Ulmus elongata* | 榆科 | 榆属 | 2号教学楼北面 |
| 21 | 榉树 | *Zelkova schneideriana* | 榆科 | 榉属 | 2号教学楼北面 |
| 22 | 野荞麦（金荞麦） | *Fagopyrum dibotrys* | 蓼科 | 荞麦属 | 蔬菜大棚南面 |
| 23 | 蒜头果 | *Malania oleifera* | 铁青树科 | 蒜头果属 | 蔬菜大棚东面 |
| 24 | 领春木（正心木） | *Euptelea pleiospermum* | 领春木科 | 领春木属 | 蔬菜大棚东面 |
| 25 | 连香树（芭蕉香清） | *Cercidiphyllum japonicum* | 连香树科 | 连香树属 | 篮球场西南面 |
| 26 | 水青树 | *Tetracentron sinense* | 水青树科 | 水青树科 | 图书馆北面 |
| 27 | 火焰南天竹 | *Nandina domestica* cv. Fire power | 小檗科 | 南天竹属 | 蔬菜大棚东面 |
| 28 | 云南拟单性木兰 | *Parakmeria yunnanensis* | 木兰科 | 拟单性木兰属 | 篮球场西南面、蝴蝶兰大棚 |
| 29 | 长蕊木兰 | *Alcimandra cathcartii* | 木兰科 | 长蕊木兰属 | 蔬菜大棚东面 |
| 30 | 宝华玉兰 | *Magnolia zenii* | 木兰科 | 木兰属 | 8号学生宿舍北 |
| 31 | 厚朴 | *Magnolia officinalis* | 木兰科 | 木兰属 | 蔬菜大棚东面 |
| 32 | 华盖木 | *Manglietiastrum sinicum* | 木兰科 | 华盖木属 | 篮球场西南面 |
| 33 | 观光木 | *Tsoongiodendron odorum* | 木兰科 | 观光木属 | 篮球场西南面、蝴蝶兰大棚 |

| 序号 | 植物名（别名） | 学名 | 科 | 属 | 校内种植地点 |
|---|---|---|---|---|---|
| 34 | 夏蜡梅 | *Calycanthus chinensis* | 蜡梅科 | 蜡梅属 | 篮球场西南面、蔬菜大棚东面 |
| 35 | 舟山新木姜子（佛光树） | *Neolitsea sericea* | 樟科 | 新木姜子属 | 图书馆西面 |
| 36 | 楠木（桢楠、雅楠） | *Phoebe zhennan* | 樟科 | 楠属 | 图书馆北面 |
| 37 | 普陀樟 | *Cinnamomum japonicum* var. *chenii* | 樟科 | 樟属 | 2号教学楼西面 |
| 38 | 油樟 | *Cinnamomum longepaniculatum* | 樟科 | 樟属 | 篮球场西南面 |
| 39 | 伯乐树（钟萼木） | *Bretschneidera sinensis* | 伯乐树科 | 伯乐树属 | 蔬菜大棚东面 |
| 40 | 蛛网萼（盾儿花） | *Platycrater arguta* | 虎耳草科 | 蛛网萼属 | 蔬菜大棚东面 |
| 41 | 半枫荷 | *Semiliquidambar cathayensis* | 金缕梅科 | 半枫荷属 | 广播站北面 |
| 42 | 长柄双花木 | *Disanthus cercidifolius* var. *longipes* | 金缕梅科 | 双花木属 | 蔬菜大棚东面 |
| 43 | 银缕梅 | *Parrotia subaequale* | 金缕梅科 | 银缕梅属 | 图书馆西面 |
| 44 | 樱花类 | *Prunus* ssp. | 蔷薇科 | 李属 | 蔬菜大棚东面 |
| 45 | 任豆（任木） | *Zenia insignis* | 豆科 | 任豆属 | 图书馆西面 |
| 46 | 加拿大紫荆 | *Cercis canadensis* | 豆科 | 紫荆属 | 蔬菜大棚东面 |
| 47 | 降香（海南黄花梨） | *Dalbergia odorifera* | 豆科 | 黄檀属 | 蔬菜大棚南面 |
| 48 | 花榈木 | *0rmosia henryi* | 豆科 | 红豆树属 | 图书馆北面 |
| 49 | 黄檗（黄柏、檗木） | *Phellodendron amurense* | 芸香科 | 黄檗属 | 图书馆西面 |
| 50 | 毛红椿（毛红楝） | *Toona ciliata* var. *pubescens* | 楝科 | 香椿属 | 1号教学楼西面 |
| 51 | 云南金钱槭（辣子树） | *Dipteronia dyerana* | 槭树科 | 金钱槭属 | 蔬菜大棚东面 |
| 52 | 鸡爪槭类 | *Acer* spp. | 槭树科 | 槭树属 | 蔬菜大棚东面 |
| 53 | 血皮槭 | *Acer griseum* | 槭树科 | 槭树属 | 蔬菜大棚东面 |
| 54 | 掌叶木 | *Handeliodendron bodinieri* | 无患子科 | 掌叶木属 | 蔬菜大棚东面 |
| 55 | 海滨木槿（日本黄槿） | *Hibiscus hamabo* | 锦葵科 | 木槿属 | 图书馆北面 |
| 56 | 防城红花茶 | *Camellia chrysantha* var. *phaeopubisperma* | 山茶科 | 山茶属 | 蔬菜大棚东面 |
| 57 | 多花蓝果树 | *Nyss sylvatic* | 蓝果树科 | 蓝果树属 | 蔬菜大棚东面 |
| 58 | 珙桐（鸽子树） | *Davidia involucrata* | 蓝果树科 | 珙桐属 | 蔬菜大棚南面 |
| 59 | 黄梅秤锤树 | *Sinojackia huangmeiensis* | 安息香科 | 秤锤树属 | 蔬菜大棚东面、图书馆北面 |
| 60 | 秤锤树 | *Sinojackia xylocarpa* | 安息香科 | 秤锤树属 | 第二食堂西南面 |
| 61 | 香果树 | *Emmenopterys henryi* | 茜草科 | 香果树属 | 图书馆东北面 |
| 62 | 日本荚蒾 | *Viburnum japonicum* | 忍冬科 | 荚蒾属 | 广播站门口 |
| 63 | 七子花（浙江七子花） | *Heptacodium miconioides* | 忍冬科 | 七子花属 | 蔬菜大棚东面 |

附件 3　拟引种濒危、珍稀植物一览

| 序号 | 植物名（别名） | 学名 | 科 | 属 |
|---|---|---|---|---|
| 1 | 中华水韭 | *Lsoetes sinensis* | 水韭科 | 水韭属 |
| 2 | 金毛狗蕨 | *Cibotium barometz* | 蚌壳蕨科 | 金毛狗属 |
| 3 | 白桫椤 | *Sphaeropteris brunoniana* | 桫椤科 | 白桫椤属 |
| 4 | 黑桫椤 | *Alsophila podophylla* | 桫椤科 | 桫椤属 |
| 5 | 苏铁蕨 | *Brainea insignis* | 乌毛蕨科 | 苏铁蕨属 |
| 6 | 德保苏铁 | *Cycas debaoensis* | 苏铁科 | 苏铁属 |
| 7 | 叉叶苏铁 | *Cycas micholitzii* | 苏铁科 | 苏铁属 |
| 8 | 多羽叉叶苏铁 | *Cycas multifrondis* | 苏铁科 | 苏铁属 |
| 9 | 叉孢苏铁 | *Cycas segmentifida* | 苏铁科 | 苏铁属 |
| 10 | 红河苏铁 | *Cycas hongheensis* | 苏铁科 | 苏铁属 |
| 11 | 锈毛苏铁 | *Cycas ferruginea* | 苏铁科 | 苏铁属 |
| 12 | 海南苏铁 | *Cycas hannanensis* | 苏铁科 | 苏铁属 |
| 13 | 元江苏铁 | *Cycas parvulus* | 苏铁科 | 苏铁属 |
| 14 | 长苞冷杉 | *Abies georgei* | 松科 | 冷杉属 |
| 15 | 银杉 | *Cathaya argyrophylla* | 松科 | 银杉属 |
| 16 | 金钱松 | *Pseudolarix amabilis* | 松科 | 金钱松属 |
| 17 | 毛枝五针松（云南五针松） | *Pinus wangii* | 松科 | 松属 |
| 18 | 四川红杉（四川落叶松） | *Larix mastersiana* | 松科 | 落叶松属 |
| 19 | 金叶水杉 | *Metasequoia glyptostroboides* cv. GoldRush | 杉科 | 水杉属 |
| 20 | 秃杉（土杉） | *Taiwania flousiana* | 杉科 | 台湾杉属 |
| 21 | 翠柏 | *Calocedrus macrolepis* | 柏科 | 翠柏属 |
| 22 | 福建柏 | *Fokienia hodginsii* | 柏科 | 福建柏属 |
| 23 | 海南粗榧（薄叶篦子杉） | *Cephalotaxus hainanensis* | 三尖杉科 | 三尖杉属 |
| 24 | 云南穗花杉 | *Amentotaxus yunnanensis* | 红豆杉科 | 穗花杉属 |
| 25 | 穗花杉（华西穗花杉） | *Amentotaxus argotaenia* | 红豆杉科 | 穗花杉属 |
| 26 | 九龙山榧 | *Torreya grandis* var. *jiulongshanensis* | 红豆杉科 | 榧属 |
| 27 | 曼地亚红豆杉 | *Taxus × media* | 红豆杉科 | 红豆杉属 |
| 28 | 日本金叶红豆杉 | *Taxus* sp. | 红豆杉科 | 红豆杉属 |
| 29 | 韩国金叶红豆杉 | *Taxus* sp. | 红豆杉科 | 红豆杉属 |
| 30 | 野核桃 | *Juglans cathayensis* | 胡桃科 | 胡桃属 |
| 31 | 天目铁木 | *Ostrya rehderiana* | 桦木科 | 铁木属 |

| 序号 | 植物名（别名） | 学名 | 科 | 属 |
|---|---|---|---|---|
| 32 | 台湾水青冈 | *Fagus hayatae* | 壳斗科 | 水青冈属 |
| 33 | 大果青冈 | *Cyclobalanopsis rex* | 壳斗科 | 青冈属 |
| 34 | 青檀（翼朴） | *Pteroceltis tatarinowii* | 榆科 | 青檀属 |
| 35 | 八角莲 | *Dysosma versipellis* | 小檗科 | 八角莲属 |
| 36 | 桃儿七 | *Sinopodophyllum hexandrum* | 小檗科 | 桃儿七属 |
| 37 | 大果木莲 | *Manglietia grandis* | 木兰科 | 木莲属 |
| 38 | 巴东木莲 | *Manglietia patungensis* | 木兰科 | 木莲属 |
| 39 | 香木莲 | *Manglietia aromatica* | 木兰科 | 木莲属 |
| 40 | 石山木莲 | *Manglietia calcarea* | 木兰科 | 木莲属 |
| 41 | 毛果木莲 | *Manglietia hebecarpa* | 木兰科 | 木莲属 |
| 42 | 红色木莲（红花木莲） | *Manglietia insignis* | 木兰科 | 木莲属 |
| 43 | 大叶木莲 | *Manglietia megephylla* | 木兰科 | 木莲属 |
| 44 | 凹叶厚朴 | *Magnolia officinalis* subsp.*biloba* | 木兰科 | 木兰属 |
| 45 | 景宁木兰 | *Magnolia sinostellata* | 木兰科 | 木兰属 |
| 46 | 馨香玉兰（馨香木兰） | *Magnolia odoratissima* | 木兰科 | 木兰属 |
| 47 | 天目木兰 | *Magnolia amoena* | 木兰科 | 木兰属 |
| 48 | 天女木兰（天女花） | *Magnolia sieboldii* | 木兰科 | 木兰属 |
| 49 | 乐昌含笑（景烈含笑） | *Michelia chapensis* | 木兰科 | 含笑属 |
| 50 | 峨眉含笑 | *Michelia wilsonii* | 木兰科 | 含笑属 |
| 51 | 单性木兰 | *Kmeria septentrionalis* | 木兰科 | 单性木兰属 |
| 52 | 峨眉拟单性木兰 | *Parakmeria omeiensis* | 木兰科 | 拟单性木兰属 |
| 53 | 乐东拟单性木兰 | *Parakmeria lotungensis* | 木兰科 | 拟单性木兰属 |
| 54 | 鹅掌楸（马褂木） | *Liriodendron chinense* | 木兰科 | 鹅掌楸属 |
| 55 | 滇南风吹楠 | *Horsfieldia tetratepala* | 肉豆蔻科 | 风吹楠属 |
| 56 | 浙江樟（浙江桂） | *Cinnamomum chekiangense* | 樟科 | 樟属 |
| 57 | 闽楠 | *Phoebe bournei* | 樟科 | 楠属 |
| 58 | 润楠 | *Machilus pingii* | 樟科 | 润楠属 |
| 59 | 天目木姜子 | *Litsea auriculata* | 樟科 | 木姜子属 |
| 60 | 山白树 | *Sinowilsonia henryi* | 金缕梅科 | 山白树属 |
| 61 | 杜仲 | *Eucommia ulmoides* | 杜仲科 | 杜仲属 |
| 62 | 绒毛皂荚 | *Gleditsia japonica* var. *velutina* | 豆科 | 皂荚属 |
| 63 | 格木 | *Erythrophleum fordii* | 豆科 | 格木属 |
| 64 | 红豆树（鄂西红豆） | *Ormosia hosiei* | 豆科 | 红豆树属 |

| 序号 | 植物名（别名） | 学名 | 科 | 属 |
|---|---|---|---|---|
| 65 | 缘毛红豆（侯氏红豆） | *Ormosia howii* | 豆科 | 红豆树属 |
| 66 | 山豆根（三小叶山豆根） | *Euchresta japonica* | 豆科 | 山豆根属 |
| 67 | 宜昌橙 | *Citrus ichangensis* | 芸香科 | 柑橘属 |
| 68 | 红椿 | *Toona ciliata* | 楝科 | 香椿属 |
| 69 | 掌叶木 | *Handeliodendron bodinieri* | 无患子科 | 掌叶木属 |
| 70 | 伞花木 | *Eurycorymbus cavaleriei* | 无患子科 | 伞花木属 |
| 71 | 小勾儿茶 | *Berchemiella wilsonii* | 鼠李科 | 小勾儿茶属 |
| 72 | 蚬木 | *Excentrodendron hsienmu* | 椴树科 | 蚬木属 |
| 73 | 滇桐 | *Craigia yunnanensis* | 椴树科 | 滇桐属 |
| 74 | 广西火桐（广西梧桐） | *Erythropsis kwangsiensis* | 梧桐科 | 火桐属 |
| 75 | 金花茶 | *Camellia nitidissima* | 山茶科 | 山茶属 |
| 76 | 弄岗金花茶 | *Camellia grandis* | 山茶科 | 山茶属 |
| 77 | 显脉金花茶 | *Camellia euphlebia* | 山茶科 | 山茶属 |
| 78 | 凹脉金花茶 | *Camellia impressinervis* | 山茶科 | 山茶属 |
| 79 | 防城茶 | *Camellia fengchengensis* | 山茶科 | 山茶属 |
| 80 | 望天树（擎天树） | *Parashorea chinensis* | 龙脑香科 | 柳安属 |
| 81 | 坡垒 | *Hopea hainanensis* | 龙脑香科 | 坡垒属 |
| 82 | 疏花水柏枝 | *Myricaria laxiflora* | 柽柳科 | 水柏枝属 |
| 83 | 沉香（土沉香） | *Aquilaria sinensis* | 瑞香科 | 沉香属 |
| 84 | 喜树 | *Camptotheca acuminata* | 蓝果树科 | 喜树属 |
| 85 | 屏边三七 | *Panax stipuleanatus* | 五加科 | 人参属 |
| 86 | 华顶杜鹃 | *Rhododendron huadingense* | 杜鹃花科 | 杜鹃花属 |
| 87 | 董棕 | *Caryota urens* | 棕榈科 | 鱼尾葵属 |
| 88 | 巴山重楼 | *Paris bashanensis* | 百合科 | 重楼属 |
| 89 | 海南重楼 | *Paris dunniana* | 百合科 | 重楼属 |
| 90 | 球药隔重楼 | *Paris fargesii* | 百合科 | 重楼属 |
| 91 | 七叶一枝花（蚤休） | *Paris polyphylla* | 百合科 | 重楼属 |
| 92 | 穿龙薯蓣（穿山龙） | *Dioscorea nipponica* | 薯蓣科 | 薯蓣属 |
| 93 | 盾叶薯蓣（黄姜） | *Dioscorea zingiberensis* | 薯蓣科 | 薯蓣属 |
| 94 | 齿唇兰（白线开唇兰） | *Anoectochilus lanceolatus* | 兰科 | 开唇兰属 |
| 95 | 竹叶兰 | *Arundina graminifolia* | 兰科 | 竹叶兰属 |
| 96 | 圆柱叶鸟舌兰 | *Ascocentrum himalaicum* | 兰科 | 鸟舌兰属 |
| 97 | 黄花白及 | *Bletilla ochracea* | 兰科 | 白及属 |

附件 4　台州科技职业学院植物小档案

| 植物名 | 来源 | 现栽种位置 | 备注 |
|---|---|---|---|
| 银杏 | 原南校区校友亭南侧行道树 | 2号实验楼北侧 | 2008年移树前，胸径为10～17.5cm不等，共7株 |
| | 山东郯城 | 3号教学楼北侧 | 2011年"五一"节期间购入 |
| 苏铁 | 老校区 | 1号教学楼西侧等 | 2008年移树前，测得胸径为20cm，共4株 |
| 金钱松 | 原南校区实验楼东边绿地 | 2号教学楼北侧池边等 | 2008年移树前，胸径为10～20cm，共3株 |
| 日本五针松 | 原南校区图书馆东边 | 1号教学楼西侧 | 2008年移树前，地径为10～20cm，移入3株，现存2株 |
| 黑松 | 原南校区植物园 | 2号教学楼北侧、盆景园 | 2008年移树前，胸径为15～18cm，现存2株 |
| 池杉 | 原南校区植物园 | 创业园北侧 | 1980年前后，张洛青老师购自杭州花圃，现存2株 |
| 塔柏 | 老校区花房盆栽 | 2号教学楼北侧 | 2003年春，徐森富、章麟等老师从临海绿化村购入 |
| 柏木 | 老校区花房盆栽 | 2号教学楼北侧 | 学生教学实训时，实生繁殖的苗木 |
| 蓝冰柏 | 老校区花房盆栽 | | 2003年引入。2018年从2号教学楼北侧移到体育馆北边，没成活 |
| 圆柏 | 原南校区苗圃 | 操场看台北侧墙边 | 2003年春，徐森富、章麟等老师从临海绿化村购入 |
| 龙柏 | 原南校区办公楼前等 | 网球场与排球场的中间及北边、配电房四周等 | 其中2株造型龙柏，4株胸径18～25cm（2008年）的大树。其余85株胸径在8～10cm（2008年） |
| 铺地柏 | 原北校区屋顶缸栽 | 盆景园 | 2株 |
| 枷罗木 | 老校区盆栽 | 盆景园、花圃 | 共2株 |
| 加杨 | 老校区 | 配电房北侧路边 | 1999年前后，从百花园林公司购入。校区搬迁后，仅保留1株 |
| 垂柳 | 老校区 | 2号教学楼北侧 | |
| 金丝柳 | 原南校区苗圃 | 2号教学楼北侧 | |
| 杨梅 | 原南校区植物园 | 配电房西侧 | 雄株1株 |
| | 原南校区植物园 | 江边绿化带 | 雌株1株 |
| 美国山核桃 | 原南校区图书馆南侧 | 体育馆大门西侧 | 1960年，从浙江省柑橘研究所引进。2009年8月移到现址 |
| 麻栎 | 原南校区植物园 | 1号学生宿舍北边 | 2008年移树前，胸径为25～30cm，共2株 |
| 榔榆 | 老校区 | 2号教学楼北侧 | |
| 天目木兰 | 老校区 | 1号教学楼北侧等 | |

| 植物名 | 来源 | 现栽种位置 | 备注 |
|---|---|---|---|
| 朴树 | 老校区 | 1号学生楼北侧 | 2008年移前，胸径16cm |
| 桑 | 原南校区果园 | 江边绿化带 | |
| 枸树 | 原南校区植物园 | 江边绿化带 | |
| 枫香 | 老校区 | 1号教学楼北侧 | 盆栽带入1株 |
| 细齿蕈树 | 原南校区植物园 | 排球场北侧 | 2008年移树前，测得胸径为14cm。1株 |
| 月桂 | 原南校区花房东侧 | 江边绿化带 | 1980年前后，张洛青老师购自杭州花圃 |
| 二球悬铃木 | 原南校区主路的行道树 | 网球场北侧 | |
| 椤木石楠 | 原南校区植物园 | 2号教学楼北侧 | 2008年移树前，胸径为5～15cm不等 |
| 豆梨 | 原南校区培训楼南面 | 2号教学楼北侧 | 2008年移树前，测得胸径为29cm。1株 |
| 梅花 | 原南校区果园 | 2号教学楼北侧 | 2008年移树前，胸径为15～17cm |
| | 原南校区植物园 | 2号实训楼天井等 | 2008年移树前，胸径为10～15cm |
| 杏 | 原南校区果园 | 2号实训楼开井等 | |
| 槐树 | 原南校区盆景园 | 排球场北侧 | 2008年移树前，胸径为16cm |
| 金枝槐 | 原南校区盆景园 | | 周金锁等老师以国槐为砧木嫁接。已逸失 |
| 龙牙花 | 老校区 | 江边绿化带 | 园林工程建设，被移栽，现不明下落 |
| 楝树 | 老校区北侧盆景园 | 配电房南侧 | 2008年移树前，胸径为22cm |
| 香椿 | 南校区花房南侧至校友亭附近 | 1号教学楼东北侧绿地等 | 2009年8月17日，移栽了其中的5棵到新校区。现存活2棵 |
| 重阳木 | 老校区 | 配电房北侧、创业园北侧 | 2008年移树前，胸径为20～30cm |
| 算盘子 | 原南校区植物园 | 排球场西侧 | 2008年移树前，测得胸径为31cm |
| 一叶萩 | 原南校区植物园 | 排球场西侧 | 2008年移树前，测得蓬径为4m |
| 南酸枣 | 原南校区植物园 | 1号教学楼北侧 | 2008年移树前，胸径为23cm |
| 大叶冬青 | 原南校区植物园 | 1号教学楼北侧 | 1株 |
| 丝棉木 | 原南校区植物园 | 排球场西侧绿地 | 2008年移树前，测得蓬径为4m |
| 紫薇 | 原南校区办公楼南侧等 | 篮球场南侧等 | |
| 喜树 | 原南校区培训楼南侧 | 行政楼北侧 | |
| 白丁香 | 原南校区 | 2号教学楼北侧 | 砧木为女贞。2018年嫁接口以上枯死 |
| 牡荆 | 原南校区植物园 | 2号食堂南侧 | 原移栽于2号教学楼北侧，后因生长空间有限，移至现址 |
| 楸树 | 原南校区植物园东南侧 | 文学艺术楼北侧 | 原种植于江边绿化带，2018年移栽到现种植点 |

续表

| 植物名 | 来源 | 现栽种位置 | 备注 |
|---|---|---|---|
| 加拿利海枣 | 原南校区苗圃 | 毛泽东雕像四周 | 2003年春，徐森富、章麟等老师从临海绿化村购入 |
| 蒲葵 | 原北校区池边 | | 移入新校区后死亡 |
| 水杉 | 萧山花木城 | 江边绿化带 | 2011年，为备战"浙江省首届高职院校农业职业技能大赛"，委托校友金观忠在萧山花木城收集 |
| 山麻杆 | 萧山花木城 | 江边绿化带 | |
| 金边胡颓子 | 萧山花木城 | 江边绿化带 | |
| 溲疏 | 萧山花木城 | 江边绿化带 | |
| 阔叶十大功劳 | 萧山花木城 | 江边绿化带 | |
| 伞房决明 | 萧山花木城 | 江边绿化带 | |
| 七叶树 | 萧山花木城 | 图书馆北侧、1号教学楼北侧 | |
| 梧桐 | 萧山花木城 | 江边绿化带 | |
| 琼花 | 萧山花木城 | 江边绿化带 | |
| 锦带花 | 萧山花木城 | 江边绿化带 | |
| 红白忍冬 | 萧山花木城 | 1号教学楼东侧 | 与紫藤共1架。架材拆自原南校区植物园的紫藤架 |
| 紫藤 | 萧山苗圃 | 1号教学楼东侧 | 架材拆自原南校区植物园的紫藤架，2015年前后重新组装搭建 |
| 紫叶桃 | 萧山苗圃 | 2号教学楼北侧 | |
| 榆叶梅 | 萧山苗圃 | 2号实训楼天井 | |
| 乳源木莲 | 萧山苗圃 | 图书馆东南侧 | |
| 棕榈 | 萧山苗圃 | 江边绿化带 | |
| 北美红杉 | 原南校区植物园西北角 | | 1980年前后，张洛青老师引自杭州花圃，2008年枯死 |
| | 萧山花木城 | 花圃 | 2014年3月8日，购入1株小苗 |
| 刺柏 | 台州鹤立农业发展有限公司 | 江边绿化带 | 2013年前后购入 |
| 木瓜 | 台州鹤立农业发展有限公司 | 盆景园 | 2株 |
| 老鸦柿 | 台州鹤立农业开发有限公司 | 盆景园 | |
| 对节白蜡 | 台州鹤立农业发展有限公司 | 盆景园 | 2株 |

续表

| 植物名 | 来源 | 现栽种位置 | 备注 |
|---|---|---|---|
| 绒针柏 | 黄岩药山林文友苗圃 | 花圃 | 2014年 |
| 郁李 | 黄岩药山林文友苗圃 | 花圃 | |
| 赤楠 | 药山梅花长廊购买 | 盆景园 | 盆景 |
| 金星桧 | 奉化市大利花木专业合作社 | 江边绿化带 | 2株 |
| 垂丝海棠 | 奉化市大利花木专业合作社 | 3号教学楼南侧等 | |
| 毛叶山桐子 | 奉化市大利花木专业合作社 | 3号教学楼南侧 | 2012年购入 |
| 罗汉松类 | 广州苗圃 | 校门口 | 2012年，引种18棵桩景造型的短叶罗汉松，植于校门内侧 |
| | 老校区 | 1号教学楼西侧等 | 均为短叶罗汉松 |
| | 台州鹤立农业发展有限公司 | 江边绿化带、花圃 | 有米叶罗汉松、珍珠罗汉松、球罗、麒麟罗汉松等 |
| 竹柏 | 黄岩茅畲苗圃 | 图书馆北侧、1号教学楼西侧等 | 2012年购入 |
| 浙江楠 | 黄岩茅畲苗圃 | 2号实训楼—3号教学楼南侧等 | 2013年购入 |
| 三尖杉 | 原南校区实验楼北侧 | | 校区搬移时遗失 |
| | 黄岩药山梅花长廊 | 盆景园 | 2010年购入，作盆景 |
| 南方红豆杉 | 黄岩茅畲苗圃 | 行政楼天井东侧 | 2012年购入 |
| | 黄岩花鸟市场 | 盆景园 | 2010年购入，缸栽 |
| 紫柳 | 黄岩南城街道民建村河边 | 江边绿化带 | 2010年前后，张浩老师采枝条扦插于校花圃 |
| 彩叶杞柳 | 杭州天香园林公司 | 蔬菜大棚西侧 | 2015年，园艺2013级在"真知景观"公司实训结束时，天香园林赠送。其中络石类有黄金络石、五彩络石、花叶络石3种 |
| 弗吉尼亚鼠刺 | 杭州天香园林公司 | 蔬菜大棚西侧 | |
| 窄叶火棘 | 杭州天香园林公司 | 蔬菜大棚西侧 | |
| 滨枥 | 杭州天香园林公司 | 蔬菜大棚西侧 | |
| 浓香茉莉 | 杭州天香园林公司 | 蔬菜大棚西侧 | |
| 南美稔 | 杭州天香园林公司 | 蔬菜大棚西侧 | |
| 络石类 | 杭州天香园林公司 | 蔬菜大棚西侧 | |
| 单叶蔓荆 | 杭州天香园林公司 | 蔬菜大棚西侧 | |
| 毛核木 | 杭州天香园林公司 | 蔬菜大棚西侧 | |

续表

| 植物名 | 来源 | 现栽种位置 | 备注 |
|---|---|---|---|
| 弗吉尼亚<br>栎等 | 浙江万园生态发展有限公司 | | 2006年前后，万园生态公司赠送我校弗吉尼亚栎、北美复叶槭等一批苗木。校区搬迁时，植于汽车实训室北边空地，后逸失 |
| 锦屏藤 | 网上购入 | 花园中心门口 | 2017年，园艺16-2朱招龙同学购买并种植于花园中心门口 |
| 决明 | 生化制药14-1班祝佳琪网上购入 | 农学院工具房周围 | 2014年，祝佳琪同学种植决明于果园等处 |
| 鸡冠刺桐 | 百花园林公司的鲍海英工程师赠送 | 5号学生宿舍楼南侧 | 3株 |
| 苦槠 | 路桥苗圃 | 3号教学楼西侧 | 2013年前后购入。1株 |
| 糙叶树 | 路桥苗圃 | 3号教学楼西侧 | 2013年前后购入。1株 |
| 杜仲 | 路桥苗圃 | 3号教学楼西侧 | 2013年前后购入。1株 |
| 华盛顿棕榈 | 路桥百花园林 | 校门口 | 2012年购入 |
| 榕树 | 路桥苗圃、百花园林公司 | 办公楼东侧 | |
| 薜荔 | 野生 | | 依附于香樟、罗汉松、香椿等大树生长 |
| 广玉兰 | 老校区 | 1号教学楼西侧 | 2008年移树前，测得胸径为15~20cm |
| | 嵊州苗圃 | 2号食堂东侧、江边绿化带 | |
| 玉兰 | 嵊州苗圃 | 1号教学楼南面等 | |
| | 老校区 | 1号教学楼西面 | 植于小土丘上。2008年移树前，胸径为10~15cm |
| 二乔玉兰 | 老校区 | 1号教学楼西面 | 植于小土丘上 |
| | 嵊州苗圃 | 8号学生宿舍南等 | |
| 乐昌含笑 | 嵊州苗圃 | 学生宿舍区等 | |
| 深山含笑 | 嵊州苗圃 | 图书馆—行政楼—文学艺术楼周边 | |
| 金叶含笑 | 嵊州苗圃 | 江边绿化带 | |
| 无患子 | 黄岩院桥苗圃 | 1号教学楼北侧等 | 2013年前后，黄岩林特局赠送 |
| 栾树、黄山栾 | 黄岩院桥苗圃 | 江边绿化带内侧行道树等 | |
| 鹅掌楸类 | 黄岩院桥苗圃 | 江边绿化带、1号教学楼北侧 | 黄岩区林特局赠送。主要是杂交鹅掌楸，个别是鹅掌楸 |

| 植物名 | 来源 | 现栽种位置 | 备注 |
|---|---|---|---|
| 蜡梅 | 萧山苗圃 | 2号实训楼天井、创业园东侧等 | |
| | 老校区 | 办公楼天井 | |
| 香樟 | 原南校区的校友亭附近、植物园、北校区的荷花池边等 | 1号食堂周边、1号教学楼西边、操场—篮球场南边等 | 2008—2009年，从老校区移入不同规格的香樟共64株，其中胸径在50~60cm的有4株，其余的胸径在10cm至50cm不等 |
| | 黄岩院桥苗圃 | 校园主干道的行道树等 | 2013年前后，黄岩区林特局赠送 |
| | 杭州临平苗圃 | 图书馆东广场两侧行道树 | |
| 天竺桂 | 温州苗圃 | 3号教学楼南侧绿地等 | |
| 八仙花 | 黄岩苗圃 | 学生宿舍楼周边 | 2015年，王普形老师购入母株并分株育苗 |
| | 虹越园艺家黄岩店 | 行政楼天井 | 2016年购入。品种为无尽夏 |
| 红叶石楠 | 余姚苗圃 | 3号教学楼北侧、1号实训楼东侧 | 圆柱体造型 |
| | 不详 | 1号食堂南侧等 | 地被与绿篱 |
| | 商品花卉09-1张武等创业活动成果 | 蝴蝶兰大棚东侧等 | 2011年6月至暑假期间，张武等在现多肉大棚扦插繁殖 |
| 月季 | 萧山苗圃 | 3号教学楼北侧等 | 地被 |
| | 虹越园艺家黄岩店 | 图书馆东侧 | 2017年引进4株欧月，品种为香槟 |
| | 虹越园艺家黄岩店 | 花园中心—蝴蝶兰大棚东侧 | 2018年引进格拉斯托马汉、御用马车、浓香等欧月品种，作刺篱 |
| | 王普形老师嫁接 | 操场西北角 | 2018年利用蔷薇作砧木高接 |
| 木香花 | 黄岩花鸟市场 | 操场西北角 | |
| 桃 | 浙江省农科院 | 果园 | 2012年引入，有硬肉桃、水蜜桃、蟠桃等 |
| 李 | 原北校区操场北侧 | 2号教学楼北侧 | 1株 |
| | 浙江省农科院 | 果园 | 2012年引入，有红心李等品种 |
| 樱桃 | 浙江省农科院 | 果园 | 2012年引入，品种为短柄樱桃 |
| 樱花类 | 奉化苗圃 | 1号教学楼西侧 | |
| 合欢 | 奉化苗圃 | 行政楼南侧等 | |
| 紫荆 | 原南校区学生宿舍西侧 | 排球场北侧 | 1株 |
| | 萧山苗圃 | 3号教学楼东侧 | |
| 龙爪槐 | 黄岩院桥苗圃 | 1号食堂东南侧、图书馆西侧等 | |
| | 老校区 | 2号教学楼北侧 | 2008年移树前，胸径为12cm |

续表

| 植物名 | 来源 | 现栽种位置 | 备注 |
|---|---|---|---|
| 紫穗槐 | 野生 | 体育馆北侧、3号教学楼北侧 | |
| 柑橘类 | 红四村 | 果园 | 品种为本地早与椪橘 |
| | 药山果木良种场 | 果园 | 2014年前后，购入盆栽金弹与滑皮金柑；2017年，购入红美人、春香、Cocktail葡萄柚 |
| | 台州林国建苗圃 | 2号实训楼南侧 | 该柚品种为玉环柚，即楚门文旦 |
| | 黄岩马路市场的下山桩 | 盆景园 | 金豆桩材，现有部分已制成盆景 |
| | 药山梅花长廊 | 盆景园 | 2010年购入。金豆盆景 |
| | 老校区 | | 原台州农校柑橘种质资源覆盖了柑橘亚族主要的三个属——枳属、金柑属和柑橘属。柑橘属6大类中的5个大类（宜昌橙类、柚类、橙类、枸橼类与宽皮柑橘类）及杂柑类（柑、橘、橙、柚等柑橘属各种的杂交品种）均有栽培，品种达数十个。校区搬迁时，部分种子资源赠予了浙江省柑橘研究所 |
| 乌桕 | 老校区 | 1号教学楼西侧、网球场北侧 | |
| | 黄岩高桥苗圃 | 2号教学楼北侧 | 2015年前后购入 |
| 鸡爪槭类 | 老校区 | 1号教学楼东侧等 | 2008年共移入小鸡爪槭2株、红枫17株，地径为5～20cm不等 |
| | 奉化市大利花木专业合作社 | 3号教学楼北侧 | 红枫为主。另有赤枫2株、红羽毛枫2株、羽毛枫1株 |
| 三角槭 | 原南校区实验楼北侧 | 体育馆门口东侧 | 1株。该树植于原南校区实验楼北侧，于2009年盛夏移入新校区，是当时校园树体最大、移栽成本最高的树木 |
| | 不详 | 图书馆西北侧等 | |
| | 台州鹤立农业发展有限公司 | 盆景园 | 2013年前后，购入三角枫盆景7盆，其中1盆为宫样枫 |
| 毛脉槭 | 原南校区校友亭 | 2号教学楼东侧、江边绿化带 | |
| 三叶青 | 黄岩山野园艺有限公司 | 多肉大棚与蔬菜大棚之间 | 园艺17-2杨文煜同学的"台州市2017年度大学生科技创新项目"的实验材料 |
| 秃瓣杜英 | 黄岩院桥苗圃 | 1号教学楼北侧等 | 2013年前后，黄岩林特局赠送 |
| | 黄岩苗圃 | 江边绿化带 | 2010年植树节，黄岩区赠送 |
| | 老校区 | 不详 | 2008—2009年，共移入23株。移树前，胸径为23cm |

| 植物名 | 来源 | 现栽种位置 | 备注 |
|---|---|---|---|
| 山茶类 | 原南校区校友亭边 | 2号教学楼北侧 | 美人茶1株 |
| | 不详 | 2号教学楼北侧 | 尖萼红山茶1株 |
| | 奉化市大利花木专业合作社 | 3号教学楼北侧 | 小乔木状茶梅3株 |
| | 萧山苗圃 | 校门口等 | 地被茶梅 |
| | 黄岩院桥苗圃 | 第2食堂西侧等 | 山茶 |
| | 老校区 | 不详 | 2008年，曾移入蓬径为5cm的山茶5株 |
| 香桃木 | 萧山花木城 | 花圃 | 2016年购入 |
| | 天香园林 | 蔬菜大棚西侧 | 2015年，园艺2013级在"真知景观"公司实训结束时，天香园林赠送 |
| 杜鹃花类 | 浙江百花园林有限公司 | 大门口 | 夏鹃，球形 |
| | 萧山苗圃 | 3号教学楼北侧等 | 有毛鹃、东鹃、夏鹃，均作地被种植 |
| | 老校区 | 不详 | 品种有毛鹃与夏鹃 |
| 蓝莓 | 台州市君临蓝莓有限公司 | 蔬菜大棚南侧 | 园艺13-1班叶泉锋、林月的"台州市2014年度大学生科技创新项目"的实验材料。有薄雾、奥尼尔、戴安娜3个品种 |
| 柿树 | 原南校区培训楼东侧 | 2号教学楼北侧 | 2008年移树前，测得胸径为10～25cm。3株 |
| | 黄岩高桥苗圃 | 1号食堂西南角 | 2015年前后购入，4株 |
| 桂花 | 老校区移入 | 篮球场西侧与南侧、10号学生楼南侧等 | 移树前，测得蓬径为300～360cm的7株，360～420cm的27株，420～480cm的30株，420～540cm的22株，540～600cm的4株 |
| | 黄岩苗圃 | 江边绿化带 | 2010年植树节，黄岩区赠送 |
| | 黄岩院桥苗圃 | 教学楼四周 | 2013年前后，黄岩林特局赠送。品种为四季桂 |
| | 萧山花木城 | 花园中心东侧 | 品种为四季桂，用作绿篱 |
| | 仙居苗圃 | 花园中心北侧、蔬菜大棚东侧 | 品种为珍珠彩桂 |
| | 黄岩山野园艺有限公司 | 5号学生楼南侧 | 品种为盘垂桂 |
| 女贞 | 原南校区 | 文学艺术楼北侧 | 大树1株。2009年与三角枫等一起移至新校区 |
| | 学生教学实训培育的实生苗 | 1号教学楼北侧 | 2株 |
| 紫丁香 | 不详 | 3号教学楼北侧 | 共2株，现仅余1株 |

| 植物名 | 来源 | 现栽种位置 | 备注 |
|---|---|---|---|
| 美国凌霄 | 原南校区盆景园 | 江边绿化带等 | |
| | 黄岩苗圃 | 1号学生食堂东侧等 | 2014年购入 |
| | 黄岩苗圃 | 培训楼北面的露天楼梯旁边 | 2014年3月28日，张浩老师带学生栽种 |
| 欧洲荚蒾 | 虹越园艺家黄岩店 | 行政楼天井 | 2016年购入，品种为玫瑰 |
| 竹类 | 原南校区 | 1号教学楼北侧、2号教学楼北侧 | 青皮竹 |
| | 安吉竹博园 | 农学院实训基地临江一侧 | 有黄纹竹、茶秆竹、斑竹、黄秆乌哺鸡竹、白哺鸡竹、金镶玉竹等 |
| | 不详 | 2号实训楼西侧 | 佛肚竹 |
| | 原南校区 | 1号实训楼北侧 | 紫竹 |
| | 不详 | 图书馆—文学艺术教学楼周边 | 金镶玉竹、紫竹、小琴丝竹、美丽箬竹、鹅毛竹、菲白竹、菲黄竹等 |

附件5　台州科技职业学院药用植物一览

| 序号 | 植物名 | 药用部位（中药名） | 功效 |
|---|---|---|---|
| 1 | 节节草 | 全草 | 具有清热利湿、平肝散结、祛痰止咳作用；可用于尿路感染、肾炎、肝炎等 |
| 2 | 瓶尔小草 | 全草 | 清热解毒，消肿止痛 |
| 3 | 海金沙 | 孢子（海金沙） | 清利湿热，通淋止痛、用于热淋、石淋、血淋、膏淋、尿道涩痛 |
| 4 | 井栏边草 | 全草（凤尾草） | 味淡、性凉，能清热利湿、解毒、凉血、收敛、止血、止痢 |
| 5 | 圆盖阴石蕨 | 根茎 | 祛风活血，消肿止痛 |
| 6 | 槲蕨 | 根茎（骨碎补） | 疗伤止痛，补骨坚骨；外用消风祛斑；用于跌扑闪挫、筋骨折伤、肾虚腰痛、筋骨痿软、耳鸣耳聋、牙齿松动；外治斑秃、白癜风 |
| 7 | 苏铁 | 种子 | 种子含油和丰富的淀粉，微有毒，供食用和药用，能治痢疾，止咳和止血 |
| 8 | 银杏 | 种子（白果）叶（银杏叶） | 白果敛肺定喘、止带缩尿，用于痰多喘咳、带下白浊、遗尿尿频。银杏叶活血化瘀、通络止痛、敛肺平喘、化浊降脂，用于瘀血阻络、胸痹心痛、中风偏瘫、肺虚咳喘、高脂血症 |
| 9 | 金钱松 | 根皮或近根树皮（土荆皮） | 杀虫、疗癣、止痒，用于疥癣瘙痒。外用适量，醋或酒浸涂擦，或研末调涂患处 |
| 10 | 黑松 | 花粉（松花粉）树脂（松节油） | 松花粉收敛止血、燥湿敛疮；用于外伤出血，湿疹，黄水疮，皮肤糜烂，脓水淋漓。植物中渗出的油树脂，经蒸馏或其他方法提取的挥发油为松节油 |
| 11 | 侧柏 | 成熟种仁（柏子仁）枝梢和叶（侧柏叶） | 柏子仁养心安神、润肠通便、止汗，用于阴血不足、虚烦失眠、心悸怔忡、肠燥便秘、阴虚盗汗。侧柏叶凉血止血、化痰止咳、生发乌发，用于吐血、衄血、咯血、便血、崩漏下血、肺热咳嗽、血热脱发、须发早白 |
| 12 | 罗汉松 | 树皮、果 | 树皮杀虫、治癣疥；果治心胃气痛 |
| 13 | 三尖杉 | 种子、树皮、枝叶、根皮 | 种子能驱虫、润肺、止咳、消食。树皮、枝叶、根皮可提取三尖杉酯碱和高三尖杉酯碱，对治疗白血病有一定疗效 |
| 14 | 南方红豆杉 | 树皮、枝叶、根皮 | 树皮、枝叶、根皮可提取紫杉醇，具有抗癌作用，亦可治疗糖尿病。叶可利尿、通经 |
| 15 | 蕺菜（鱼腥草） | 全草（鱼腥草） | 清热解毒、消痈排脓、利尿通淋，用于肺痈吐脓、痰热喘咳、热痢、热淋、痈肿疮毒 |
| 16 | 杨梅 | 果实、果核、树皮、根 | 果实能生津止渴、健脾开胃；果核可治脚气；根可止血理气；树皮泡酒可治跌打损伤、红肿疼痛等 |
| 17 | 桑 | 叶（桑叶）根皮（桑白皮）嫩枝（桑枝）果穗（桑椹） | 桑叶疏散风热、清肺润燥、清肝明目，用于风热感冒、肺热燥咳、头晕头痛、目赤昏花。桑白皮泻肺平喘、利水消肿，用于肺热喘咳、水肿胀满尿少、面目肌肤浮肿。桑枝祛风湿、利关节，用于风湿痹病、肩臂、关节酸痛麻木。桑椹滋阴补血、生津润燥，用于肝肾阴虚、眩晕耳鸣、心悸失眠、须发早白、津伤口渴、内热消渴、肠燥便秘 |

| 序号 | 植物名 | 药用部位（中药名） | 功效 |
|---|---|---|---|
| 18 | 构树 | 成熟果实（楮实子） | 补肾清肝、明目、利尿，用于肝肾不足、腰膝酸软、虚劳骨蒸、头晕目昏、目生翳膜、水肿胀满 |
| 19 | 无花果 | 果实 | 润肺止咳，清热润肠 |
| 20 | 薜荔 | 隐花果（鬼馒头）成熟果、茎（络石藤） | 隐花果能壮阳固精、活血、下乳；成熟果可制凉粉，能解暑；茎能祛风通络，凉血消肿 |
| 21 | 葎草 | 地上部分（葎草） | 可作药用；茎皮纤维可作造纸原料；种子油可制肥皂；果穗可代啤酒花用 |
| 22 | 何首乌 | 块根（何首乌）何首乌的炮制加工品（制首乌） | 何首乌解毒、消痈、截疟、润肠通便，用于疮痈、瘰疬、风疹瘙痒、久疟体虚、肠燥便秘。<br>制首乌补肝肾、益精血、乌须发、强筋骨、化浊降脂，用于血虚萎黄、眩晕耳鸣、须发早白、腰膝酸软、肢体麻木、崩漏带下、高脂血症 |
| 23 | 杠板归 | 地上部分（杠板归） | 清热解毒、利水消肿、止咳，用于咽喉肿痛、肺热咳嗽、小儿顿咳、水肿尿少、湿热泻痢、湿疹、疖肿、蛇虫咬伤 |
| 24 | 藜 | 全草 | 全草可入药，能止泻痢、止痒，可治痢疾腹泻；配合野菊花煎汤外洗，治皮肤湿毒及周身发痒。果实（称灰藋子），有些地区代"地肤子"药用 |
| 25 | 土荆芥 | 全草 | 全草入药，治蛔虫病、钩虫病、蛲虫病，外用治皮肤湿疹，并能杀蛆虫。果实含挥发油（土荆芥油），油中含驱蛔素是驱虫有效成分 |
| 26 | 鸡冠花 | 花序（鸡冠花） | 收敛止血、止带、止痢，用于吐血、崩漏、便血、痔血、赤白带下、久痢不止 |
| 27 | 千日红 | 花序 | 花序入药，有止咳定喘、平肝明目功效，主治支气管哮喘，急、慢性支气管炎，百日咳，肺结核咯血等症 |
| 28 | 空心莲子草 | 全草 | 全草入药，有散瘀消毒、清火退热功效，治牙痛、痢疾，疗肠风、下血 |
| 29 | 刺苋 | 全草 | 全草供药用，有清热解毒、散血消肿的功效 |
| 30 | 牛膝 | 根（牛膝） | 有逐瘀通经、补肝肾、强筋骨、利尿通淋、引血下行功效，用于经闭、痛经、腰膝酸痛、筋骨无力、淋证、水肿、头痛、眩晕、牙痛、口疮、吐血、衄血 |
| 31 | 美洲商陆 | 根（商陆） | 逐水消肿，通利二便；外用解毒散结。用于水肿胀满，二便不通，外治痈肿疮毒 |
| 32 | 马齿苋 | 地上部分（马齿苋） | 有清热解毒、凉血止血、止痢功效，用于热毒血痢、痈肿疔疮、湿疹、丹毒、蛇虫咬伤、便血、痔血、崩漏下血 |
| 33 | 大花马齿苋 | 全草 | 有散瘀止痛、清热、解毒消肿功效，用于咽喉肿痛、烫伤、跌打损伤、疮疖肿毒 |
| 34 | 雀舌草 | 全草 | 全株药用，可强筋骨，治刀伤 |
| 35 | 牛繁缕 | 全草 | 全草供药用，祛风解毒，外敷治疖疮 |
| 36 | 漆姑草 | 全草 | 全草可供药用，有退热解毒之效，鲜叶揉汁涂漆疮有效 |

| 序号 | 植物名 | 药用部位（中药名） | 功效 |
|---|---|---|---|
| 37 | 石竹 | 地上部分（瞿麦） | 有利尿通淋、活血通经功效，用于热淋、血淋、石淋、小便不通、淋沥涩痛、经闭瘀阻 |
| 38 | 荷花 | 成熟种子（莲子）<br>成熟种子中的干燥幼叶及胚根（莲子芯）<br>花托（莲房）<br>雄蕊（莲须） | 莲子可补脾止泻、止带、益肾涩精、养心安神，用于脾虚泄泻、带下、遗精、心悸失眠。<br>莲子芯清心安神、交通心肾、涩精止血，用于热入心包、神昏谵语、心肾不交、失眠遗精、血热吐血。<br>莲房可化瘀止血，用于崩漏、尿血、痔疮出血、产后瘀阻、恶露不尽。<br>莲须可固肾涩精，用于遗精滑精、带下、尿频 |
| 39 | 扬子毛茛 | 全草 | 全草药用，捣碎外敷，发泡截疟及治疮毒，腹水浮肿 |
| 40 | 石龙芮 | 全草 | 全草含原白头翁素，有毒，药用能消结核、截疟及治痈肿、疮毒、蛇毒和风寒湿痹 |
| 41 | 南天竹、火焰南天竹 | 果（天竹子）、茎、叶 | 果能止咳平喘；茎和叶能清热除湿，通经活络，消炎解毒 |
| 42 | 十大功劳、阔叶十大功劳 | 茎（功劳木） | 清热燥湿，泻火解毒。用于湿热泻痢，黄疸尿赤，目赤肿痛，胃火牙痛，疮疖痈肿 |
| 43 | 广玉兰 | 叶 | 叶、幼枝和花可提取芳香油；花制浸膏用。叶入药治高血压 |
| 44 | 玉兰 | 花蕾（辛夷） | 散风寒，通鼻窍，用于风寒头痛、鼻塞流涕、鼻鼽、鼻渊 |
| 45 | 山蜡梅 | 根 | 根药用，治跌打损伤、风湿、劳伤咳嗽、寒性胃痛、感冒头痛、疔疮毒疮等。种子含油脂 |
| 46 | 香樟 | 全株 | 全株祛风散寒，消肿止痛，强心镇痉，杀虫；樟脑（干支、叶及根部经加工提取制得的结晶）和樟油（新鲜的嫩枝及叶经水蒸气蒸馏提取后的挥发油）可作中枢神经兴奋剂 |
| 47 | 天竺桂 | 枝叶及树皮、果核 | 枝叶及树皮可提取芳香油，供制各种香精及香料的原料。果核含脂肪，供制肥皂及润滑油 |
| 48 | 月桂 | 叶、果 | 叶和果含芳香油，用于食品及皂用香精；叶片可作调味香料或作罐头矫味剂 |
| 49 | 虞美人 | 花 | 花和全株入药，含多种生物碱，有镇咳、止泻、镇痛、镇静等功效 |
| 50 | 萝卜 | 种子（莱菔子） | 可消食除胀、降气化痰，用于饮食停滞、脘腹胀痛、大便秘结、积滞泻痢、痰壅喘咳 |
| 51 | 北美独行菜 | 种子（葶苈子） | 可泻肺平喘、行水消肿，用于痰涎壅肺、喘咳痰多、胸胁胀满、不得平卧、胸腹水肿、小便不利 |
| 52 | 碎米荠 | 全草 | 全草可作野菜食用；也供药用，能清热去湿 |
| 53 | 佛甲草 | 全草 | 全草药用，有清热解毒、散瘀消肿、止血之效 |
| 54 | 垂盆草 | 全草（垂盆草） | 可利湿退黄、清热解毒，用于湿热黄疸、小便不利、痈肿疮疡 |
| 55 | 费菜（土三七） | 根或全草 | 根或全草药用，有止血散瘀、安神镇痛之效 |
| 56 | 八宝 | 全草（景天） | 全草药用，有清热解毒、散瘀消肿之效。治喉炎、热疖及跌打损伤 |

| 序号 | 植物名 | 药用部位（中药名） | 功效 |
|------|--------|------------------|------|
| 57 | 落地生根 | 全草 | 全草入药，可解毒消肿、活血止痛、拔毒生肌 |
| 58 | 枫香 | 树脂（枫香脂） | 树脂活血止痛、解毒生肌、凉血止血，用于跌扑损伤、痈疽肿痛、吐血、衄血、外伤出血 |
| 59 | 细柄蕈树 | 树脂 | 树皮里流出的树脂含有芳香性挥发油，可供药用及香料和定香之用 |
| 60 | 杜仲 | 树皮（杜仲）<br>叶（杜仲叶） | 杜仲补肝肾，强筋骨，安胎；用于肝肾不足，腰膝酸痛，筋骨无力，头晕目眩，妊娠漏血，胎动不安。<br>杜仲叶补肝肾，强筋骨；用于肝肾不足，头晕目眩，腰膝酸痛，筋骨痿软 |
| 61 | 火棘 | 果实、根、叶 | 果能消积止痢，活血止血；根清热凉血；叶清热解毒 |
| 62 | 枇杷 | 叶（枇杷叶） | 有清肺止咳、降逆止呕功效，用于肺热咳嗽、气逆喘急、胃热呕逆、烦热口渴 |
| 63 | 木瓜 | 果实（木瓜） | 有舒筋活络、和胃化湿功效，用于湿痹拘挛、腰膝关节酸重疼痛、暑湿吐泻、转筋挛痛、脚气水肿 |
| 64 | 月季 | 花（月季花） | 有活血调经、疏肝解郁功效，用于气滞血瘀、月经不调、痛经、闭经、胸胁胀痛 |
| 65 | 蛇莓 | 全草 | 全草药用，能散瘀消肿、收敛止血、清热解毒。茎叶捣治疗疮有特效，亦可敷蛇咬伤、烫伤、烧伤。果实煎服能治支气管炎 |
| 66 | 山莓 | 果实 | 果味甜美，含糖、苹果酸、柠檬酸及维生素C等，可供生食、制果酱及酿酒。<br>果、根及叶入药，有活血、解毒、止血之效 |
| 67 | 蓬蘽 | 全株 | 全株及根入药，能消炎解毒、清热镇惊、活血及祛风湿 |
| 68 | 梅 | 近成熟果实（乌梅）<br>花蕾（梅花） | 乌梅敛肺、涩肠、生津、安蛔，用于肺虚久咳、久泻久痢、虚热消渴、蛔厥呕吐腹痛。<br>梅花疏肝和中、化痰散结，用于肝胃气痛、郁闷心烦、梅核气、瘰疬疮毒 |
| 69 | 杏 | 种子（苦杏仁） | 有降气、止咳、平喘、润肠通便功效，用于咳嗽气喘、胸满痰多、肠燥便秘 |
| 70 | 郁李 | 种子（郁李仁） | 有润肠通便、下气利水功效，用于津枯肠燥、食积气滞、腹胀便秘、水肿、脚气、小便不利 |
| 71 | 含羞草 | 全草 | 全草供药用，有安神镇静的功能，鲜叶捣烂外敷治带状疱疹 |
| 72 | 合欢 | 树皮（合欢皮）<br>花序或花蕾（合欢花） | 合欢皮解郁安神、活血消肿，用于心神不安、忧郁失眠、肺痈、疮肿、跌扑伤痛。合欢花解郁安神，用于心神不安、忧郁失眠 |
| 73 | 决明 | 成熟种子（决明子） | 有清热明目、润肠通便功效，用于目赤涩痛、羞明多泪、头痛眩晕、目暗不明、大便秘结 |
| 74 | 紫荆 | 花（紫荆花）<br>树皮（紫荆皮） | 树皮有清热解毒、活血行气、消肿止痛之功效，可治产后血气痛、疔疮肿毒、喉痹。花可治风湿筋骨痛 |
| 75 | 龙牙花 | 树皮 | 树皮药用，有麻醉、镇静作用 |

| 序号 | 植物名 | 药用部位（中药名） | 功效 |
|------|--------|-------------------|------|
| 76 | 槐树 | 果实（槐角）<br>花（槐花）及花蕾（槐米） | 槐角清热泻火、凉血止血，用于肠热便血、痔肿出血、肝热头痛、眩晕目赤。<br>槐花及槐米凉血止血、清肝泻火，用于便血、痔血、血痢、崩漏、吐血、衄血、肝热目赤、头痛眩晕 |
| 77 | 锦鸡儿 | 根皮 | 根皮供药用，能祛风活血、舒筋、除湿利尿、止咳化痰 |
| 78 | 小巢菜 | 全草 | 全草入药，有活血、平胃、明目、消炎等功效 |
| 79 | 蚕豆 | 茎、叶、花、荚壳和种皮 | 健脾、除湿、通便、凉血，民间药用治疗高血压和浮肿 |
| 80 | 赤小豆 | 成熟种子（赤小豆） | 有利水消肿、解毒排脓功效，用于水肿胀满、脚气浮肿、黄疸尿赤、风湿热痹、痈肿疮毒、肠痈腹痛 |
| 81 | 豌豆 | 种子 | 种子含淀粉、油脂，可作药用，有强壮、利尿、止泻之效；茎叶能清凉解暑 |
| 82 | 扁豆 | 成熟种子（白扁豆） | 有健脾化湿、和中消暑功效，用于脾胃虚弱、食饮不振、大便溏泻、白带过多、暑湿吐泻、胸闷腹胀。炒白扁豆健脾化湿。用于脾虚泄泻、白带过多 |
| 83 | 酢浆草 | 全草 | 全草入药，能解热利尿、消肿散淤；茎叶含草酸，可用以磨镜或擦铜器，使其具光泽 |
| 84 | 野老鹳草 | 地上部分（老鹳草） | 有祛风湿、通经络、止泻痢功效，用于风湿痹痛、麻木拘挛、筋骨酸痛、泄泻痢疾 |
| 85 | 九里香 | 干燥叶和带叶嫩枝（九里香） | 有行气止痛、活血散瘀功效，用于胃痛、风湿痹痛。外治牙痛，跌扑肿痛，虫蛇咬伤 |
| 86 | 柚 | 果肉 | 果肉含维生素C较高。有消食、解酒毒功效。果皮含油量高，油可作香精油原料 |
| 87 | 佛手 | 果实（佛手） | 有疏肝理气、和胃止痛、燥湿化痰功效，用于肝胃气滞、胸胁胀痛、胃脘痞满、食少呕吐、咳嗽痰多 |
| 88 | 柑橘 | 成熟果皮（陈皮）<br>外层果皮（橘红）<br>成熟种子（橘核） | 陈皮理气健脾、燥湿化痰、用于脘腹胀满、食少吐泻、咳嗽痰多。<br>橘红理气宽中、燥湿化痰，用于咳嗽痰多、食积伤酒、呕恶痞闷。<br>橘核理气、散结、止痛，用于疝气疼痛、睾丸肿痛、乳痈乳癖 |
| 89 | 楝树 | 树皮和根皮（苦楝皮） | 可杀虫、疗癣；用于蛔虫病、蛲虫病、虫积腹痛；外治疥癣瘙痒。<br>外用适量研末，用猪脂调敷患处 |
| 90 | 香椿 | 嫩芽、根皮、果 | 幼芽嫩叶芳香可口，供蔬食；根皮及果入药，有收敛止血、去湿止痛之功效 |
| 91 | 乌桕 | 叶、根皮 | 叶为黑色染料，可染衣物。根皮治毒蛇咬伤。白色之蜡质层（假种皮）溶解后可制肥皂、蜡烛。种子油适于涂料，可涂油纸、油伞等 |
| 92 | 算盘子 | 根、茎、叶、果实 | 根、茎、叶和果实均可药用，有活血散瘀、消肿解毒之效，治痢疾、腹泻、感冒发热、咳嗽、食滞腹痛、湿热腰痛、跌打损伤、疝气（果）等 |

续表

| 序号 | 植物名 | 药用部位（中药名） | 功效 |
|---|---|---|---|
| 93 | 一叶萩 | 花、叶 | 叶含一叶萩碱（securinine）。花和叶供药用，对中枢神经系统有兴奋作用，可治面部神经麻痹、小儿麻痹后遗症、神经衰弱、嗜睡症等。根皮煮水，外洗可治牛、马虱子 |
| 94 | 叶下珠 | 全草 | 全草有解毒、消炎、清热止泻、利尿之效，可治赤目肿痛、肠炎腹泻、痢疾、肝炎、小儿疳积、肾炎水肿、尿路感染等 |
| 95 | 一品红 | 茎叶 | 茎叶可入药，有消肿的功效，可治跌打损伤 |
| 96 | 斑地锦 | 全草（地锦草） | 有清热解毒、凉血止血、利湿退黄功效，用于痢疾、泄泻、咯血、尿血、便血、崩漏、疮疖痈肿、湿热黄疸 |
| 97 | 泽漆 | 全草 | 全草入药，有清热、祛痰、利尿消肿及杀虫之效 |
| 98 | 南酸枣 | 果 | 树皮和果入药，有消炎解毒、止血止痛之效，外用治大面积水火烧烫伤 |
| 99 | 大叶冬青 | 嫩叶（苦丁茶） | 散风热，清头目，除烦渴 |
| 100 | 枸骨 | 叶（枸骨叶） | 清热养阴，益肾，平肝。用于肺痨咯血，骨蒸潮热，头晕目眩 |
| 101 | 无患子 | 根、果实 | 根和果入药，味苦微甘，有小毒，有清热解毒、化痰止咳之功效；果皮含有皂素，可代肥皂，尤宜于丝质品之洗濯 |
| 102 | 凤仙花 | 种子（急性子）茎（凤仙透骨草） | 急性子有破血、软坚、消积功效，用于癥瘕痞块、经闭、噎膈。凤仙透骨草有祛风湿、活血、止痛之效，用于治风湿性关节痛、屈伸不利 |
| 103 | 枣 | 成熟果实（大枣） | 有补中益气、养血安神功效，用于脾虚食少、乏力便溏、妇人脏躁 |
| 104 | 枳椇 | 果序轴、种子 | 果序轴可生食、酿酒、熬糖，民间常用以浸制"拐枣酒"，能治风湿。种子为清凉利尿药，能解酒毒，适用于热病消渴、酒醉、烦渴、呕吐、发热等症 |
| 105 | 三叶青 | 全株 | 全株供药用，有活血散瘀、解毒、化痰的作用，临床上用于治疗病毒性脑膜炎、乙型脑炎、病毒性肺炎、黄疸性肝炎等，特别是块茎对小儿高烧有特效 |
| 106 | 葡萄 | 果实 | 著名水果，可生食或制干、酿酒，酿酒后的酒脚可提酒石酸。根和藤药能止呕、安胎 |
| 107 | 乌蔹莓 | 全草 | 全草入药，有凉血解毒、利尿消肿之功效 |
| 108 | 玫瑰茄 | 花萼及小苞片（红桃K） | 花萼泡茶或泡酒后服用，能利尿、降血压、补血、美容养颜 |
| 109 | 木槿 | 全株 | 根皮和茎皮作木槿皮入药，能清热利湿、解毒止痒，治疗皮肤癣疮 |
| 110 | 木芙蓉 | 叶（木芙蓉叶） | 有凉血解毒、消肿止痛功效，治痈疽掀肿、缠身蛇丹、烫伤、目赤肿痛、跌打损伤 |
| 111 | 蜀葵 | 全草 | 全草入药，有清热止血、消肿解毒之功效，治吐血、血崩等症 |
| 112 | 梧桐 | 茎、叶、花、果 | 种子炒熟可食或榨油，油为不干性油。茎、叶、花、果和种子均药用，有清热解毒的功效 |
| 113 | 柽柳 | 枝叶 | 枝叶药用为解表发汗药，有去除麻疹之效 |

续表

| 序号 | 植物名 | 药用部位（中药名） | 功效 |
|---|---|---|---|
| 114 | 紫花地丁 | 全草（紫花地丁） | 有清热解毒、凉血消肿功效，用于疔疮肿毒、痈疽发背、丹毒、毒蛇咬伤 |
| 115 | 柞木 | 叶、刺 | 叶、刺供药用；种子含油 |
| 116 | 仙人掌 | 茎 | 具有降血糖、降血脂、降血压的功效 |
| 117 | 金边瑞香 | 根 | 祛风，除湿，止痛 |
| 118 | 结香 | 全株 | 全株入药能舒筋活络、消炎止痛，可治跌打损伤，风湿痛 |
| 119 | 胡颓子 | 叶（胡颓子叶）、种子、根 | 种子、叶和根可入药。种子可止泻；叶治肺虚短气；根治吐血，煎汤洗疮疖有一定疗效 |
| 120 | 紫薇 | 花、叶 | 树皮、叶及花为强泻剂；根和树皮煎剂可治咯血、吐血、便血 |
| 121 | 石榴 | 果皮，根皮 | 果皮入药，称石榴皮，味酸涩，性温，有涩肠止血之功效，治慢性下痢及肠痔出血等症。根皮可驱绦虫和蛔虫 |
| 122 | 香桃木 | 花 | 其花可提取丁香油，供化妆用 |
| 123 | 常春藤 | 茎、叶 | 常春藤全株供药用，有舒筋散风之效。茎叶捣碎治衄血，也可治痈疽或其他初起肿毒 |
| 124 | 鹅掌柴 | 叶、根皮 | 叶及根皮民间供药用，治疗流感、跌打损伤等症 |
| 125 | 天胡荽 | 全草 | 有清热、利尿、消肿、解毒功效，治黄疸、赤白痢疾、目翳、喉肿、痈疽疔疮、跌打瘀伤 |
| 126 | 积雪草 | 全草（积雪草） | 有清热利湿、解毒消肿功效，用于湿热黄疸、中暑腹泻、石淋血淋、痈肿疮毒、跌扑损伤 |
| 127 | 柿 | 果实、叶、宿萼（柿蒂） | 柿子能止血润便，缓和痔疾肿痛，降血压。柿饼可以润脾补胃，润肺止血。柿霜饼和柿霜能润肺生津，祛痰镇咳，压胃热，解酒，疗口疮。<br>柿叶利尿通便，软化血管；柿蒂降逆止呃，用于呃逆 |
| 128 | 桂花 | 花 | 具有健胃、化痰、生津、散痰、平肝的作用 |
| 129 | 女贞 | 成熟果实（女贞子） | 有滋补肝肾，明目乌发功效，用于肝肾阴虚、眩晕耳鸣、腰膝酸软、须发早白、目暗不明、内热消渴、骨蒸潮热 |
| 130 | 浓香茉莉 | 花、叶 | 花为著名花茶原料及重要香精原料。花、叶药用治目赤肿痛，并能止咳化痰 |
| 131 | 夹竹桃 | 全株 | 全株有毒，具强心利尿、定喘镇痛的功效 |
| 132 | 络石 | 带叶的藤茎（络石藤） | 有祛风通络、凉血消肿功效，用于风湿热痹、筋脉拘挛、腰膝酸痛、喉痹、痈肿、跌扑损伤 |
| 133 | 长春花 | 花 | 植株含长春花碱，可药用，有降低血压之效；在国外有用来治白血病、淋巴肿瘤、肺癌、绒毛膜上皮癌、血癌和子宫癌等 |
| 134 | 萝藦 | 果实、根、茎、叶 | 果可治劳伤、虚弱、腰腿疼痛、缺奶、白带、咳嗽等；根可治跌打、蛇咬、疔疮、瘰疬、阳痿；茎叶可治小儿疳积、疔肿；种毛可止血；乳汁可除瘊子 |
| 135 | 马蹄金 | 全草 | 全草供药用，有清热利尿、祛风止痛、止血生肌、消炎解毒、杀虫之功效。可治急慢性肝炎、黄疸型肝炎、胆囊炎、肾炎、泌尿系感染、扁桃腺炎、口腔炎及痈疗疗毒、毒蛇咬伤、乳痈、痢疾、疟疾、肺出血等 |

| 序号 | 植物名 | 药用部位（中药名） | 功效 |
|---|---|---|---|
| 136 | 裂叶牵牛<br>圆叶牵牛 | 种子（牵牛子） | 有泻火通便、消痰涤饮、杀虫攻积功效，用于水肿胀满、二便不通、痰饮积聚、气逆喘咳、虫积腹痛 |
| 137 | 附地菜 | 全草 | 全草入药，能温中健胃、消肿止痛、止血。嫩叶可供食用 |
| 138 | 五色梅<br>（马缨丹） | 根、叶、花 | 根、叶、花作药用，有清热解毒、散结止痛、祛风止痒之效，可治疟疾、肺结核、颈淋巴结核、腮腺炎、胃痛、风湿骨痛等 |
| 139 | 牡荆 | 新鲜叶（牡荆叶） | 牡荆叶有祛痰、止咳、平喘功效，用于咳嗽痰多。新鲜叶经水蒸气蒸馏提取的挥发油为牡荆油 |
| 140 | 大青 | 根、叶 | 根、叶有清热、泻火、利尿、凉血、解毒的功效 |
| 141 | 细风轮菜 | 全草 | 有清热解毒、消肿止痛功效，用于白喉、咽喉肿痛、肠炎、痢疾、乳腺炎、雷公藤中毒；外用治过敏性皮炎 |
| 142 | 迷迭香 | 叶、枝 | 为芳香油植物，从叶及着花短枝提油，可作皂用或化妆香精之调和原料 |
| 143 | 薰衣草 | 花 | 为芳香油植物，花中含芳香油，油是调制化妆品、皂用香精的重要原料 |
| 144 | 荔枝草 | 全草 | 全草入药，民间广泛用于跌打损伤、尤名肿毒、流感、咽喉肿痛、小儿惊风、吐血、鼻衄、乳痈、淋巴腺炎、哮喘、腹水肿胀、肾炎水肿、疔疮疖肿、痔疮肿痛、子宫脱出、尿道炎、高血压、一切疼痛及胃癌等症 |
| 145 | 薄荷 | 地上部分（薄荷） | 有疏散风热、清利头目、利咽、透疹，疏肝行气功效，用于风热感冒、风温初起、头痛、目赤、喉痹、口疮、风疹、麻疹、胸胁胀闷 |
| 146 | 龙葵 | 地上部分（龙葵） | 可散瘀消肿，清热解毒 |
| 147 | 枸杞 | 成熟果实（枸杞子） | 有滋补肝肾、益精明目功效，用于虚劳精亏、腰膝酸痛、眩晕耳鸣、阳痿遗精、内热消渴、血虚萎黄、目昏不明 |
| 148 | 蚊母草 | 全草 | 带虫瘿的全草药用，治跌打损伤、瘀血肿痛及骨折 |
| 149 | 通泉草 | 全草 | 止痛，健胃，解毒消肿 |
| 150 | 美国凌霄 | 花 | 花为通经利尿药，可根治跌打损伤等症 |
| 151 | 爵床 | 全草 | 全草入药，治腰背痛、创伤等 |
| 152 | 车前 | 全草（车前草）<br>种子（车前子） | 车前草有清热利尿：通淋、祛痰、凉血、解毒功效，用于热淋涩痛、水肿尿少、暑湿泄泻、痰热咳嗽、吐血衄血、痈肿疮毒。<br>车前子有清热利尿：通淋、渗湿止泻、明目、祛痰功效，用于热淋涩痛、水肿胀满、暑湿泄泻、目赤肿痛、痰热咳嗽 |
| 153 | 栀子花 | 成熟果实（栀子） | 泻火除烦，清热利湿，凉血解毒；外用消肿止痛。用于热病心烦、湿热黄疸、淋证涩痛、血热吐衄、目赤肿痛、火毒疮疡，外治扭挫伤痛 |
| 154 | 鸡矢藤 | 地上部分（鸡矢藤） | 主治风湿筋骨痛、跌打损伤、外伤性疼痛、肝胆及胃肠绞痛、黄疸型肝炎、肠炎、痢疾、消化不良、小儿疳积、肺结核咯血、支气管炎、放射反应引起的白细胞减少症、农药中毒；外用治皮炎、湿疹、疮疡肿毒 |

续表

| 序号 | 植物名 | 药用部位（中药名） | 功效 |
|------|--------|------------------|------|
| 155 | 猪殃殃 | 全草 | 有清热解毒、消肿止痛、利尿、散瘀功效，治淋浊、尿血、跌打损伤、肠痈、疖肿、中耳炎等 |
| 156 | 接骨草 | 全草 | 可治跌打损伤，有祛风湿、通经活血、解毒消炎之功效 |
| 157 | 忍冬红白忍冬 | 花蕾（金银花）茎枝（忍冬藤） | 金银花有清热解毒、疏散风热功效，用于痈肿疔疮、喉痹、丹毒、热毒血痢、风热感冒、温病发热。忍冬藤有清热解毒、疏风通络功效，用于温病发热、热毒血痢、痈肿疮疡、风湿热痹、关节红肿热痛 |
| 158 | 丝瓜 | 干燥成熟果实的维管束（丝瓜络） | 有祛风、通络、活血、下乳功效，用于痹痛拘挛、胸胁胀痛、乳汁不通、乳痈肿痛 |
| 159 | 冬瓜 | 外层果皮（冬瓜皮） | 有利尿消肿功效，用于水肿胀满、小便不利、暑热口渴、小便短赤 |
| 160 | 藿香蓟 | 全草 | 在非洲、美洲居民中，用该植物全草作清热解毒用和消炎止血用。在南美洲，当地居民对用该植物全草治妇女非子宫性阴道出血有极高评价。我国民间用全草治感冒发热、疔疮湿疹、外伤出血、烧烫伤等 |
| 161 | 蒲公英 | 全草 | 有清热解毒、消肿散结、利尿通淋功效，用于疔疮肿毒、乳痈、瘰疬、目赤、咽痛、肺痈、肠痈、湿热黄疸、热淋涩痛 |
| 162 | 苦苣菜 | 全草 | 全草入药，有祛湿、清热解毒功效 |
| 163 | 小飞蓬 | 全草 | 全草入药，消炎止血、祛风湿，治血尿、水肿、肝炎、胆囊炎、小儿头疮等症。据国外文献记载，北美洲用作治痢疾、腹泻、创伤以及驱蠕虫；中部欧洲，常用新鲜的植株作止血药，但其液汁和捣碎的叶有刺激皮肤的作用 |
| 164 | 鼠曲草 | 全草 | 止咳平喘，降血压，祛风湿，祛痰 |
| 165 | 一年蓬 | 全草 | 全草可入药，有治疟的良效 |
| 166 | 鳢肠 | 全草（墨旱莲） | 有滋补肝肾、凉血止血功效，用于肝肾阴虚、牙齿松动、须发早白、眩晕耳鸣、腰膝酸软、阴虚血热吐血、衄血、尿血、血痢、崩漏下血、外伤出血 |
| 167 | 野艾蒿 | 叶（艾叶） | 有温经止血，散寒止痛功效，外用祛湿止痒。用于吐血、衄血、崩漏、月经过多、胎漏下血、少腹冷痛、经寒不调、宫冷不孕；外治皮肤瘙痒。醋艾炭温经止血，用于虚寒性出血 |
| 168 | 野茼蒿 | 全草 | 全草入药，有健脾、消肿之功效，治消化不良、脾虚浮肿等症 |
| 169 | 一点红 | 全草（一点红） | 全草药用，消炎，止痢，主治腮腺炎、乳腺炎、小儿疳积、皮肤湿疹等症 |
| 170 | 马兰 | 全草（马兰草） | 有清热解毒、消食积、利小便、散瘀止血之效。幼叶可作蔬菜食用，俗称"马兰头" |
| 171 | 钻形紫菀 | 根及根茎（紫菀） | 有润肺下气、消痰止咳功效，用于痰多喘咳、新久咳嗽、劳嗽咳血 |
| 172 | 菊花 | 花序（菊花） | 有散风清热、平肝明目、清热解毒功效，用于风热感冒、头痛眩晕、目赤肿痛、眼目昏花、疮痈肿毒 |
| 173 | 青皮竹 | 杆内的分泌液干燥后的块状物（天竺黄） | 有清热豁痰、凉心定惊功效，用于热病神昏、中风痰迷、小儿痰热惊痫、抽搐夜啼 |

| 序号 | 植物名 | 药用部位（中药名） | 功效 |
|---|---|---|---|
| 174 | 牛筋草 | 全草 | 全草煎水服，可防治乙型脑炎 |
| 175 | 狗尾草 | 全草 | 秆、叶可作饲料，也可入药，治痈瘀、面癣；全草加水煮沸20分钟后，滤出液可喷杀菜虫；小穗可提炼糠醛 |
| 176 | 白茅 | 根茎（白茅根） | 有凉血止血、清热利尿功效，用于血热吐血、衄血、尿血、热病烦渴、湿热黄疸、水肿尿少、热淋涩痛 |
| 177 | 狗牙根 | 全草 | 全草可入药，有清血、解热、生肌之效 |
| 178 | 莎草 | 根茎（香附） | 有疏肝解郁、理气宽中、调经止痛功效，用于肝郁气滞、胸胁胀痛、疝气疼痛、乳房胀痛、脾胃气滞、脘腹痞闷、胀满疼痛、月经不调、经闭痛经 |
| 179 | 棕榈 | 叶柄（棕榈） | 有收敛止血功效，用于吐血、衄血、尿血、便血、崩漏 |
| 180 | 棕竹 | 根及叶鞘纤维 | 根及叶鞘纤维入药 |
| 181 | 广东万年青 | 全株 | 取其叶和精肉同煲，可治热血、咳血、大肠结热、小儿脱肛等症。又茎叶和片糖捣烂，可敷治疯犬咬伤。此外，还可用全草敷治蛇咬伤、咽喉肿痛、疔疮肿毒，煎水可洗痔疮 |
| 182 | 海芋 | 根茎 | 根茎供药用，对腹痛、霍乱、疝气有良效。又可治肺结核、风湿关节炎、气管炎、流感、伤寒、风湿心脏病；外用治疗疮肿毒、蛇虫咬伤、烫火伤。调煤油外用治神经性皮炎。兽医用以治牛伤风、猪丹毒 |
| 183 | 鸭跖草 | 地上部分（鸭跖草） | 有清热泻火、解毒、利水消肿功效，用于感冒发热、热病烦渴、咽喉肿痛、水肿尿少、热淋涩痛、痈肿疔毒 |
| 184 | 天门冬 | 块根（天冬） | 有养阴润燥、清肺生津功效，用于肺燥干咳、顿咳痰黏、腰膝酸痛、骨蒸潮热、内热消渴、热病津伤、咽干口渴、肠燥便秘 |
| 185 | 麦冬 | 块根（麦冬） | 有养阴生津、润肺清心功效，用于肺燥干咳、阴虚痨嗽、喉痹咽痛、津伤口渴、内热消渴、心烦失眠、肠燥便秘 |
| 186 | 山菅兰 | 根状茎 | 有毒植物。根状茎磨干粉，调醋外敷，可治痈疮脓肿、癣、淋巴结炎等 |
| 187 | 百合卷丹 | 肉质鳞茎（百合） | 有养阴润肺、清心安神功效，用于阴虚燥咳、劳嗽咳血、虚烦惊悸、失眠多梦、精神恍惚 |
| 188 | 库拉索芦荟中华芦荟 | 叶的汁液浓缩干燥物（芦荟） | 有泻下通便、清肝泻火、杀虫疗疳功效，用于热结便秘、惊痫抽搐、小儿疳积、外治癣疮 |
| 189 | 芭蕉 | 果肉、根、叶 | 叶纤维为芭蕉布（称蕉葛）的原料，亦为造纸原料。假茎煎服可解热，假茎、叶利尿（治水肿，肛胀）。花干燥后煎服治脑溢血。根与生姜、甘草一起煎服，可治淋症及消渴症。，根治感冒、胃痛及腹痛 |
| 190 | 美人蕉 | 花 | 根茎清热利湿，舒筋活络，治黄疸肝炎、风湿麻木、外伤出血、跌打损伤等 |
| 191 | 金线莲 | 全草 | 全草具有补虚、滋补强壮，提高机体免疫力的功效 |
| 192 | 石斛 | 茎（石斛） | 有益胃生津、滋阴清热功效，用于热病津伤、口干烦渴、胃阴不足、食少干呕、病后虚热不退、阴虚火旺、骨蒸劳热、目暗不明、筋骨痿软 |

附件 6　常用花语

| 名称 | | 花语 | 名称 | 花语 |
|---|---|---|---|---|
| 玫瑰 | | 美丽纯洁的爱情；热情 | 天人菊 | 团结 |
| | 红玫瑰 | 热恋、真心实意；我爱你 | 麦秆菊 | 永久不变、永恒的记忆 |
| | 粉玫瑰 | 初恋，特别的关怀 | 金鸡菊 | 竞争心 |
| | 橙红玫瑰 | 初恋的心情 | 松叶菊 | 惰怠 |
| | 黄玫瑰 | 褪色的爱；分手、友谊之情；歉意 | 水仙花 | 自尊、高雅、清逸、芬芳、脱俗 |
| | 紫玫瑰 | 珍爱 | 杜鹃花 | 温暖的、脆弱的、强烈的感情 |
| | 香槟玫瑰 | 梦幻的感觉；我只钟情你一个 | 梅花 | 坚强，忠贞；高洁、高风亮节 |
| | 白玫瑰 | 我尊敬你；纯洁与高贵 | 竹 | 志节、节操；虚心；君子风度 |
| | 红白混合玫瑰 | 和解 | 月桂 | 光荣 |
| | 蓝色玫瑰 | 无法得到的东西 | 唐菖蒲（剑兰） | 武装、性格坚强；秘密约会、用心 |
| 蔷薇 | | 爱的思念、你的一切都很可爱 | 金鱼草 | 有金有余、繁荣昌盛；愉快、热情 |
| 月季 | | 兴旺发达 | 风信子 | 怀念；喜悦；胜利；恒心、浪漫 |
| 郁金香 | | 爱的告白，真挚的情感；热情的爱 | 三色堇 | 快乐的思念；贞淑 |
| 牡丹 | | 圆满、浓情、富贵、雍容华贵 | 丁香 | 神秘；爱的萌芽；回忆 |
| 百合 | | 纯洁、高尚、尊敬、百年好合 | 鸢尾 | 热情；绝望的爱 |
| 山茶花 | | 英勇；可爱、谦让、理想的爱 | 牵牛花 | 爱情永固、爱情永结 |
| 康乃馨 | | 伟大、神圣、慈祥的母亲、母爱 | 四季海棠 | 童心可鉴 |
| | 红康乃馨 | 祝母亲健康长寿；亲情、思念 | 球根海棠 | 亲切、单相思 |
| | 粉康乃馨 | 祝母亲永远年轻，美丽 | 天竺葵 | 偶然的相遇；爱慕、安乐、欺诈 |
| | 黄康乃馨 | 长久的友谊；侮蔑 | 蜀葵 | 热恋、单纯 |
| | 白康乃馨 | 纯洁的友谊；怀念亡母 | 仙客来 | 疑惑、猜忌 |
| | 杂色康乃馨 | 拒绝你的爱 | 马蹄莲 | 幸福、纯洁；永结同心，吉祥如意 |
| 菊花 | | 高洁、欢愉；清高、隐逸；长寿 | 荷花 | 君子般的交往；默念；默恋 |
| 翠菊 | | 远虑；担心你的爱；请相信我 | 杨柳 | 依依不舍；直率、坦诚；悲伤 |
| 非洲菊 | | 崇高之美、欣欣向荣；神秘 | 银柳 | 团聚、财源兴旺 |
| 雏菊 | | 清白、纯真、纤细；隐藏爱情 | 柏 | 死亡、阴影；延年益寿；哀悼 |
| 瓜叶菊 | | 快活 | 洋桔梗 | 感动；高雅、真诚的爱；诚实 |
| 万寿菊 | | 自卑；嫉妒；长寿、康宁 | 长春花 | 快乐的回忆；平凡、持久 |
| 波斯菊 | | 纯情、永远快活；少女真实的心 | 报春花 | 初恋、希望 |
| 矢车菊 | | 雅致、优美；单身的幸福 | 迎春花 | 生命旺盛 |
| 金盏菊 | | 悲哀、离别、迷恋、财富 | 金橘 | 大吉大利 |
| 玛格丽特菊 | | 预言恋爱；情人的爱 | 杏花 | 疑惑；拜访我；少女的情愫 |
| 凤仙花 | | 惹人爱、拒绝爱情；怀念过去 | 李花 | 纯洁 |

续表

| 名称 | 花语 | 名称 | 花语 |
|------|------|------|------|
| 文竹 | 永恒 | 草莓 | 尊重 |
| 武竹 | 飘逸 | 葡萄 | 宽容、博爱 |
| 毋忘我 | 永恒的爱、浓情厚谊；永志勿忘 | 桃李 | 成就 |
| 情人草 | 完美爱情 | 梨花 | 纯情 |
| 鸡冠花 | 多色的爱；爱美、矫情；不死 | 桑 | 不寻常 |
| 栀子花 | 闲雅、清静、幸福；永恒的爱 | 石榴 | 丰饶 |
| 樱花 | 生命、等你回来；淡泊、欢乐 | 桃花 | 好运将至、爱慕；尊敬、纯洁 |
| 大丽花 | 华丽、吉祥、优雅 | 向日葵 | 沉默的爱；崇拜、仰慕、爱慕 |
| 一串红 | 丰饶富足 | 茉莉花 | 幸福；莫离；尊敬、清纯、质朴 |
| 一品红 | 驱妖除魔 | 油菜花 | 加油 |
| 常春藤 | 感情忠诚；诡计 | 萱草 | 妩媚、宣告；欢乐、忘忧（中） |
| 红掌 | 大展宏图；天长地久 | 小麦 | 赞同、合作 |
| 绣球花 | 美满、团圆 | 金银花 | 献爱、诚爱 |
| 睡莲 | 淡泊的爱情；清净 | 薄荷 | 感情热烈；美德 |
| 满天星 | 钟情、爱怜、喜欢、想念、纯洁 | 石蒜 | 优美、冷清、孤独 |
| 紫薇 | 好运、雄辩、女性 | 红豆 | 相思 |
| 紫藤 | 最幸福的时刻；热恋、欢迎 | 紫茉莉 | 臆测、猜忌；小心 |
| 紫荆 | 家庭和睦、背叛、疑惑 | 蝴蝶兰 | 初恋、纯洁美丽；我爱你 |
| 石竹 | 谦逊、多愁善感、奔放、幻想 | 石斛兰 | 慈爱，父亲之花；祝福、喜悦 |
| 合欢 | 夫妻恩爱 | 蝴蝶花 | 相信就是幸福；反抗 |
| 红枫 | 红火、老有所为；热忱 | 蕙兰 | 丰盛祥和 |
| 仙人掌 | 你是我的天使、温暖；坚硬、坚强 | 小苍兰 | 清纯舒畅、纯洁、幸福 |
| 紫罗兰 | 机敏；你永远那么美；贞节 | 蒲公英 | 勇气；无法停留的爱 |
| 含羞草 | 自卑 | 蕾丝花 | 纯洁、幸运；惹人怜爱 |
| 狗尾巴草 | 暗恋 | 棕榈 | 胜利 |
| 文心兰 | 隐藏的爱、快乐；青春活泼 | 榆 | 尊严、爱国心 |
| 天堂鸟 | 自由、幸福、吉祥 | 三叶草 | 名誉、财富、爱情及健康 |
| 虞美人 | 慰问、安慰 | 紫云英 | 没有爱的期待 |
| 悬铃木 | 才华横溢 | 玉兰、迎春、牡丹 | 金玉富贵 |
| 昙花 | 刹那间的美丽，一瞬间永恒 | 松、竹、梅 | 岁寒三友 |

# 四、校园植物中文名索引

# 主 要 参 考 文 献

[1]  浙江植物志编辑委员会.浙江植物志[M].杭州：浙江科学技术出版社，1989–1993.

[2]  中国植物志编辑委员会.中国植物志[M].北京：科学出版社，1959–2004.

[3]  郑朝宗.浙江种子植物检索鉴定手册[M].杭州：浙江科学技术出版社，2005.

[4]  北京林业大学园林系花卉教研组.花卉学[M].北京：中国林业出版社，1990.

[5]  郑万钧.中国树木志[M].北京：中国林业出版社，1983–2004.

[6]  陈根荣.浙江树木图鉴[M].北京：中国林业出版社，2009.

[7]  陈俊榆，程绪珂.中国花经[M].上海：上海文化出版社，1990.

[8]  楼炉焕.观赏树木学[M].北京：中国农业出版社，2000.

[9]  王冬米，陈征海.台州乡土树种识别与应用[M].杭州：浙江科学技术出版社，2010.

[10]  徐海根，强胜.中国外来入侵生物[M].北京：科学出版社，2011.

[11]  何礼华，汤书福.常用园林植物彩色图鉴[M].杭州：浙江大学出版社，2012.

[12]  胡宝忠，胡国宣.植物学[M].北京：中国农业出版社，2002.

[13]  国家药典委员会.中华人民共和国药典[M].北京：中国医药科技出版社，2015.

[14]  杨志云，龚洵.五种中国苏铁属植物的核型分析[J].植物分类与资源学报，2013，35（5）：601–604.

[15]  金水虎，俞建，丁炳扬，等.浙江产国家重点保护野生植物（第一批）的分布与保护现状[J].浙江林业科技，2002，22（2）：48–53.

[16]  王绍仪，张婕.插花花材与应用[M].武汉华中科技大学出版社建筑分社，2015.